決戰庫存

連結客戶與供應商，
一本談供應鏈管理的小說。

John Cheng

著── 程曉華

本書由中國財富出版社有限公司
透過北京同舟人和文化發展有限公司（E-mail: tzcopypright@163.com）
授權給經濟新潮社／城邦文化事業（股）公司獨家出版發行中文繁體字版

經營管理 176

決戰庫存：連結客戶與供應商，一本談供應鏈管理的小說

作　　　者　程曉華
責 任 編 輯　林博華
行 銷 業 務　劉順眾、顏宏紋、李君宜

總 編 輯　林博華
發 行 人　涂玉雲
出　　　版　經濟新潮社
　　　　　　104台北市中山區民生東路二段141號5樓
　　　　　　電話：(02) 2500-7696　傳真：(02) 2500-1955
　　　　　　經濟新潮社部落格：http://ecocite.pixnet.net
發　　　行　英屬蓋曼群島商家庭傳媒股份有限公司城邦分公司
　　　　　　104台北市中山區民生東路二段141號11樓
　　　　　　客服服務專線：02-25007718；25007719
　　　　　　24小時傳真專線：02-25001990；25001991
　　　　　　服務時間：週一至週五上午09:30~12:00；下午13:30~17:00
　　　　　　劃撥帳號：19863813　戶名：書虫股份有限公司
　　　　　　讀者服務信箱：service@readingclub.com.tw
香港發行所　城邦（香港）出版集團有限公司
　　　　　　香港灣仔駱克道193號東超商業中心1樓
　　　　　　電話：(852) 25086231　傳真：(852) 25789337
　　　　　　E-mail: hkcite@biznetvigator.com
馬新發行所　城邦（馬新）出版集團 Cite (M) Sdn Bhd
　　　　　　41, Jalan Radin Anum, Bandar Baru Sri Petaling,
　　　　　　57000 Kuala Lumpur, Malaysia.
　　　　　　電話：(603) 90578822　傳真：(603) 90576622
　　　　　　E-mail: cite@cite.com.my
印　　　刷　漾格科技股份有限公司
初 版 一 刷　2022年6月9日

城邦讀書花園
www.cite.com.tw

ISBN：978-626-96153-1-5
定價：480元

〈出版緣起〉

我們在商業性、全球化的世界中生活

經濟新潮社編輯部

　　跨入二十一世紀，放眼這個世界，不能不感到這是「全球化」及「商業力量無遠弗屆」的時代。隨著資訊科技的進步、網路的普及，我們可以輕鬆地和認識或不認識的朋友交流；同時，企業巨人在我們日常生活中所扮演的角色，也是日益重要，甚至不可或缺。

　　在這樣的背景下，我們可以說，無論是企業或個人，都面臨了巨大的挑戰與無限的機會。

　　本著「以人為本位，在商業性、全球化的世界中生活」為宗旨，我們成立了「經濟新潮社」，以探索未來的經營管理、經濟趨勢、投資理財為目標，使讀者能更快掌握時代的脈動，抓住最新的趨勢，並在全球化的世界裏，過更人性的生活。

　　之所以選擇「**經營管理—經濟趨勢—投資理財**」為主要目標，其實包含了我們的關注：「經營管理」是企業體（或非營利組織）的成長與永續之道；「投資理財」是個人的安身之道；而「經濟趨勢」則是會影響這兩者的變數。綜合來看，可以涵蓋我們所關注的「個人生活」和「組織生活」這兩個面向。

　　這也可以說明我們命名為「**經濟新潮**」的緣由—因為經濟狀況變化萬千，最終還是群眾心理的反映，離不開「人」的因素；這也是我們「以人為本位」的初衷。

手機廣告裏有一句名言：「科技始終來自人性。」我們倒期待「商業始終來自人性」，並努力在往後的編輯與出版的過程中實踐。

〔推薦序〕

在殘酷的現實中，追求美好的生活

楊千

「學習在殘酷的現實中追求美好的生活」，我喜歡作者書中的這個句子。

管理學院的教學裡，對於 MBA 或 EMBA 的教育，我們時常用個案分析的方式來跟同學們分享決策者的焦慮，分析他們解決問題的方法。因為有些問題的解決方法是沒有教科書可遵循，但是有故事書可以參考。個案教學的起源就是認為決策的智慧不容易教，但是可以透過個案來學習——從不同的故事裡體會決策者的焦慮，學習分析其面對的管理問題，找出問題的根本原因及解決方法。當我們累積了足夠的個案，就能從中學到一些決策的智慧。根據我在業界的經驗，通常我們先觀察到問題的現象。但現象常常是結果，而不是原因。因此我們第一步是把問題的現象描述清楚；第二步是分析問題的根本原因是什麼；第三步是根據對根本原因的了解，找到解決問題的方法。總結來說就是：問題描述，根本原因，解決方法。

而《決戰庫存》這本書，正是一本適合當成個案分析來看的（供應鏈）管理實戰書。

這本書用非常白話的方式講解蠻複雜的供應鏈問題，讀來非常的生動

有趣。如果有工作經驗的人，會知道小說裡面可能人名、地點或公司是經過改動的，回顧一下自己所經歷過的職場事件，看這本書讀者很容易對號入座、覺得感同身受，彷彿實際發生在我們身邊。世界上有一些小說是事實的回顧與拼湊，並不是完全虛構的。難怪作者自己就說這本書是「不是小說的小說」。基本上，可以將本書視為作者程曉華先生以經驗為基礎而寫成的回憶錄。最特別的是，作者將人性與管理的藝術也置入整個故事情節裡面。他的寫作風格很「科普」。科普，就是用通俗的白話文或普通話講科學，而這本書就是用有趣的小說形式分享解決庫存問題的辦法。書中的專業常用術語是用英文簡稱，絕大部分附有原文，少數沒有原文的也附有中文說明，書末也有專用術語列表。閱讀起來算是順暢好讀的。

對於製造業來講，這本書對供應鏈、庫存以及與財務管理的密切關係，講得淋漓盡致。對於已經有工作經驗的人，特別是還沒有當到總經理層級的人，這本書非常值得一讀。因為產業中其實不那麼缺副總經理，但非常缺有宏觀面的副總經理。有宏觀視野的副總經理都是將來總經理的最佳人選。一般的副總經理若只能理解自己的專業功能的話，我們會說他是功能上的白痴（functional idiots）。製造副總應該要懂財務研發人資銷售；財務副總應該要懂製造研發人資銷售；人資副總應該要懂製造研發財務銷售，等等。因此除了生管、製造本業之外，財務、研發、人資、銷售、IT 等部門都值得讀讀這本書。

至於沒有工作經驗的讀者，如果能夠先讀過這本書，一定可以省卻不少將來就業後的疑惑。早年我認識一些做個人電腦買賣生意的人，明明賣得很好，但是所賺的錢都變成了庫存，然後就倒閉了。因為個人電腦的生命週期，在早年的發展是非常短的，如果庫存跟不上系統的更新，跟不上價格的下降，賺來的錢就會變成庫存，之後庫存只會降價甚至賣不出去，財務出了問題公司就會倒閉。誇張點說，我曾經用兩萬元買個2G的隨身

碟，現在256G不到一千就有了。消費性產品不是古董，每多放幾天它就跌價一次。庫存管理的重要性可見一斑。

　　供應鏈的問題糾結複雜，需要流程、組織（人）的共同努力才可能成功，這絕對離不開人，也有人性面的問題，需要一些人情藝術的處理。於公，我們必須有盡忠職守的精神與能力；於私，我們必須有溫度的與人合作相處。對人對制度要兼顧菩薩心腸與霹靂手段。在華人的製造業裡，故事中的主角算是供應鏈管理畢業的模範生，他的故事很值得一讀。讀這本不是小說的小說，可以讓人學習在殘酷的現實中追求更美好的生活。

　　　　　　　　（本文作者是陽明交通大學經營管理研究所榮譽退休教授）

〔推薦序〕

後疫情？新常態？庫存永遠不會騙人

江守智

2020年　大家先是震撼於新冠肺炎的高傳染性，接著哀嚎著全球供應鏈斷鏈。

2021年　外銷需求強勁、貨櫃塞港、運費大漲，各家通路拼命叫貨。供應商滿手訂單的甜蜜負擔，但時序入冬慢慢開始有人擔心這狂歡派對何時落幕？

2022年　健身器材代工大廠力山（1515-TW）第一季財報是六年多來首度虧損，且受到供應商抗議積欠貨款。全球股市表現開始迎來反轉……

　　就跟這本小說的作者程曉華先生一樣，我也是企業顧問，專業領域在精實管理上。客戶橫跨各種產業，從高科技到清潔劑，從工具機到桂丁雞，從鋁門窗到元本山都是我的守備範圍。

　　「庫存」一直都是企業經營的重中之重。因為原物料庫存在財務面代表著應付貨款，在管理面有土地、人員、稽核等問題；在製品跟完成品庫存則是有人員、物料、相關費用的先行支出，但只要沒有正式出貨就拿不到應收帳款。

底層邏輯不會受到時代動盪而改變

新聞媒體、產官學界大家都在說「後疫情」、「新常態」，只是疫情仍未過、常態也不尋常。「短鏈革命」、「供應區塊」等新名詞就如雨後春筍般紛紛竄出，就像是社交媒體上的短影音般吸引你的注意力。

像是近來就有很多企業老闆會問我說：「顧問，庫存說要越少越好，可是現在鋼鐵盤價可能一日三價，銅也漲翻了，我倉庫裡囤的不就算賺到嗎？」或者是：「老師，現在缺料缺工這麼嚴重，如果我沒有先做點半成品或完成品庫存，那交貨來不及怎麼辦？」

就像《決戰庫存》書中所提的概念「庫存轉才會賺」，我們與其開心在價格上漲時因為事先囤貨而沒有被剝奪感，倒不如反省為何庫存週轉率無法拉高？或是書中講的「安全庫存不安全」，我也常在企業客戶端提醒大家，我們備的是安全庫存還是安心庫存呢？

透過這本書，聰明的你就會發現其實不管環境怎麼變遷、時間怎麼推移，許多商業上的底層邏輯是不會改變的。

庫存不只是數字，更有著人際關係的鏈結

小說之所以吸引人，就是在故事推進的過程中有著各種人際關係的鏈結，讓劇情有著高潮迭起、起承轉合的不同。商戰類小說在市場上並不多見，特別是在台灣出版市場上。這本書雖然以中國企業為背景，但是讀起來卻讓我覺得深有共鳴。

我常常也在台灣不同產業遇到相同情境，在公司會議裡製造單位怪罪

生管排程亂插單，生管說是因為採購到料時間不同造成的，採購說還不是因為研發改BOM表，研發委屈地說是因為業務給壓力沒改會掉單。最後業務跳起來拿出免死金牌說「是總經理說要的」然後全場一片靜默死寂。

其實會影響庫存的因素太多了，不僅只是簡單的計算公式，還有更多部門單位間的考量立場。透過書中的故事描述，會讓讀者有非常強的代入感，進而能夠自我檢討目前職場工作裡所面對到的問題情況，這對於改善會有強烈的動機助益。因為當你有病識感時，你才能夠好好面對。

決戰庫存：供應鏈管理的好書三亮點

這部書我非常推薦，主要有三個理由：

真實性

故事來自於作者多年來在不同領域的真實工作經歷揉和而成，讀起來不會覺得虛幻、打高空，你甚至會覺得似曾相似，好像就發生在你身邊一樣。

好閱讀

作者很聰明地用小說形式呈現供應鏈管理所要注意的各種面向，在劇情推進的同時，讀者不知不覺間也收穫了許多觀念做法。

低門檻

如果一本書充斥著太多的專業術語、計算公式往往會讓非相關人士望之卻步，但這本書非常適合公司各種功能部門都能有所收穫，從倉庫、採購、生管、財務、製造到經營層都適合。

　　如果這三年來因為新冠疫情、運費高漲、原物料缺貨、通貨膨脹各種環境問題影響著你的工作，那麼非常推薦你花一個週末的時間好好看完這本書。你會發現從自己開始改變，進而連結客戶與供應商，才是決戰庫存的最佳方式。

（本文作者為台灣多家上市櫃企業顧問，著有《豐田精實管理的翻轉獲利秘密》等暢銷書）

前言

　　我自己把供應鏈管理當成一輩子的飯碗，既是工作，也是興趣，說大了，也是自己一輩子的事業。

　　自2007年10月至今，我的第一本專著《製造業庫存控制技巧》已經連續出版了4個版本，其中第3版在2013年出版後又連續加印了2次，一直很受廣大製造業從業者的歡迎，但是，這本書技術的成分多一些，對於很多「非供應鏈管理專業人士」來講，讀起來還是有點吃力。

　　「供應鏈管理，一半是技術，一半是管理（藝術）。」企業要做好供應鏈管理與庫存控制，不是光靠明白幾個流程、懂點ERP技術就可以搞得定的，離開了「管理」，供應鏈將一事無成。

　　這是我寫這本所謂的供應鏈管理小說的初衷。如果說，《製造業庫存控制技巧》主要是從流程、組織、IT（資訊科技）、績效考核等技術角度探討製造業供應鏈管理與庫存控制的控制點及其體系建構，那麼，《決戰庫存》則更多的是從管理的角度，特別是為那些「非供應鏈管理專業」但又與供應鏈管理息息相關的人員而寫的，如CEO（執行長）、CFO（財務長）、CIO（資訊長）、COO（營運長）、CMO（行銷長）及相關從業人員，如財務、會計、IT工程師、生產管理、市場、銷售人員等，目的就是宣傳、普及供應鏈管理與庫存控制的基本理念、觀念，以引起大家對庫存問題從上而下的重視。

　　供應鏈管理與庫存控制是一個系統工程，從庫存的角度，全面透視企業的供需鏈管理與ERP（企業資源規劃）問題是我的「全面庫存管理」

（Total Inventory Management, TIM）的基本觀點，這個「全面」包括，供需鏈上下游企業的全面參與，企業內部從上到下的全面參與，這些都離不開「管理」，尤其是高層的支持與配合。

　　這本書以主角成銘先生入職偉康公司擔任供應鏈管理總監為基本場景，以故事與對話的形式，從管理角度，全面詮釋了《製造業庫存控制技巧》一書中提到的各個流程與技術控制點，並在此基礎上增加了很多管理方面的控制點或者說是具體做法。

　　——與CFO Johnson的鬥爭其實講的是庫存控制目標設定與規劃問題，並暗示讀者，供應鏈管理離開了財務的支持就寸步難行。如果說CFO是企業董事會的「看門狗」，那麼，供應鏈管理則是財務的「看門狗」。

　　——透過倉庫經理老李、供應基經理Lily、庫存計畫員劉平以及成銘講的故事，闡述了「（庫存）轉就是賺（錢）」的道理，企業要健康地賺錢，提高庫存周轉率是必需的。

　　——「開會不及時，一定有問題」是從紀律層面規範管理，因為，供應鏈管理人員連自己開會都不能及時，又怎麼能做到給客戶及時交貨？

　　——拆遷不容易，但還是要拆！一個「拆」字告訴你，倉庫，包括車間，是個藏汙納垢的地方，體現的是「庫存數據的準確性」這個控制點。

　　——「安全庫存不安全」要說明的是，面對無數種物料的管理，哪一個是安全庫存可以搞得定的？你需要的是「千人千面」的庫存策略。

　　——幾個故事告訴你，計畫是供應鏈管理的核心，但是，計畫得再好也要有好的執行來支撐，否則，計畫也就只是紙上計畫而已，否則，加班，就是瞎忙。

　　——執行採購的定位——採購員不是用來追料的，他們是供應商的虛擬供應鏈經理；彈性交付是採購這個流程的關鍵控制點。

　　——跟老黑部長的鬥爭是為了說明，過量生產罪大惡極，生產計畫與控制要注意關鍵點。

——不能為了KPI（Key Performance Indicator, 關鍵績效指標）而KPI，其實，KPI的意思是Key Process Indicator（關鍵流程指標）。

——我的人你怎麼也敢欺負？供應鏈管理，一半是技術，一半是藝術。

——與銷售總監陳強的鬥爭只想證明一件事，那就是，預測永遠是錯的，但這並不排除你可以做出一個相對正確的判斷；鬥爭是為了聯合，銷售與供應鏈管理向來都是對立、統一的。

——遠小人近君子，老闆也需要管理，您也不能總是聽風就是雨。

——光有流程還不行，供應鏈管理人員的ASCK模型（A是Attitude，態度；S是Skill，技能；C是Character，性格；K是Knowledge，知識）談的是供應鏈從業人員的職業發展問題，所謂人槍要合一。

——彈性交付不是透過犧牲供應商的庫存來實現的，VMI（供應商管理庫存）也不是隨便玩的，重要的是幫助供應商提升組織與流程管控能力，而不是壓榨他們；但是，我們也絕不接受任何供應商的任何威脅。

——計畫是供應鏈管理的核心，精心布局計畫部是供應鏈管理成功的關鍵。

——跟品管部部長老馬鬥：不管你是誰，我的職責就是要保障物料安全。

——供應鏈管理：責任、光榮與自豪。

——客戶的認可：看到效果就好，儘管效果是需要付出代價的，個人也是要承擔風險的。

——組織是流程、戰術的保障，改組整個供應鏈管理部需要花費很多心思，供應鏈最終玩的是體系。

——與人鬥，其樂無窮，供應鏈管理，該鬥的你不鬥，那是不行的。

—— ERP要與流程緊密結合，否則，沒用；做流程審核，一不要怕得罪人，二要知道，審核需要經驗和技巧。

——哪來的結局？供應鏈管理，一個沒完沒了的故事……我還是要去做獨立顧問，其實要談的是供應鏈管理人員的出路問題。

　　相信這本小說能夠給企業，尤其是製造業的不同管理層次的人們帶來不同的閱讀體驗；只要認真體會，供需鏈管理的酸甜苦辣其實是人人都可以體會到的，因為，原奇異公司（GE）董事長傑克‧威爾許說過：「如果你在供應鏈運作上不具備優勢，你就不要競爭。」英國管理學者克里斯多夫（Martin Christopher）更進一步指出供應鏈運作的重要性，他說：「市場上只有供應鏈而沒有企業，21 世紀的競爭不是企業與企業之間的競爭，而是供應鏈和供應鏈之間的競爭。」

　　供應鏈管理幾乎與每個人都息息相關：其實大家都是玩供應鏈的，只是，不同的人處於供應鏈的不同環節而已。

程曉華　2016 年 11 月 18 日

目錄

1
事情就是這麼回事

　　成銘到偉康通訊公司擔任供應鏈管理總監已經快兩個月了，聽說供應商一直都在排著隊請他吃飯，他很不理解。

　　不是自己不敢去供應商那裡吃飯，而是成銘一直覺得，自己做供應鏈管理也有近20年的時間了，打過交道的供應商可以說是無數，尤其是對國內的供應商，總覺得他們做個生意也不容易。何苦呢？天天拉下臉來，求著人家去喝酒吃飯？

　　剛到一個新公司不久，還是多花點時間，先熟悉人事關係，多了解公司業務，喝酒嘛，以後有的是時間。

　　成銘一直覺得自己在這一行幹得問心無愧，記得面試的時候，偉康通訊的CEO吳總還問過他怎麼看待採購拿供應商回扣的問題。

　　當時成銘的回答讓CEO有點吃驚，他說：「對於供應商，我向來是吃

他的、喝他的、抽他的、玩他的，但是，我從來沒有拿過人家一分錢的回扣。」

吳總當時就感覺成銘這小子有點個性，就進一步問他說：「自古說，吃人家的嘴軟，拿人家的手短，你這樣管理供應商怎麼行呢？」

成銘反問吳總：「您老人家有沒有請客戶吃過飯？」

吳總說：「當然請過啊！」

「那您請人家吃飯，人家不來，您心裡會怎麼想？」成銘問道。吳總說：「那是有點難為情，甚至還有點惴惴不安。」

「為什麼？」成銘繼續追問。

吳總說：「請客戶吃飯是為了聯絡感情，他們一旦不來呢，就怕人家把咱們的生意給廢了！」

「那不就對了嗎?!」成銘說，「咱們的客戶還都是些大客戶，我們在業界也算是個知名的平板電腦廠，您還怕別人把我們給廢了，那些比我們更可憐的小供應商呢？他們豈不是更怕這個事兒？」

吳總說：「有道理，但總覺得你小子說得太直，聽著讓人不舒服。」

成銘說：「吳總，您舒服不舒服，那只是一種個人感覺，這並不重要，重要的是事情的本質。我明白您的感受，那叫什麼？事情就是這麼一回事，只是話不能這麼講，對吧？估計您一定是聽過那個丈母娘跟閨女女婿吵架的故事吧？」

吳總哈哈大笑：「聽過，聽過，你別說，還真是這樣子。」

成銘也呵呵一笑，但馬上很嚴肅地說：「吳總，這個您放心，如果您和公司任用我了，我絕對不會拿供應商一分錢！供應鏈的事，我還會給您辦得乾淨利落。」

於是，吳總大手一揮，成銘就成了偉康通訊公司的供應鏈管理總監了。現在想來，這個事情要儘快證明給 CEO 看了，否則，連個供應商都不敢見，那吳總心裡會怎麼想？

於是成銘立刻打電話把採購部部長王小兵喊了過來。

　　成銘說：「小兵啊，下週你安排一下，我要見幾家供應商，我想先了解一下他們的訴求以及目前跟他們合作存在的一些問題。」

　　王小兵說：「沒問題，成總，您想先見哪一家？」

　　成銘說：「你看著安排吧，我跟他們都不熟，你怎麼安排怎麼好。」

　　王小兵說：「那行，老闆，那我就先排個計畫吧，從下週一開始，您每天接見一家？」

　　成銘說：「可以，就安排每天下午4:00～5:00吧，談不完的話，正好可以一起出去吃晚飯，邊吃邊談嘛，呵呵。」

　　王小兵部長一出門就嘟囔了一句：「還不就是為了讓供應商請吃飯嗎？」

　　到了週一，成銘第一個接見的就是本地一家做包材的供應商，董事長姓王，個子不高，是湖南人，聽說兩口子是靠打標籤起家的，在偉康通訊一年也能做個幾千萬元人民幣的生意。

　　一見面，那個王董事長就很誇張地握著成銘的手說：「老大啊，左盼右盼，我可是終於盼到這一天了。」

　　成銘說：「這樣啊？」然後就指著王小兵說：「是不是這個王部長他們一直在欺負你們啊？」

　　「那倒沒有！那倒沒有！」那個王董事長趕緊擺手說，「王部長他們對我們很好的啊，呵呵。」

　　「哈哈哈！」成銘笑道，「看把您給嚇得，說說吧，您找我啥事？不會就是吃頓飯那麼簡單吧？」

　　「其實也沒什麼大事，老大，就是聽說您剛來，想跟您認識一下。」說完，掏出一包芙蓉王，「老大，您抽菸？」

　　成銘擺擺手說：「我是一個老菸槍，但這第一呢，辦公室裡面不能抽菸，第二，我只抽中華菸，呵呵，不好意思。」

　　王董事長露出很尷尬的樣子，嘿嘿傻笑了一下，然後意味深長地瞅了一眼王小兵。

　　王小兵裝作沒看見，但這一切都被坐在對面的成銘看得清清楚楚。

　　沉默了一小會兒，那個王董事長就有點緊張了，說：「成總，你看，你看我們晚上是不是一起吃個飯？馬上就要下班了。」

　　「沒問題啊，」成銘說，「小兵部長如果晚上沒事的話，可以一起去嘛。」

　　「我就不去了吧，老闆？」王小兵說，「還是你們晚上一起好好聊聊吧。」

　　「我是問你，晚上到底是不是有事？」成銘有點不高興了，「要是沒事，就一起去嘛！幹嘛那麼扭扭捏捏像個女人似的？」

　　「那行！那行！老闆，我就一起去吧，我馬上給我老婆發個短信，請一下假。」說完，王小兵立馬掏出手機開始發短信。

　　「哈哈！這就對了嘛！」成銘很高興，說，「走吧！王總，咱們現在就找個地方喝酒聊天去。」

　　「還不到點兒啊！老闆，我們五點下班，現在才四點半。」王小兵提醒說。

　　「你知道供應鏈管理有個『彈性交付』嗎？」成銘開玩笑地說，「我們這也是彈性工作嘛！如果你今天晚上喝多了，明天也可以不來上班嘛。」

　　「嘿嘿，那走吧。」

　　到了市區，那個王董事長找了個靠海邊的飯店，應該是早就預訂好了，一行人直奔包廂。

　　王董事長讓成銘點菜，成銘說：「我是農民，有吃的就行，你看著隨便點幾個菜吧，別點多了產生呆滯庫存啊。」

　　很快菜就上齊了，幾樣海鮮，加幾碟青菜，看起來很精緻，成銘胃口大開，連續幾杯冰啤酒下肚，自己就點上一根中華菸，問王董事長：「說吧，到底找我啥事？」

　　這時候王董事長的臉已經喝得通紅，看來他喝酒的產能有限，結結巴巴地說：「老，老大，是這麼回事，我有筆款，150多萬元，是人民幣，

不是美元，過期已經快三個月了，聽說還是沒有排上號。」

成銘正在喝啤酒，一聽，說：「什麼？給供應商付款還要排隊？」他嘴裡的啤酒差點噴出來。

王董事長就看看王小兵，意思是你說兩句啊！

「是這樣的，老闆，」王小兵說，「財務一直以來對我們採購部付款都卡得很緊，每個月付款都給我們一個額度，超過了就不付。」

成銘問：「那個所謂的額度大概占每月應付款比例多少？」

「百分之六七十吧，」小兵說，「有時候更少一些。」

「那為什麼不是全額付款呢？」成銘很不理解。

「我也不是很清楚，問過財務，說是我們的庫存量太高，所以現在這個CFO Johnson去年一來，就下了一道命令，每月只給我們一定的額度，多了一分錢都不付。」

「那你們採購部拿到這個所謂的額度，又是怎麼分配付給供應商的？付給誰？應該付多少？這個遊戲規則是怎麼訂的？」

「這個嘛，情況比較複雜，老闆，明天上班看您的時間，我再給您詳細解釋一下，您看行不行？」

王小兵看起來有點緊張。

「哎呀，算了算了，老大，咱們今天晚上就是喝酒，不談公事好嗎？」那個王董事長看起來也有點緊張了。

「那怎麼行?!」成銘說，「我喝酒就是工作，工作就是喝酒嘛！哈哈哈！也不對，工作就是幹活兒嘛！你給我仔細說說，到底是怎麼回事？」

王小兵瞅了一眼王董事長，看樣子是下了很大的決心似的，說：「好吧，老闆，我們就以王董事長公司的例子來說吧，他因為得罪了我手下那個負責包裝材料採購的經理Edison，那小子在每個月給我提交的『Must Pay Suppliers』（必須付款的供應商）報告裡面就總是沒有王總的份兒。」

「Edison？就是那個個頭這麼高，」成銘用手對著桌子比畫著說，「矮矮的，胖胖的，說話捲著個大舌頭那小子？」

　　王小兵說：「是的，老闆，他是江西人。」

　　「那你是怎麼得罪他的？」成銘問王董事長。

　　王董事長看看王小兵，又看看成銘，說：「成總！一看您就是很誠懇實在的人，我就明說了吧！你們那個Edison曾經幾次問我『借錢』，我都沒給他！每次啊，他要麼說是回家看他媽，要麼說是他爹病了，我明白，他就是想辦法跟我要錢、拿回扣！」

　　「我明白了！」成銘說，「這就是惡性循環啊，惡性循環的結果就是腐敗！腐敗的結果就是更加惡性循環，然後就是更加腐敗，直到公司倒閉，然後他換個地方，繼續腐敗！」

　　王董事長跟王小兵似懂非懂地使勁點頭：「是的，是的，您說得對極了。」

　　成銘說：「王董事長啊，我大概明白是怎麼回事了，你放心，這個月我一定把該付的款付給你，不敢保證100%付，但也差不了多少。」

　　王董事長說：「太感謝了，老大，沒想到您是這麼爽快的人啊。」

　　王小兵說：「我們老闆是山東人，當然爽快了，呵呵。」

　　成銘瞪了一眼王小兵，隨口嘟囔了一句莫名其妙的話：「山東也有監獄啊，小兵同志。」

2
決戰CFO

第二天一上班，成銘就讓王小兵帶著他去找那個CFO Johnson，王小兵有點猶豫，說：「老闆，要不您自己去吧，那個Johnson是台灣人，脾氣很大的，我都被他罵了很多次了，我們以前的那個新加坡老闆，也就是您的前任，每次見到那個Johnson就兩腿直發抖，我每次見他也會有點腿抽筋兒。」

成銘說：「你小子也太沒出息了，他一個CFO又怎麼了？我還真不信這個邪。你把我送到他辦公室門口就行，我剛來不知道他的辦公室在哪裡，你可以不用進去。」

「那好吧，老闆，說好了我不進去的啊！」王小兵看起來還真怕那個CFO，成銘心裡想，我倒要看看這個人究竟是個什麼德行。

王小兵帶著成銘來到B棟辦公樓，然後把成銘帶到Johnson的祕書Mary那裡，急急忙忙地交代了幾句就自己回辦公室了。

Mary長得很漂亮，看起來也很熱情，只是第一句話就把成銘搞得有點尷尬，她說：「成總，您跟我們老闆提前約好了嗎？我這裡怎麼看不到預約啊？」

成銘就撓撓頭，有些不好意思地說：「沒有，是臨時起意。」

Mary說：「那可不行哦，我們老闆的脾氣您可能不知道，不事先約好，連咱們CEO吳總他都不見的哦。」

成銘心想，比我還厲害啊！但嘴上說：「那Johnson現在是不是在開

會？如果不是，我就跟他談一下下就可以了，麻煩你進去幫我問問？」

　　Mary有點難為情，但還是答應了，拿起內部分機打了過去，剛說了一句：「老闆，新來的供應鏈總監成總想見您一下……」就聽電話裡面傳出一聲老男人的吼叫：「不見！」

　　嚇得Mary趕緊把電話放下，然後委屈地看著成銘，那意思是您看……

　　成銘本來心裡還有點愧疚，覺得自己沒提前預約是有點魯莽，但這下一看，他的火氣就上來了。

　　心裡想，什麼玩意兒啊？這麼賤啊！不就是個在台灣吃不上飯，跑到大陸來解決就業的老打工仔嘛！

　　成銘對Mary說，你別管了！說完，一推門，就闖進了Johnson的辦公室，Mary嚇得臉都綠了。

　　那個Johnson正在看電腦，冷不防闖進來一個人，也被嚇了一跳：「你，你幹嘛？怎麼不敲門就進來了？」

　　成銘自己往沙發上一坐，說了句：「咦？全公司上下都不允許在辦公室抽菸，你這裡怎麼就有個菸灰缸？那我也點上一根吧。」

　　Johnson無奈地搖搖頭，說：「給你面試的時候，我就跟吳總講，你小子是個流氓，但他還覺得你挺好，估計這下他應該相信我的話了。」

　　說著，他自己也點上了一根兒長壽菸，美滋滋地吸了一口，然後問成銘：「說吧，找我有什麼事？」

　　成銘說：「我這麼大的幹部來了，你也不泡壺茶啊？一點禮貌都沒有，還說我流氓呢！」

　　Johnson無奈，就從抽屜裡掏出一包還沒有打開的台灣高山茶，也沒喊祕書，就自己動手開始燒水準備泡茶，同時又重複問道：「你找我到底什麼事啊？」

　　成銘說：「其實也沒什麼，但我就是不明白，聽我手下講，在你之前的CFO人家把供應商的款都是到了時間就付了，你怎麼就不付呢？還搞

了個什麼Must Pay Suppliers？」

Johnson本來正要撕開茶包往茶壺裡面放，一聽成銘的話，說：「我還給你泡茶呢！你到底懂不懂什麼是供應鏈管理?!」

成銘也不生氣，說：「懂啊！要不你們怎麼聘請我來當供應鏈總監呢？」

Johnson說：「你懂嗎？你懂，你還問我這麼愚蠢的問題！」

成銘平靜地說：「No any question is stupid（沒有任何問題是愚蠢的）。」

Johnson說：「我看你就是stupid！」

成銘說：「好了，Johnson！我好人不跟驢鬥，你說吧，你啥時候能給我正常付款？」

Johnson說：「吳總有沒有跟你談過，你今年的庫存周轉率（又稱存貨周轉率）目標是多少？」

成銘說：「談過啊，12次。」

「那你現在做到多少了？今年第一季度已經結束了，你有四億多的庫存，年化庫存周轉率還不到6次！你讓我怎麼給你的供應商付款啊？我的錢全都讓你押在庫存裡面了，害得我天天陪著銀行那幫孫子喝酒！你還好意思問我要錢?!」

Johnson是真的生氣了。

成銘說：「哎，哎！你說什麼呢?!我剛來還不到兩個月啊！連人都認不全，你讓我一下子做到12次的庫存周轉率，我是神啊?!」

Johnson反倒樂了，嘿嘿笑道：「你不是號稱什麼庫存控制專家嗎？還寫了本破書，叫啥技巧來著？」

「不是教你怎麼放屁的技巧，是《製造業庫存控制技巧》。」成銘不疾不徐地說道。

「那不就是了！那你還好意思端著老臉來問我？」Johnson有點得意地蹺起了二郎腿，還使勁地晃了晃。

成銘說：「我問你，你那個庫存周轉率目標12次是怎麼訂的？」

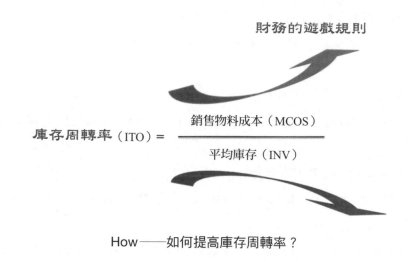

財務的遊戲規則

$$庫存周轉率（ITO）= \frac{銷售物料成本（MCOS）}{平均庫存（INV）}$$

How——如何提高庫存周轉率？

Johnson說：「你自己不會算啊？我們今年產值要做到30億元人民幣，物料成本平均80%，應付減應收的時間差也就是一個月左右，而吳總還把資金都抽走了，說要去投資什麼VR（虛擬實境），我手頭上每個月現在只有不到1億的現金流，還要發工資，買這買那的，你讓我怎麼給你的供應商付款？我算過了，你的庫存必須消化掉一半，控制在兩億以下，我的日子就好過了，要不，咱誰也別想好過！實在不行，我就建議吳總炒了你，換個能幹的來！」

成銘說：「Johnson同志，您不要著急嘛！我也理解您老的難處，但您也得理解理解我啊？你越是欠供應商的錢，供應商就越是不好好配合，我們的生產線停線次數就會越多，然後，給客戶及時交貨就會越困難，你的應收款就越是不好收，這是惡性循環，你懂不懂？」

（給供應商）付款周期越長

客戶的庫存越高

需求、供應鏈
管理陷阱

供應商配合度越低

客戶（給客戶）的及時交貨率越低

需求、供應鏈管理陷阱模型　＠版權所有：程曉華

Johnson說：「看來你並不是一點都不懂。」

成銘說：「還有，您弄那個Must Pay Suppliers，不是逼著我的手下去拿回扣嗎？」

「怎麼說？」Johnson看起來有點真不懂了。

成銘不疾不徐地說：「您想想，買的永遠沒有賣的精，那些供應商為了早點拿到貨款，其實也不是早點，而是為了及時拿到貨款，不都是打破了頭，想方設法要擠進那個必須付款清單裡面？如此一來，那些採購員，尤其是那些採購經理們，他們的權力不就更大了嗎？他不想拿回扣都難！」

Johnson摸摸腦袋說：「也對啊，我倒是沒想到這一層，但是，那要你這個供應鏈總監幹嘛？你手下吃回扣，你應該管啊！實在不行就送他們去監獄嘛！W公司不是每年都組織新人去監獄探望他們過去的同事嗎？」

成銘又點上一根菸，很舒服地對著Johnson吐了幾個菸圈兒，拍拍他

的肩膀說：「老兄啊，我說你不懂，你還真是不懂啊？有一句話怎麼說？
噢，想起來了，那叫什麼？死會計，活財務！對，我看你就是個死會計！
還CFO呢！」

「怎麼說？」Johnson好像被成銘給唬住了。

「其實呢，」成銘說，「人啊，都是些好人，但你體系設置不合理，好
人也會變成壞人的！你為了達到你自己的目的，搞出這麼個規定來，客觀
上就是逼著我的手下去吃回扣，時間長了，這整個團隊就會垮掉，甚至整
個供應鏈就會毀在你的手裡，你信不信？管，我是當然要去管的，但你管
得過來嗎？有哪個拿了回扣的採購員，敢明目張膽地說他拿回扣？還不都
是辭職之後，才把BYD（比亞迪）換成大奔（賓士）？你去調查供應商？
那更是幼稚！說通俗點，供應商跟採購員是一條繩上的蝗蟲，各取所需，
各得其所；說得專業一點，他們那個也叫供需鏈啊！」

「嗯，嗯，有道理，有道理。」Johnson好像是服了，但接著問道：
「那我們該怎麼辦呢？」

成銘說：「好辦啊！你看這樣行不行，第一呢，你這個餿主意還是要
搞下去，但必須是我親自批准的付款清單，其他人的批准無效，我會根據
現有庫存及應付款帳齡情況，安排專人做個綜合計算，我會親自評審，並
轉交給你。第二，你得給我點時間，那庫存可不是說降就能降的，這個我
大概做過計算，只要措施得法，按照目前的訂單及銷售預測情況，我估計
這個季度（6月）底大概可以做到3.5億元，季度年化庫存周轉率可以到7
次左右，我還有兩個月多一點的時間去操作，估計問題不大，這樣你付款
的壓力就會減小一些。第三，這個第三季度開始就是傳統旺季，如果銷售
情況跟往年比沒有太多的減少，我預計可以做到平均3億以下的庫存絕對
值，庫存周轉率可以到8次左右。但是，從7月1日起，也就是一進入第
三季，我將不再審批什麼Must Pay Suppliers，你安排財務，按照應付款帳
齡給每家供應商都付點，新的應付款到了期可以適當延後付款，但你必須
保證每家供應商每月都能收到一些款，我也會親自起草一封給所有供應商

的公開信，向他們闡明我們的計畫，相信他們會了解並接受，否則，在旺季，隨便任何一家供應商出點問題，那都是災難性的，你辛苦一下，你怎麼搞錢我不管，但你必須保證這麼做。第四，進入第四季度，我會把每月平均庫存控制到2.5億元左右，季度年化庫存周轉率到10次左右，這樣全年平均下來大概是8次的周轉，但前提是你必須給我掃清所有到期的應付款，到年底之前，除了因為供應商及採購的問題付不了款之外，你不能有一分錢的過期應付款，否則，年庫存周轉率連8次都是不可能的！」

「成銘你有沒有搞錯啊！今年全年庫存周轉率的目標是12次啊！按照你的說法，你就是這些都做到了，我們最終也才8次啊！」Johnson沒想到自己耐著性子聽完了成銘的一堆要求，最終結果才8次，他真有點急了。

所謂的庫存規劃（Inventory Planning）就是，我（CFO）只能拿出這麼多現金（Net Working Capital, NWC, 淨營運資本）來，但我還要幹這麼大的事情（Revenue, 產值），要麼你庫存控制到一定水準（ITO, 庫存周轉率），要麼我不給你供應商付款（AP delay, 延期付款），但事情你還是得做（OTD, 給客戶及時交貨）。

成銘說：「Johnson大哥啊，你真是個豬腦子啊！按照我們現在的13點算法（去年年底庫存值及今年12個月的期末平均庫存），過去包括今年4月底的庫存，平均都在4億多元，如果要我今年做到全年平均12次，我

第二季的庫存就得平均2億元，第三季1億元，第四季0.5億元，你覺得那可能嗎？」

成銘也有點上火了，說完，又點上一根菸，並狠狠地吐了一口。

Johnson一聽，心裡默念了一下，說：「也是，那怎麼可能呢？就這樣吧，如果能按照你說的都能做到，今年也就差不多了。但是，吳總那邊怎麼交代？12次可是我告訴他的。」

成銘說：「他懂什麼？他懂供應鏈管理啊？」

「那怎麼辦呢？到了年底達不到庫存周轉率指標，我們的獎金，甚至是升職加薪，那可就全泡湯了啊？」一想到這裡，Johnson就有些鬱悶了。

「你去跟他講，今年就是換了神仙來做我這個供應鏈總監，他也甭想12次的事了，明年再說吧！」成銘說，「我是說，如果明年我還在這裡的話。」

接著，成銘敲著茶几對Johnson說：「你給我記住了，剛才我說吳總『不懂』的那些話，你可千萬別告訴他，聽見沒？」

Johnson眼睛瞪了一下，說：「好吧，碰上流氓了。」

「哈哈！那我走了?!」成銘起身跟Johnson道別，順手把那包高山茶給帶走了。

「我的茶葉！……」

Johnson一不留神，成銘拿著茶葉已經出門了。

3
開會不及時，一定有問題

為什麼要提高庫存周轉率（ITO）？──庫存控制之目的

　　成銘很高興地往辦公室走，到了樓下，碰到採購部部長王小兵在樓下抽菸，見他過來，王小兵從懷裡掏出一盒還沒開封的中華菸遞過來，說：「老闆，您抽菸！跟那個台灣人談得怎麼樣啊？」

　　成銘一邊拆菸盒，一邊說：「談得很好啊！」然後抽出一根就點上了，順手把菸還給王小兵，王小兵擺擺手說：「老闆你留著抽吧。」

　　「咦！小兵啊，你自己抽的不是中華？」成銘盯著小兵手裡的菸，很好奇的樣子。

　　王小兵顯得有些不好意思，扭扭捏捏地說：「老闆，我們那點工資哪裡抽得起中華啊，嘿嘿。」

　　「哦……也是，」成銘若有所思地點點頭說，「以後到了供應商那裡，如果他們給菸的話，就自己拿回家吧，只是公司有規定，原則上超過50美元的禮物都要上繳的，自己注意把握好分寸，但底線是不能拿供應商一分錢，否則，你懂的。」

　　小兵說：「當然，當然。」

　　成銘接著說：「你一會兒回辦公室發個郵件邀請你手下的那幾個採購經理，加上那幾個計畫經理，還有供應基管理（Supply Base Management）經理Lily，還有管倉庫的那個老李，明天上午10點準時到我辦公室旁的小會議室開個會，議題就是關於供應商付款及下一步針對提高庫存周轉率方面要採取的一些措施，會議大概需要開到下午4點，午飯讓小孫訂些速食來給大家吃，同時讓大家都把手頭上的事情放下，我們好好務務虛（編按：務虛是針對決策環節而言，是決策前對於決策的可行性、具體操作、突發情況等的分析研究過程）。另外，給大家打個預防針，以後每週三上午10點到下午4點，這個務虛會議可能都要開，大概可能持續七八週的時間，要大家把時間都預留好。」

　　「要開那麼長時間啊，老闆？持續兩個月，每個週三都開？」王小兵想進一步確認一下。

　　「是的。」成銘說，「直到大家陪著我順利地度過實習期。」

　　王小兵一愣，但接著問：「需要讓大家提前準備些什麼資料嗎，老闆？」

　　成銘大手一揮，說：「不用了，估計你們也沒啥東西可準備的。」說完就獨自一人回辦公室了。

　　王小兵摸了摸頭，好半天沒反應過來，心想，看來這個老闆不太好伺候，管他呢，先趕緊把會議邀請發出去再說，發晚了又得挨他罵。

有一件事，直到現在想起來，王小兵還心有餘悸。

那是成銘剛來報到還不到一週，他的祕書小孫頭一天給供應鏈管理部的所有部長、經理發郵件，要大家第二天下午 2:00 在成銘辦公室旁的小會議室開會，時間是一個小時，議題很簡單，大家隨便做個溝通，相互了解一下，但要求大家務必準時到會。

結果開會的時候，還是有人遲到了，一個就是前面提到的那個負責包材採購的經理 Edison，他是 2:05 到的，一進門自己找了座位坐下了，成銘一拍桌子，大叫道：「你給我站起來！」

嚇得那個 Edison 條件反射般地跳了起來，大家本以為成銘會大罵 Edison 一頓，但什麼也沒有發生，成銘還是繼續埋頭看電腦，可憐的 Edison 就只好在那兒尷尬地站著，其他人要麼埋頭裝作看電腦，要麼就偷偷地相互瞅瞅，誰也不敢說話，空氣仿佛凝固了一般。

接著，一個更倒楣的傢伙出現了，負責 PCBA（Printed Circuit Board Assembly, 印刷電路板）產線的計畫經理，一個叫 Lawrence 的小子，他穿著工服，一邊打著電話，一邊走進會議室。

這時候，大家都在心裡替 Lawrence 捏一把冷汗，有人拉拉他衣角想提醒他，但他沒在意，還在那裡講電話，也不知在跟誰聊啥，一高興竟然還哈哈大笑起來。

這時候，有人甚至已經痛苦地閉上了眼睛……

Lawrence 終於打完了電話，一抬頭看到 Edison 在那裡站著，還開玩笑說：「怎麼了？幹嘛要站著啊，坐啊！」

說著，他自己坐了下來，然後對著成銘說：「老闆，不好意思啊，晚到幾分鐘，實在是太忙了，剛才是……」

沒等他說完，成銘說：「閉嘴！你以為你是誰呢?! 把你手機拿過來！」

Lawrence 一愣，但還是老老實實地把手機交給成銘，還想跟成銘開個玩笑，說：「老闆，你看我這手機，剛買不久，iPhone 5 呢。」

成銘嘿嘿一笑，說：「嗯，是不錯，比我這老 Lumia（諾基亞非凡系

列手機）強多了，不過呢，你用嘛，有點可惜了！」說完，順手把
Lawrence的iPhone 5給扔到旁邊的垃圾桶了。

後來聽說，那支可憐的iPhone也是跟著自己的主人倒楣，也不知道是
哪個缺德的傢伙幹的，那天正好在垃圾桶裡有半桶茶葉水，之後撈上來一
看，已經不能用了。

再後來，聽小道消息說，有一次成銘跟別的部門的人喝多了酒，說露
餡了，說其實垃圾桶裡的水是他故意弄的，他說他早知道有人會遲到，而
且還會打著手機遲到。

那天的會，成銘只說了一句話，說向大家保證，未來一週之內，絕對
不會再召集大家開會了。

確實，過去兩三週了，只發現成銘沒事約了幾個人單獨談過話，但的
確是沒有召開過全體部長、經理會議，現在又要開了，王小兵心裡想，至
少要保證自己不能遲到，就是親爹、親娘來了，也不能去晚了。

王小兵一邊想著，一邊回辦公室趕緊發郵件去了。

第二天上午，還不到九點五十分，王小兵就到了小會議室，本以為自
己是第一個到的，結果一看，該來的全來了，只有成銘那個首席的位置還
空著。

及時交貨

開會不及時，一定有問題！

九點五十五分，成銘提著茶杯到了，全體起立，成銘很滿意的樣子，說：「開會就應該是這個樣子嘛，哈哈，大家都坐嘛，幹嘛都站著？」

說著自己先坐下了，大家這才小心翼翼地坐下。

祕書小孫說：「老闆，可以開始了吧？」

成銘說：「開始吧，但小孫你還坐在這裡幹嘛？」

小孫說：「老闆，我做會議記錄啊？」

成銘說：「你做啥記錄？給他們當保姆啊？你該幹嘛就去幹嘛，這次就讓 Lawrence 做記錄吧，以後大家輪流記。」

Lawrence 趕緊答應，說：「好的，老闆，我記。」

成銘說：「你會記嗎？」

Lawrence 說：「老實說，老闆，我們自己還真沒有做過會議記錄，以前不論什麼會，都是由小孫統一做記錄，然後第二天再發給我們。」

「再然後呢？」成銘問道。

「再然後？沒了！我們就照著做就是了！」

Lawrence 對自己的回答好像很滿意，然後還瞅瞅其他人，說：「你們說是吧？」

大家都不住地點頭說：「是啊，是啊，老闆，我們一直都是這麼做的。」

「是個屁！」成銘毫不客氣地說道：「如果你們都照著做了，還會搞得財務窮得要命，連供應商的款都付不出去嗎？」

大家都不敢吭聲，成銘就嘿嘿一笑，說：「開個玩笑嘛，大家需要那麼緊張嗎？」

「我今天召集大家來呢，一個是跟大家通報一下我跟咱們CFO溝通的結果，也就是那個付款問題，以後嘛……」

成銘把跟 Johnson 達成的協議跟大家講了一遍，然後問大家有沒有意見？大家都說這樣好啊，老闆替我們解決了大問題啊，就這麼辦吧。

成銘說：「那好，那就安排 Lily 負責把應付款帳齡排一下序，然後

Lawrence你親自把所有原材料的庫存DOS（Days of Supply, 庫存持有天數）重新計算一下，然後跟Lily的分析一起，做一個合併報表，拿出個初步的付款計畫來，兩天後，也就是週五這個時候，還是十點跟大家一起看一下，沒問題的話，我就簽字報財務執行。」

　　Lily說：「沒問題，老闆。」

　　Lawrence撓撓頭說：「老闆，我是不是只負責分析PCBA的電子物料的DOS，其他的外圍件讓Simon（負責組裝部分的計畫經理）來做？」

　　成銘狠狠地瞪了他一眼，說：「Lawrence，是我來安排你工作呢，還是你來安排我的工作？」

4
庫存周轉率是企業的生死問題

「這個事情就這樣了，下一個問題是關於如何提高庫存周轉率的問題。」成銘接著說道。

國內很多製造業的問題……

只開花，不結果子……

研發

庫存問題

銷售

Sale

「這個問題呢比較大，但我想考考大家，我們供應鏈管理為什麼存在？誰先說？」

「我先說吧，老闆。」Lawrence第一個舉手。

「我認為，供應鏈管理意義重大，甚至可以決定整個公司的生死。」

「具體一點！」成銘打斷Lawrence說。

「供應鏈管理存在的意義就是以最小的資源投入，為公司創造最大的

價值。」Lawrence 說。

「屁話！這誰不知道啊？你能再具體點嗎？」成銘問道。

「再具體點？」Lawrence 又開始撓頭了。

「誰補充一下？」成銘用眼睛掃了一圈，看到不少人都低著頭，就指著 Edison 說，「你來講講？」

「老闆，我就是個幹活兒的，我哪懂這麼大的問題啊？」Edison 嘿嘿笑道。

「你會幹活兒嗎？偉大的領袖和導師毛主席不是說過嗎？沒有理論指導的實踐是盲目的、愚蠢的實踐，你連這個道理都不懂啊？」成銘半開玩笑地說。

「嘿嘿，看來我們還需要加強理論學習。」Edison 有點尷尬。

「我來說吧，老闆。」倉庫經理老李站起來說，「我來到偉康公司管倉庫之前，一直是搞財務的，我大學也是學會計專業的，只不過是個專科生，沒學好，但是我認為，供應鏈管理其實就是個庫存控制問題，如何以最低的原材料、成品、半成品庫存，想方設法滿足客戶不斷變化的需求，這是個關鍵，因為，交付問題其實就是個庫存問題，反過來，庫存問題其實也是交付問題，供應鏈玩來玩去就是玩庫存。」

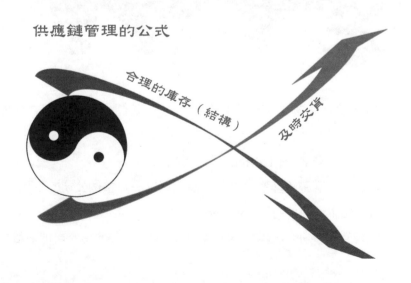

供應鏈管理的公式

合理的庫存（結構）

及時交貨

成銘點點頭，說：「很好，老李，你說到了供需鏈管理的一個關鍵點，也就是我所說的『供應鏈管理的公式』——我們要玩的就是，分子，想方設法保證及時交貨，目的是盡可能地保住銷售辛辛苦苦拉來的訂單；分母，就是持有合理的庫存結構，分子與分母之間又可以相互轉化！很好！老李，你繼續說。」

老李一蹺大拇指說：「還是老闆高明！」然後，喝了一口水繼續說：「庫存低了，我們財務每月的應付款就會減少，現金流方面，至少每月應付款就減少了很多；客戶的需求被盡可能地滿足了，客戶就會高興，我們的應收款就會及時地收回，應收減應付，現金流就充足了。」

「非常好！」成銘又表揚說。

老李頓了一下，有點得意地繼續說：「我剛才講了我是搞財務出身的，我是有切身體會的，俗話說，一分錢難倒英雄漢，這話體現在企業的現金流上，再恰當不過了。你們不是都看新聞了嗎？我上一個東家的董事長剛剛跑路了，原因是什麼呢？挺不過去了！眼睜睜地看著有大把的客戶、大把的訂單，就是做不出來啊，沒錢買原材料了，欠了供應商一屁股債，就像老闆您在書裡面講的，該來的不來，不該來的都來了，一邊是倉庫爆倉，一邊是產線當機，採購員天天求爺爺告奶奶地追料，有時候董事長還親自上陣，但最終還是不行了。那個老闆最終在跑路之前說了一句話：我們企業不是餓死的，是撐死的。」

Lily說：「老李，不好意思，我打斷一下，我在進我們公司做供應基管理之前，我也做過會計工作，你說的你上一家公司既然有那麼多訂單，那它應該很賺錢才對啊？怎麼會倒閉呢？」

庫存持有成本

比高利貸還要黑！

> ➤ 機械行業，年平均庫存持有成本 20%~35%
> ➤ 電子業，年平均庫存持有成本 35%~50%

庫存——吞噬企業利潤的黑洞

老李瞅了一眼 Lily 說：「要不怎麼說是死會計，活財務呢？傳統的會計是把庫存記為資產，看著帳面上的資產在一天天地增長，但問題是，你賺的錢都在庫存裡面了！那個公司是做手機代工的，年產值也有十來個億，你就算它毛利 10%，應該還達不到，一年下來，所謂的淨利潤也就是幾千萬元，那還是帳面上的，真實情況呢？它的庫存有兩億多，年庫存周轉率不到 4 次，還有在手、在途的大量的呆、滯庫存，你說它怎麼會賺錢？」

負責電子物料採購的經理 Bruce 說：「是這樣的，我們去年一年不也有好幾家原材料供應商倒閉嗎？電子元件行業，看起來毛利挺高的，其實也不賺錢，關鍵問題就是庫存太高。原先我們有一家做螢幕的企業，去年不是被收購了嗎？年產值也是十來個億，但庫存加起來就有四五個億，它利潤再高，也高不過庫存的成本啊！據統計，一般電子業的年庫存持有成本是 30%～50%，我們就按照最低的 30% 計算，一年下來，光庫存持有成本就是 1.2 億～1.5 億元人民幣，這些錢看不見摸不著就沒了！它一年才能賺多少錢呢？」

「年庫存持有成本有這麼高啊？」負責進出口的經理 Gavin 問道。

Inventory Carrying Costs In Summary

Total inventory carrying costs can be estimated at ...

■ Cost of Money	6%~12%	庫存資金成本
■ Taxes	2%~6%	稅費
■ Insurance	1%~3%	保險
■ Warehouse Expenses	2%~5%	倉庫租金及花費
■ Physical Handling	2%~5%	搬運
■ Clerical & Inventory Control	3%~6%	行政、管理費用
■ Obsolescence	6%~12%	呆滯庫存報廢
■ Deterioration & Pilferage	3%~6%	盜竊
Total	25%~55%	總計

Richardson, Helen: Transportation & Distribution, "Control Your Costs then Cut Them" December, 1995

庫存持有成本的構成（原始資料來源：REM associates，翻譯：程曉華）

　　「是啊，甚至是更高！」負責庫存計畫的劉平說，「你想想，咱們做平板的，還有做手機的，甚至包括那些做筆電的，基本上都屬於快速電子消費品了，產品生命週期越來越短，長的也就是一年半載的，短的也就是幾個月，剛上市值 3,000 元的東西，一個月之後就是 2,500 元，過半年可能就沒人要了，光庫存貶值這一塊就占了多大的成本？成品貶值，元件也跟著貶，甚至是直接報廢，你電子元件報廢還要給人家垃圾處理費呢，呵呵。」

　　「你們說的那還都是在有單的情況下，經濟形勢好還可以，」老李接著說道，「如果經濟形勢不好呢？就說現在吧，經濟不是很景氣，為什麼中央都在提去產能、去庫存啊？前幾天不是網路上報導了嗎？X 公司去年第二季度大虧 7.14 億美元，其中光智慧手機庫存清除費用就高達 3.24 億美元！那個 CEO 都快要幹不下去了。你經濟形勢好的情況下，不缺訂單，利潤可能也不錯，你庫存高一點，可能還能馬馬虎虎地活著，但經濟稍有

風吹草動，你的單一少，你的問題馬上就來了！庫存問題就暴露出來了，你好不容易收回來幾千萬元的應收款，砸在庫存上，可能連個影兒都見不到。更嚴重的是，你買了幾千萬元的庫存，做不出幾千萬元的產品來啊？對不對？因為你的庫存是不配套的，你要生產一千萬元的產品，你可能需要投入兩千萬元、甚至更多的錢用在庫存上，更何況，你好不容易做出來的一千萬元產品，那是不是就是客戶需要的東西啊？你能不能賣得出去？」

看企業營運是否健康
　　　➢ 有人看廠房、設備……
　　　　➢ 有人看財務報告……
　　　　　➢ 有人看產品、市場、團隊……

接單　　吃進去！　　庫存　　吐出去！　　出貨

5
很多公司死在庫存上

「看來老李管倉庫是埋沒人才了！」成銘開玩笑說。

「嘿嘿，老闆，我也就是隨口說說，但我越琢磨，越覺得庫存控制確實是個大學問。以前沒太注意，就是上一家公司給我的印象太深了！一個看似很風光的公司，年產值十幾億，說倒就倒了！聽說我們那老闆原先光在大陸就有3個老婆，結果他跑路的時候，一個都沒跟去！可惜了！」

「老李離題了吧？哈哈！」成銘笑嘻嘻地說。

「嘿嘿，不好意思老闆，不過就單從這一點來看，我那老闆也是吃虧吃在庫存上了，呵呵，好，我不說了。」

老李終於閉嘴了。

成銘說：「Simon（負責組裝計畫的經理）啊，你在玩手機啊？」

Simon嚇了一跳，趕緊說：「不好意思老闆，剛才是一個客戶給我發微信催貨，我就給他回了一下。」

「那要不要我幫你看看你這個手機到底怎麼樣啊？好用嗎？咦，還是iPhone大S啊！」成銘說著就伸過手來要拿Simon的手機。

Simon趕緊把手機收起來，雙手做拜佛狀：「老闆老闆，可憐可憐我吧，這可是我女朋友剛給我買的，您要是再給我泡了茶葉水，我那女朋友還不整死我啊?!」

「嗯，看你態度還不錯，以後不允許有第二次了。」

「關於庫存這個問題啊，」成銘接著說，「自古以來就有很多企業吃過

47

大虧，你們知道有個四川 H 公司吧？」

「知道啊，」大家幾乎是異口同聲地說。

老李說：「不就是那個當年為了打擊競爭對手，拼命囤積映像管，結果差點把自己搞死的那個公司嗎？」

「是的，」成銘說，「其他人呢？你們都知道嗎？Lucy（負責機械、塑膠件的採購經理）啊，你怎麼一聲也不吭啊？對了，還有你，小兵，你們倆平常不是挺能講的嗎？有時候還在我面前講些我聽不懂的廣東話，怎麼現在不說話了？普通話說不好，說廣東話也可以嘛！」

王小兵笑了笑還是沒有吭聲，Lucy 說：「老闆，咱們在東莞的一家做塑膠件的供應商，那老闆不也是跑路了？媒體報導說是因為他們家給 W 公司的產品用了水口料（編按：塑膠製品生產時，在塑膠上面會留下模具的交合和注料的口子殘留的多餘的邊角料），被罰了一大筆錢就倒閉了，但其實，關於其破產原因，眾說紛紜，其中比較一致的說法是，由於手機金屬外殼的需求量大增，塑膠殼需求減少，『這些企業不願意進行技術升級』、『技術跟不上』，還有就是『勞動力成本上升，導致利潤微薄』，所以它破產了。但在我看來，這些論調，基本上都是瞎扯！我覺得，它也是死在庫存上。」

「怎麼說？」成銘問道。

王小兵接過話說：「這個我跟 Lucy 倒是給它算過，因為這家供應商是我親自開發的，後來是 Lucy 管他們，但我們在至少兩年前就提醒過他們董事長，他當時的總庫存持有天數就在半年以上，再加上應收款周期大多都在半年以上，我們算是給他條件最好的了，也就是 90 天的付款期，我一直覺得他的現金流會出問題，結果還真是出問題了。很可惜啊，1997 年成立的公司，年產值五六個億，員工幾千人，在我們這個圈裡也算是很有名的公司了，說倒就倒了。」

「是啊，從我們供應鏈管理的角度，這是很大的風險啊，」成銘說，「所以啊，小兵，你跟 Edison、Bruce、Lucy，需要在這一塊好好下點功

夫，儘快建立相關的風險分析與控制流程，把供應商的情況全部篩選一遍。我看了一下我們現在的供應商績效管理流程，好像太過強調什麼QCDS（Quality品質，Cost成本，Delivery交付，Service服務）了，當然這沒錯，但關鍵的問題是，現在大家的日子都不好過，所謂現金為王，對於企業來講，經濟形勢不好的時候，賺錢不是最重要的，關鍵是要健康、活命，也就是要控制庫存，有充足的現金流，這樣才能過冬啊！」

$$C2C\,(現金周轉周期) = ARD\,(應收款周期) + DOS\,(庫存持有天數) - APD\,(應付款天數)$$

在應收應付周期一定的情況下，企業創造現金流的唯一出路就是降低庫存！

「是啊，老闆，那您覺得我們採購部應該從哪些方面入手呢？」王小兵問成銘。

「這個嘛，我建議，」成銘說，「第一，跟Sourcing（尋源採購）商量一下，在新供應商認證的時候，就把供應商的現金周轉週期（Cash to Cash Cycle, C2C）作為審核指標之一，當然這主要是他們要做的事情，但是，他們找完了供應商還不是我們在管理？所以，第二，我這一週內就跟我們的吳總談一下，供應商績效考核以後由我們主導，把供應商的績效考核指標裡面加上一條，那就是他們自己的庫存周轉率，必要的時候，尤其是對那些還沒有上市的比較小的供應商，我們可以派人駐廠審核他們的庫存；第三，也就是今天會議我們提到的付款問題，Lily跟Lawrence弄完後，我們抓緊時間督促財務執行，哪怕每家少給點錢，也要讓他們活下去，現在還來得及，離旺季到來還有些時間，你們趕緊了解情況，該申請出差的出差，該把供應商叫過來的就叫過來談，要確保在旺季沒有任何供應商出問題。」

「好的，老闆，」王小兵接著就有點猶豫了，說，「可是……」

「可是什麼？」成銘問。

「老闆您是剛來可能還不知道，我們執行採購部申請出差可難了！」Edison接話說。

「為什麼？」成銘不解。

「包括CEO吳總在內，他們都認為我們沒必要去供應商那裡，有Sourcing嘛。」Edison嘟囔道。

「那是因為你們以前到了供應商那裡都是去吃喝玩樂吧？」成銘笑嘻嘻地看著Edison說。

「我做證，老闆！」老李說，「有一次我跟著Edison去東莞一個供應商那裡提一批急料，結果出了品質問題，當天沒有走成，晚上供應商還請我們去卡拉OK，每個人還找了個陪酒的。我喝得差不多就走了，Edison這小子一直在那裡玩，也不知道都幹了啥。」

一屋子人都在笑，成銘說：「嗯，估計這小子沒幹好事！」

「冤枉啊，老闆，」Edison有點有氣無力了。

劉平說：「Edison，別人不知道，我還不知道你啊？老闆你不信就看看他的微信，他的個性簽名就是『紀念DG掃黃兩週年』！」

「哈哈哈！好一個Edison！」成銘樂壞了。

一屋子人哄堂大笑，這個時候，小孫敲門進來說：「老闆，飯送過來了，是不是現在就拿過來吃？」

「好的好的，謝謝小孫，拿過來吧，」成銘說，「大家一邊吃，我一邊來講一下我剛才提到的那個四川H公司的故事。」

「你們年輕人可能不是很清楚，」一邊吃著飯，成銘一邊講，「當年的H公司可是號稱中國民族企業的一杆旗幟，一直號稱自己是產業報國，以民族昌盛為己任，結果呢？」

「2005年3月19日，一個爆炸性的消息在業界傳開來：曾是民族品牌象徵的H公司，當日公告預計剛剛過去的財政年度虧損37億元人民幣。

　　儘管2004年7月H原掌門人倪先生黯然辭職，趙先生接任之時，H將面臨大幅度提列壞帳的消息便在業界流傳，但『一直盈利』的H一下子為庫存提列虧損11億元還是讓人格外震驚。H大虧37億元！說是一向對提列很『吝嗇』的H公司決定：2004年將提列進行到底。」

　　「庫存一下子提列11億？」Lily有些不相信。

　　成銘說：「是的，當時他們的庫存總額在50億元人民幣左右，也就是說，22%的庫存是要報廢或者當垃圾賣掉。」

　　「問題是，」成銘說，「面對記者關於為何突然在2004年度大幅提列虧損的疑問，H新聞發言人劉先生平靜地表示他們只想為歷史劃上一個句點，要為H的下一步發展創造一個好的基礎……云云。我當時剛從IBM出來做獨立顧問不久，就立刻寫了一篇文章，題目就是〈H的歷史帳能夠被『一筆勾銷』嗎??〉，並發表在相關雜誌上。」

　　「對對對，老闆，在您的書《製造業庫存控制技巧》裡面好像也有收錄這篇文章。」很多人說道。

　　「是的，」成銘說，「我覺得這是個很經典的案例，一個經典的庫存控制失敗的案例。我當時就分析道：APX的應收款解決起來可能比較簡單：大不了不要了，以後不要再做這種事就可以了；而庫存的事情呢？是不是也可以說以後不要再搞那麼多庫存就可以了呢？答案顯然是否定的，在我看來，這筆帳顯然不是可以『一筆勾銷』的。」

　　「哪那麼容易啊，」Bruce說，「我們的庫存周轉率過去幾年一直徘徊在5跟6之間，想突破不容易啊！」

　　成銘點點頭說：「很明顯，誰也不想擁有高庫存。如果說當年H『賒銷』給APX成品的目的是『打開國際市場』，那麼擁有五六十億元的庫存絕對不能說是老倪的有意行為！比較客觀公正地講，我認為這應該是H整個公司的供應鏈管理與庫存控制能力的問題，說大了是整個H的管理層的企業管理水準的問題。庫存問題絕對不是你想高，就能高，你想低，就可以降低的。從這個意義上講，讓老倪一個人承擔庫存過高的責任是不公平

的，他只是犯了『對庫存問題重視不夠』這個中國企業家們都在不斷重複的一個常識性錯誤。也正因為如此，我們不禁要問，趙總接手 H 之後，就能把庫存問題搞定嗎？11 億元的壞帳、貶值即使一次性計提完了，這個問題就保證不會再出現了？這顯然是一種非常幼稚的想法！」

「不是幼稚，是無知！」老李說。

成銘說：「我個人認為，所謂『世界級製造』不外乎兩個關鍵，一個是客戶服務水準，另外一個就是庫存周轉率的高低。在保證客戶服務的基礎上，如何保證庫存周轉率達到同行業的先進水準，是一個直接反映製造業整體管理水準的標竿。管理層的重視是一方面，能否達到庫存周轉率運作的高水準又是一方面。這次吃了虧（由於高庫存計提壞帳 11 億元），下次（換了人）就敢保證不吃虧？答案顯然是否定的！如果說讓倪總去解釋一下為什麼讓 APX 欠了那麼多貨款，相信老倪是可以解釋清楚的，而如果你問老倪為什麼搞了那麼多庫存，相信他老人家是解釋不清楚的（囤積映像管事件除外）——庫存高了，往往是一個說不清道不明的問題。前面說了，要說解釋，也只能說是『重視不夠』或者『管理不善』，有道理也沒道理……我們的企業，做電器的，做通訊的，做電腦的，做汽車的……哪個的庫存不高？這是『有道理』的一面，沒道理的一面呢？為什麼國外的同行，人家的庫存就沒有我們這麼高呢？X 公司在收購 IBM 的 PC 業務的時候庫存持有天數是 22.7 天，而 DELL 是 4 天左右，這說明了什麼？僅僅是『管理層重視』的問題嗎？」

「高層如果真正重視庫存問題的話，」老李說，「可能就會好點。」

「是的，」成銘說，「但是，庫存周轉率問題其實是一個企業的核心競爭力問題，而核心競爭力的提高相信絕對不是一天兩天就可以解決的事……而這個問題既然不是很快就可以搞定的，這筆帳就無法一筆勾銷！H 公司的高額庫存還會繼續高下去，高額的壞帳、貶值的事情還會繼續發生，並不會因為換了老大就會產生根本性的改變，這是不需要懷疑的……『給歷史劃上句點』說起來太輕鬆了，做起來真那麼容易嗎？企業管理水

準的提升，核心競爭力的增強是僅僅說句話的事情嗎？日本人所謂『零庫存』就那麼容易模仿的嗎？」

「是啊，是啊，老闆，這事哪是這麼容易？換個老大，那庫存控制水準就上去了？這怎麼可能？」Bruce說。

「那現在H公司的情況怎麼樣了？」Lily問道。

「現在啊，呵呵，」劉平說，「我按照我們老闆教我的『利用上市公司公開資料分析庫存周轉率之方法』，做了個對比，大家不妨看看這張圖，」說著，劉平接上了投影機，指著圖說，「這是H公司2007年到2015年9月的資料，從新浪網股票頻道下載整理的，曲線是它每個季度底的庫存，柱子則是它的季度營業成本。」

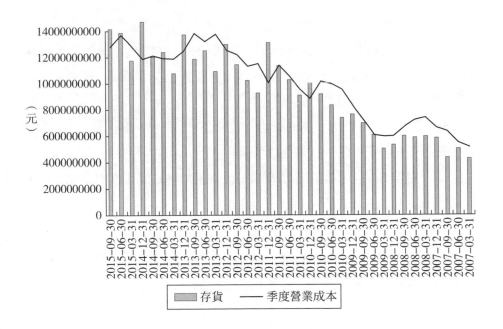

「哇！」一片驚呼聲。

「老闆，人家這也叫『與時俱進』啊！存貨跟著銷售齊步走啊！」Edison抹了一把嘴上的油說。

「一點進步都沒有！」老李邊啃著雞腿邊嘟囔，「那麼年庫存周轉率不還是一直在4次左右？」

「是的，」成銘說，「它的庫存基本上正好等於它的季度營業成本，大概相當於一個季度，庫存周轉一次，一年也就是4次。所以啊，我曾經在我的一篇文章〈庫存形成的『歷史原因』〉中提到，一個公司的庫存周轉率水準就等於該公司的管理智商水準（ITO=IQ）。因為我發現一個幾乎共同的現象，很多公司，當他們在提到庫存多的時候，往往會說，『當然了，今天的庫存之所以這麼高，這裡面是有很多歷史原因的』。」

「每次聽到這種話，我都說，這不是屁話嗎！如果沒有『歷史原因』，哪來的庫存啊?!你一個新工廠、你買的新房子，在沒有『歷史』之前，你哪來的庫存積壓啊？」

「我的理解就是，其實他們的言外之意不外乎有兩種情況：

(1) 我們的庫存之所以很高，其實都是『有道理的』，都是『可以解釋』的。會這麼說的，往往是企業的董事長或營運長之類的，或者至少是在某個企業做的時間比較久的。

(2) 這些庫存都是我的前任給我留下的，您看吧，我管之後就不會是這個樣子！H公司的趙總就是這種情況。

第一種實際上是在替自己找藉口，或是根本就不懂什麼叫庫存控制，還沒有真正搞清楚庫存到底是怎麼形成的。

所謂事出有因，這是人人皆知的道理。庫存也是如此，不外乎是你的需求與供應鏈管理（流程、組織、IT、考核等）體系出了問題，這是唯一的原因，除此之外的所謂原因都是藉口。」

6

我不會幫你們追料的

王小兵點點頭說：「是的，老闆，我們大家普遍感覺您跟您的前任最大的區別就在這裡。」

「我跟他的區別在哪裡？」成銘有些不解地問。

王小兵說：「您的前任喜歡忙著幫我們追料，而您呢，喜歡搞流程，搞體系，大家說我講的對不對？」

大家都紛紛點頭。

Bruce 就說：「對啊，老闆來了之後還從來沒有幫我們追過一顆料呢！」

成銘說：「那不是該缺的還缺，不該缺的它還是不缺嗎？」

「說實在的，老闆，」Lawrence 說，「也不知道為什麼，您儘管沒有幫我們追過料，我們加班也少多了，而且無計畫的停線也減少了。」

成銘說：「好了，你們別拍馬屁了，咱們繼續就著剛才的話題講：我前兩天剛看到一篇採訪某著名電商 CEO 的文章，當記者問他，您的庫存為什麼這麼高啊？他說，這個問題是暫時的，之所以我們有這麼多的庫存，是因為我們這幾年一直在『擴張』！言下之意，如果我們不發展，我們就不會有庫存問題。」

「這話怎麼理解？不發展、不擴張，當然沒庫存問題，你的銷售額是零，你的庫存比零不可能大到哪裡去，這沒錯；但問題是，你業務擴張了，你的庫存就一定要跟著『擴張』嗎？庫存的絕對值隨著銷售量的增大

而增大，這是可能的，但你的庫存周轉率呢？庫存絕對值的成長並不可怕，可怕的是你的庫存周轉率還是停留在小時候的水準（如同人長大了，智商還停留在兒童的水準），那你就玩完了！」

老李說：「他們都是屁股大，腦袋小！」

成銘說：「還有更差的呢！有一個大哥，也是做服裝的，也很『有名』，我也專門研究過他的上市公司資料，基本情況是，他每個季度的銷售額正好等於他的季度底庫存！假設他的銷售物料成本是50%（估計服裝行業沒這麼高），他的年庫存周轉率只有兩次不到！而縱觀其歷史（數據），他從2005年的年銷售額十幾億人民幣做到現在的年銷售額近百億元，他的庫存周轉率也從3左右到了現在的2不到。也就是說，他公司的智商水準隨著年齡的增長，不升反降！人變得越來越傻了！類似我們山東人說的傻大個兒那種！不過，他還好，至少他沒有說這是『擴張的結果』，他認為是自己的管理團隊有問題，他說他們是『三蛋一不』（注：網上原話是，混蛋、王八蛋、扯淡、不作為），這也算是找出了很大的一部分原因。只是到後來再有記者採訪他，他又說，自己的庫存問題是『暫時的』，就有點令人費解了——也可能是剛換了一批人？我們就不得而知了。但願他和他的公司能夠汲取教訓，慢慢地走好，但不宜太快，否則，還是要跌倒的。」

「老闆，」王小兵說，「看來很多公司都存在著『三蛋一不』的現象，呵呵。」

成銘說：「是的，還有就是那個做體育出身的服裝業老大，因為他對『去庫存信心不足』，這是一種『心裡有數，這事情沒那麼簡單』的表現。但據報導，他自去年7月份回歸公司之後，已經採取了一系列的措施，包括重新整合渠道與供應鏈管理等。看來，他不僅僅是體育玩得好，庫存也會搞好的。只是看他公司的歷史（數據），庫存周轉率一直也是徘徊在兒童的水準，大約2，估計他的措施儘管會有效，但不會那麼快就有起色。」

「聽說他從DELL挖了個搞供應鏈管理的高手過去？」Bruce問。

　　「好像是吧，」成銘說，「前一陣子還聽DELL的朋友提到他，也不知道他現在在這家公司幹得怎麼樣了。好了，我們不提別人了，說得不少了，也吃飽了，休息15分鐘，我們兩點準時開始。」

7

漿糊灌頂

王小兵、Lawrence、Edison陪著成銘到一樓抽菸，路上，成銘問Lawrence：「上午討論的都記下來了？」

「放心吧，老闆，都記好了，有種茅塞頓開、漿糊灌頂的感覺，」Lawrence恭維說。

「沒文化！那叫醍醐灌頂！」Edison說，「老闆，這小子是故意諷刺你。」

「沒事，」成銘說，「估計Lawrence的腦子裡就是一團漿糊，喂，Lawrence，我記得剛來的時候看過你們的簡歷，記不住了，你大學是學什麼的？」

「國際貿易，老闆，」Lawrence很自豪地說。

「哦？怪不得呢！學這專業跟沒讀大學有什麼兩樣？」說完，成銘把菸一扔，扭頭兒就自個兒上樓去了。

兩點，會議繼續開始。

成銘說，「Lawrence，給你5分鐘的時間，你先把今天上午我們討論的要點給大家複習一下，加深印象。」

Lawrence清了一下嗓子：「好的，老闆，您主要講了這麼幾點：

第一，關於給供應商付款問題，需要我跟Lily合作，儘快拿個意見出來。第二……」

「停！」成銘打斷Lawrence，「不是『儘快』，是兩天，48小時之

後。」

「是的，是的，老闆，第二……」

「把你要講的東西用投影機放出來給大家一起看。」成銘又打斷Lawrence。

「哦？需要嗎，老闆？」Lawrence有點猶豫。

「怎麼了？有什麼見不得人的東西嗎？」成銘問道。

「沒，沒，是這樣……」Lawrence有點口吃了。

「放出來！」成銘火大了。

「好的，老闆，嘿嘿！」Lawrence似乎很難為情，但還是把投影機連上了。

大家全愣住了！

Lawrence是用郵件做的記錄，看來好像是準備發給幾個人看的，收件人一欄已經有好幾個人的電郵地址了，什麼芳芳、Lydia、Lucy、Crystal……

第一條大概還有那麼點意思，但加了備註，原話是這樣寫的：「XXX（罵人的話），明明是兩人的活兒（指Simon的組裝件）非讓老子一個人幹，再說，給供應商付款，關我這個計畫經理什麼事?!」

另起一行，「什麼庫存周轉率？能把貨出去就不錯了，還控制庫存呢！」

再起一行，「Edison這小子又有機會去東莞了！哈哈」

完了！整個會場沉浸在一片悲哀氣氛中……

哈哈哈！成銘大笑不止，說：「好！好！Lawrence！好！很好！大家鼓掌！」

沒人敢鼓掌，又有人痛苦地閉上了眼睛……

成銘說：「怎麼樣啊，老李？你以後就不要跟著Edison去東莞了嘛，有機會就讓人家Lawrence去嘛！」

老李笑著說：「對，對，老闆，以後還是把機會讓給年輕人吧。」

「很好，」成銘說，「Lawrence，你聽見了吧？有意見當面提出來嘛，不就是去個東莞嗎？以後讓Edison帶著你去就是了嘛！對我有意見，你也直說！幹嘛寫在郵件上，怎麼？還準備留下證據啊？」

這個時候，祕書小孫敲敲門進來對成銘說：「老闆，您讓辦公室給您買的iPhone 5送過來了。」

「好啊，」成銘說，「那就趕緊拿給Lawrence，安慰一下他那顆受傷的小心臟吧。」接著又說，「Lawrence，下半場是不是還是你做記錄啊？」

「我記，我記，老闆，我一定好好記，」Lawrence的小臉本來就黑，再加上出了不少汗，就跟烤糊的地瓜似的。

8

倉庫竟然敢拒收

「接下來就來談談老李倉庫的事情吧，」成銘提議，「老李，你說我們想要提高庫存周轉率，你倉庫能做些什麼？」

老李說，「老闆，其實我們倉庫也做不了什麼，前一陣子為了回應您的號召降低庫存，我們拒收了很多採購員的貨，其中最多的就是 Edison 這小子的貨，聽說就是他把我給告了，結果還被您臭罵了一頓，你說我冤不冤呢，老闆？」

成銘還沒說話，Edison 說：「老李，你搞清楚好不好，我是那樣的人嗎？我跟你老李是什麼關係？」

成銘說：「很清楚啊，你們一起在東莞扛過槍嘛！」

這時候 Bruce 站起來了，說：「老李，我說幾句，第一，你還真是冤枉 Edison 了，這件事是我跟老闆講的，你要怪，就怪我，大不了我請你喝酒，你消消氣；第二呢……」

成銘說：「那我也去！」

大家於是就說：「那我們全去。」

「好的，沒問題，」Bruce 說，「大不了我把這個月我老婆給我的零用錢都用來請你們喝酒，反正這個月也快結束了，但喝酒不要緊，關鍵是得把事情弄清楚，大家也都說說，倉庫到底有沒有權力拒收供應商的貨物呢？」

成銘說：「Bruce 這個提議很好，誰先說一下？」

老李說：「其實我也不願意拒收你們的貨，但老闆不是要我們控制庫存嗎？」

成銘說：「喂！老李，別亂用我的名義，咱們現在是在務虛，大家可以隨便發言，各抒己見，暢所欲言嘛！」

負責塑膠件採購的Lucy說：「老闆，各位，我認為倉庫沒有權力拒收。」

Lily說：「那也不對，你早交貨，當然倉庫可以拒收。」

Edison說：「Lily，什麼叫早交貨？我們是按照PO（採購訂單）上的交付日期要求供應商送貨的啊，早個一兩天，那叫早交貨啊？」

成銘就問Lily：「你負責考核供應商的績效，所謂的供應商及時交貨率（Supplier On-time Delivery, SOTD），你是怎麼計算的？」

Lily說：「老闆，其實這個指標很難統計，尤其是出現Re-scheduling（重新計畫）的情形，統計起來非常複雜，所以我們現行的做法就是，譬如過去一個月，如果供應商沒有出現因為它的物料而導致停線情況，我們就算它100%的及時交貨率。」

成銘說：「那不是瞎扯嗎？放著SAP跟SRM（Supplier Relationship Management, 供應商關係管理，供應商門戶管理網站之部分功能）不用，你們去手工統計什麼停線次數？Lawrence你記下來，給Lily兩週的時間，成立一個小專案組，老李、小兵你們派人參加一下，我就不信連個SOTD都搞不出來。」

「至於什麼叫早交貨，老李你回去查一下相關流程或操作指導書，看看是否有個明確的定義，我的理解是，電子行業一般可以做到-1/0，就是按照PO最新的要求交付日期，可以提前24小時（1天）送達，延遲不可以。給你兩天的時間搞清楚這個事，如果我們的流程上沒有類似的規定，那就改流程。」

說完，成銘問Lawrence：「這一條記下來了嗎？」

「記下了，老闆，要不我放出來給大家看看？」Lawrence伸手就要接

投影機。

　　成銘說：「不用了，到時候一起看吧，」然後突然問，「Lucy，你那天下班前為什麼哭了？說給大家聽聽？好像是老李欺負你了吧？」

　　「也怪我，老闆。」Lucy有點不好意思了。

　　事情原來是這樣的：上週四下午，快下班了，成銘在4:50的時候準時開始收拾電腦包，準備下去抽根菸，然後坐班車回家，剛走出辦公室門口，看到Lucy趴在辦公桌上哭，旁邊還有幾個女採購員在安慰她。

　　成銘感到很奇怪，心想，這個Lucy是不是又跟她老公吵架了？前陣子聽說她老公鬧著要跟她離婚，理由就是她沒事就加班，經常加到半夜12:00，害得她老公幾乎天天來公司大門口接她，終於有一天她老公受不了了，加上近期她婆婆也有病住院了，她老公得兩頭跑，白天還得上班，晚上回家還得做飯，照顧孩子，一般的男人真是受不了的。為了這個事情成銘還跟Lucy單獨談過話，說你幹嘛加這麼多班？不就那麼點事嗎？鬧得你老公都要跟你離婚，何必呢？

　　Lucy說：「老闆，我忙過這陣子就好了，我向你保證我以後盡可能少加班。」

　　後來Lucy加班也確實少了，成銘也親自給她老公打過電話，說你老婆也挺不容易的，你一個大男人要多體諒一下她，我也會逼著她少加點班或者不加班，他老公也答應了，說：「成總啊，當初提出離婚實在也是被逼無奈啊，現在好了，我媽的病也好了，已經出院了，不離了，不離了。」

　　這本來已經是沒事了，怎麼又哭了呢？

　　成銘一邊想著這事，把門鎖上，還沒走到Lucy的辦公桌，就看到老李穿著工服，氣呼呼地上來了，後面還跟著兩個小伙子，抬著一箱東西。

　　成銘一看，有點意思了，估計Lucy掉眼淚與老李有關。

　　老李一看成銘要走，就說：「老闆，能耽誤您幾分鐘的時間嗎？」

　　成銘說：「老李，有事趕緊講，我還要下去趕班車呢。」

　　老李說：「老闆，班車您也別坐了，我一會兒叫計程車送您回家，順便咱在你家那裡喝點酒，我請客。」

　　成銘說：「那好，我先打個電話，跟我老婆請個假，她批了咱就這麼辦。」說著成銘就撥他老婆的手機，好像還被他老婆給罵了一頓，說飯都做好了，跟孩子在家等著他回去吃呢，結果又說不回家吃了，以後出去喝酒要提前報告，否則是不批的。成銘趕緊說，好的，好的，一定，一定。

　　打完電話，成銘拍拍Lucy的肩膀說：「行了，你也別哭了，這麼大年紀的老娘們兒了，哭起來多難看？你還真以為你是梨花帶雨啊？」又指著那幾個女採購員說，「你們趕緊回家！想在這裡混加班費啊？」

　　然後問老李，「你說，到底是怎麼回事？」

　　「是這樣的，老闆，」老李指著那兩個孩子抬上來的箱子說，「Lucy有兩批貨屬於提前交付，被我拒收了，還是IC呢，挺貴的，您不是讓我們嚴格控制收貨嗎？我是堅決不收，準備讓Lucy把這些貨抱回家去，或者乾脆放到她辦公桌上，讓她自己看著辦吧，反正我是不收！」

　　成銘就問Lucy到底是怎麼回事？

　　Lucy說：「老闆，老李只說對了一半，這批IC本來是分三批交付的，結果供應商也沒有跟我打招呼就一整批送過來了，我也知道是我沒管好供應商，這是我的錯，但是，老李，你以前遇到這種情況不都是收貨的嗎？即使不入系統，你不都是在倉庫找個地方讓我們臨時存放的嘛！」

　　老李說：「別跟我提以前！現在是現在，你就說，現在怎麼辦吧？」

　　成銘基本上明白是什麼意思了，說：「Lucy你趕緊回家吧，你老公還等著你回家做飯呢。」然後對老李說，「你讓這兩個傢伙先把貨拿回倉庫吧，咱們路上談，走吧。」

　　兩人上車，老李還在那裡嘟囔，這老娘們兒就是不自覺！成銘自己點上一根菸，也沒吭聲。

　　到了飯店，成銘冷不防地就問：「老李，你以前就沒幹過這種事？」

　　「啥事啊，老闆？」老李裝糊塗。

成銘說：「你就別裝了，我早就知道，過去啊，那幫採購員沒事就請你跟你的倉庫主管們一起出去喝酒，對不對？」

老李摸了一下頭：「嘿嘿，老闆，這事你也知道啊？」

成銘說：「我給你一個月的時間，你趕緊把你倉庫裡那堆垃圾跟採購員給我清理乾淨，然後保證不再幹這種鳥事！否則我就開了你！」

老李很不好意思，說：「好，好，好的，老闆，我保證，咱們喝酒！」

倉庫是個藏污納垢的地方

偉康實業（珠海）有限公司
盤點票

盤點年月			年		月
倉位（BaaN Location）					
物料號					

盤點數量	千萬	百萬	十萬	萬	千	百	十	個

盤（箱）數		盤（箱）
盤點人		
複盤人（物料部）		
審計人（財務部）		

NO XXXXXXX

庫存控制與倉庫的關係

聽完這個故事，Edison 嘿嘿一樂，說：「老闆，這個老李的確不是個東西！你看他講得多好啊，又是什麼現金流是企業的生命啊，又是親身體會啥的，其實他都是說一套，做一套！您一定要小心他，老闆！」

老李狠狠地瞪了一眼 Edison 說：「就你多事！」

成銘一看，也快四點了，說：「就這樣吧，我們今天先到這裡，很好！今天呢主要就是透過討論，讓大家明白庫存控制的極端重要性，同時，也讓大家明白，庫存控制不僅僅是哪個部門的事情，而是大家的事情。關於

流程與管理制度方面，我們今天主要就是談了兩個問題，一個是關於採購的，尤其是王小兵，你們要儘快按照我們談的，把供應商的情況摸一遍，按原定的計畫提交討論；關於倉庫這塊，我看基本上就這樣了，下次我希望大家都跟我一起到倉庫參觀一下，順便視察一下老李的工作。散會吧，下週還是這個時間、這個地點，重點討論一下幾個計畫的問題。」

　　Lawrence說：「老闆，我今晚加班把會議紀錄發出來。」

　　成銘說：「誰讓你加班了？現在才4點不到，5點下班，一個小時還不夠你發個狗屁會議紀錄？幹嘛要加班？你啊，我早看出來了，你加班越多，SMT（PCBA生產線）停線的次數就越多！散會！」

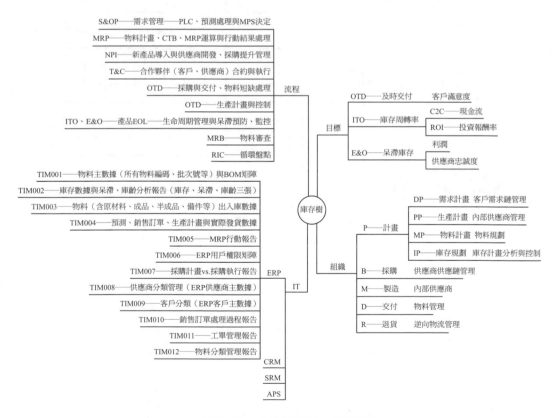

庫存樹　@版權所有：程曉華

9
視察倉庫

週五早晨一來，成銘習慣性地打開郵件，先看了一下工作日曆，沒有特別的安排，再看郵件，沒幾個，好像都是些不認識的人發的抄送郵件，既沒有客戶的郵件，CEO吳總也沒發什麼郵件，成銘就覺得今天應該過得比較舒坦，就決定換上工服，到倉庫、車間（編按：泛指工廠或生產線的工作現場；通常有適度的規模，承擔一個獨立產品或一個獨立部件的生產加工任務）去轉一圈，順便動一動身體。

離成銘辦公室最近的就是那個組裝件倉庫，聽說那裡比較亂，成銘就先到那裡去。

這實際是個線邊的看板倉，跟產線之間就是象徵性地圍了幾個破柵欄，因為放的都是些包材、機械料、塑膠件之類的大件，整個擺放看起來比較亂。

成銘一進去就看到有好幾個工人拖著棧板在到處跑，他皺了皺眉頭，順手攔住一個跑得滿頭大汗的工人，問道：「你要去哪裡？」

那工人可能也不認識成銘，就隨口說道：「你管得著嗎！走開！別耽誤我幹活！」

成銘手一伸：「拿來？」

「啥？」那工人問道。

「單據！」成銘說。

「啥單據啊？」那工人還是不理解。

成銘說：「出庫單！」

那工人往後一指，「在後面那個人那裡。」說著，拖著棧板就走了。

成銘心裡罵了一句，就往後走，見到人就問：「剛才那個小伙子的出貨單據在誰那裡？」

沒人理他。

成銘心裡就更加火大，於是大聲吼道：「誰是這裡的主管？」

這時候才跑來一個個子小小的姑娘，弱弱地問道：「您是成總吧？」

成銘說：「是啊，你們主管是誰？」

小姑娘還是弱弱地說：「老闆，我就是這個看板倉的主管。」

「啊？」成銘有點吃驚，心想，就你這麼點個子，能管得住這幫畜生嗎？

心裡這麼想，但嘴上沒說，只是問道：「你叫什麼名字？」

「崔紅。」那個小姑娘還是很小聲地說：「他們都叫我『小脆脆』。」

小脆脆？成銘心裡一樂，就想逗一下這小姑娘：「為什麼呀？」

「報告老闆！」小姑娘身子一挺，差點嚇著成銘，「是我們老闆老李取的外號，他有一次開會，當著大家的面表揚我幹活兒很乾淨利落，說乾脆，以後就叫你小脆脆吧！」

這時候有個小伙子跑過來說：「脆脆姐，2#線又停了！」

「怎麼回事？」小脆脆就問。

「我們明明今天早晨按照工單給他們投完了最後的2000本說明書，結果他們說找不到了，又來領，倉庫沒庫存了，他們就停線了。」

「停線多長時間了？」小脆脆問道。

「大概有20分鐘了吧？他們產線的人還說要投訴到我們大老闆那裡。」

「20分鐘了?!怎麼不早說?!」小脆脆有點上火了。

「那個，那個嘛……說了也沒用，庫存已經沒了。」小伙子反而臉紅了。

「走，一起看看去。」成銘跟小脆脆說。

　　「還不趕緊走？」小脆脆命令那個小伙子，那小子跟霜打的茄子似的，竟然乖乖地跟著小脆脆往前走。

　　成銘心裡想，這小姑娘還真有那麼點脆勁兒。

　　到了2#線放說明書的工位，成銘看到負責組裝的計畫經理Simon正在跟負責組裝的生產經理王杰吵架，一看到成銘過來，老遠就跑過來，喊道：「老闆，您怎麼來了？」

　　成銘就笑呵呵說：「你倆怎麼不吵了？繼續啊！」然後掃了一眼王杰說：「你就是那個王杰？」

　　王杰說：「是啊，師弟。」

　　「啥？你叫我師弟？」成銘有點莫名其妙。

　　「我看過老闆轉發你的簡歷了，咱倆是同個學校的，你是機械工程二系金屬材料及熱處理1989級的，我是一系精儀（精密儀器）1988級的，咱倆當年應該還住同一棟宿舍，呵呵。」那個王杰說。

　　「那你還真是我師兄啊！久仰久仰！」成銘趕緊伸出手來說。

　　「呵呵，」王杰說，「早就想去你辦公室拜訪一下，脫不開身啊，你看現在，因為你們供應鏈的問題，我們又停線了。」

　　成銘一聽，心裡就不太高興，但還是說：「您先別急，師兄，我先問問Simon，你這個說明書到底是怎麼回事？」

　　「老闆，是這樣的。」Simon說，「這是最後一批2000冊，用完就改版本了，本來我們計畫最後一次採購的時候就故意多買200冊，今天最後一批組裝的產品只有1800台，應該是夠用的，結果還是出問題了。」

　　「那現在怎麼辦？生產線可是在這裡停著呢。」成銘說。

　　「我已經通知銷售了，」Simon說，「現在這批貨已經做好了1700台，今晚必須出貨，先把這1700台發出去，告訴客戶我們剩下的100台明天空運給他們，空運費由我們出，銷售答應跟客戶協調，估計問題不大；同時我也透過Edison找供應商了，看他們的產線是否可以調整回來再做點這個老版本，如果不能，那我們只好用新版的說明書了，但那樣的話，客戶可

能會不高興，哈哈。」

「虧你還笑得出來！」成銘指著Simon說，「不過，這件事你處理得還算可以，那就只能這樣了，那現在是換線還是繼續等供應商的答覆？」

「趕緊換線啊，老闆，我剛才跟王杰就是為了這事吵架！」Simon指著王杰說，「可他就是不同意啊，說是因為我們的問題給他浪費了產能，他的OEE（Overall Equipment Efficiency, 綜合設備利用率）又要受到影響，他說他老闆，就是那個新加坡的老黑部長會罵他。」

「是啊，師弟，」王杰說，「我其實也是剛加入這個公司不久，我搞了半輩子的生產管理了，也換過幾家公司，但還沒見過像咱們公司這麼爛的供應鏈管理水準，沒事就給我停線！」

成銘聽了，心裡就更加彆扭，對這個王杰師兄的印象不知不覺地就打了折扣，但嘴上還是說：「師兄，你先按照Simon的計畫換線，至於這供應鏈管理水準是不是真的像你想像的那麼爛，咱們以後再說。」

「那我要是不換呢？」王杰還挺倔的呢。

「那老子就槍斃你！你信不信？」成銘的火氣突然就上來了！

「這簡直是強姦！」王杰很氣憤地說。

「師兄，」成銘拍了拍王杰的肩膀笑嘻嘻地說，「我跟您講，我不敢保證我手下的這些小伙子們不再強姦你，但我敢保證，您很快就會習慣的。」

「你老闆簡直就是個流氓！」王杰對Simon說。

「呵呵，謝謝你表揚我們老闆，」Simon說，「跟著他做事，就是過癮！別囉唆了，趕緊換線吧！」

成銘點點頭，然後說：「Simon你看著他們換線，脆脆，你帶著我去產線逛逛去。」

10

我就是要強拆

　　小脆脆帶著成銘沿著牆往車間裡面走，成銘指著旁邊的一個看似倉庫的房間問小脆脆：「這裡也有你們的倉庫？」

　　「這幾個倉庫都不歸我們管，老闆，他們屬於生產部的線邊倉，歸不同產線的主管們管，」小脆脆說，「要不要進去看看？」

　　「好。」成銘走近那個門一看，上面還寫著「閒人免進」「授權進入」的字樣，就站住了問道：「脆脆，我們是閒人嗎？」

　　「當然不是了，老闆，請進！」說著小脆脆就把門推開了。

　　兩人進去一看，房間足足有100多平方米那麼大，到處都是貨架，貨架上堆滿了各式各樣的包裝材料，還有兩個小伙子在那裡搬來搬去的，還挺忙的。

　　成銘眉頭一皺，問小脆脆，這些物料都是幹什麼用的？為什麼要放到這裡？

　　這時候就有個小伙子跑過來喊了一聲脆脆姐。

　　「嗯，」小脆脆指指那些貨架，「我老闆問你們呢，這些物料是幹什麼用的？」

　　那個小伙子說，「脆脆姐，你是知道的，這都是產線退下來，說是有品質問題不能用的。」

　　成銘伸手摸了一下一個貨架頂層的一堆物料，看來像是一堆說明書，結果摸了一手的灰。

　　成銘就問那小伙子：「這些料在這裡放了多久了？」

　　那小伙子說：「您等等，老闆，我們這裡有帳。」說著就從抽屜裡掏出一個帳本來，是那種用過的A4紙的反面裝訂的，看起來油膩膩、髒兮兮的。

　　小伙子往手上吐了一口唾沫，然後開始翻帳本，過了一會兒說：「找到了，老闆，你看，這是去年10月轉到這裡來的，有800本。」然後說，「那個時候我還沒來公司呢，不關我的事。」

　　成銘就問：「你知道你這個倉庫在ERP裡面的庫位代碼是什麼嗎？」

　　小伙子就可憐兮兮地看著小脆脆說：「脆脆姐，啥叫庫位啊？我們的位置就在這裡啊，怎麼就跑到那個叫什麼P裡面去了？」

　　小脆脆說：「老闆，這個是車間自己建的倉庫，在ERP裡面是沒有正式庫位的。」

　　成銘就說：「我就知道會是這樣。」然後對那小伙子說：「把你這個帳本給我撕了！」

　　見那小伙子站著不動，小脆脆順手從辦公桌上拿起一把小剪刀，三兩下就把帳本給剪成了碎片，然後全扔到垃圾桶裡。

　　那小伙子嚇得直發抖。

　　成銘拍拍他肩膀說：「沒事的，小子，不關你的事，有事讓你老闆來找我。」然後對小脆脆說：「你馬上安排人用A4紙列印幾個紅色的『拆』字，字體越大，越刺眼越好！最好再加個驚嘆號，然後跟城管（編按：中國貫徹實施城市管理方面的法律、法規及規章之執法單位）一樣，外面再畫個紅圈。」

小脆脆說：「我馬上打電話讓他們辦，弄完了怎麼辦，老闆？」

成銘說：「凡是這種由生產部管理的所謂線邊倉，大門上一律給我貼上『拆』字，然後讓人拍幾張照片發給我。」

小脆脆說，「好的，老闆。」

等脆脆安排好了，成銘說：「咱們的MRB（Materials Review Board, 物料審查委員會，習慣上叫待判定）倉庫在哪裡？帶我去看看。」

小脆脆帶著成銘來到二樓一個倉庫，老遠就看到門上貼著大紅的「MRB待判定倉」的牌子，成銘就點點頭，說：「好！」然後吩咐脆脆：「你跟老李講一下，這兩天找人把我們管的所有倉庫的ERP庫位代碼也都貼上。」小脆脆說：「我這就通知我們老闆。」

成銘說好，接著就進了MRB倉庫，脆脆則在外面打電話。

成銘進去後發現這個MRB倉庫至少整理得比較乾淨，順手摸了幾把貨架上的包裝物，也沒有多少灰塵，成銘感覺還比較滿意。

這個時候，小脆脆帶著老李也進來了，老李說：「老闆你下來視察怎麼也不通知我一聲？」

成銘笑著說：「怎麼了老李？我到倉庫來還需要你批准嗎？」

「不是這個意思，老闆，我是怕這幫小子給你說不清楚，那我這工作不就是白做了嗎？」老李嘿嘿笑著說。

「呵呵，很好，脆脆幹得不錯，你這樣，老李，」成銘說，「脆脆一會兒先把照片發給我，我回辦公室轉發個郵件，到時候需要你帶著人給我幹一回城管的工作。」

老李有點摸不著頭腦。

成銘說：「等一下讓脆脆講給你聽吧。」說完就自己回辦公室了。

回到辦公室，打開郵件，小脆脆的圖片已經發過來了，成銘就對小脆脆又多了一層好感，心想，還真是個脆脆呢。

然後成銘寫了一封郵件，To（發給）老李、王杰、CC（抄送）生產部部長老黑、品管部部長老馬、工程部部長Davis，還有小脆脆跟CEO吳

總。

郵件是這麼寫的：

老李、王杰，今天我去產線順便看了幾個倉庫，發現的一個很大問題就是大量非法存在的所謂線邊倉，邏輯上應該都屬於組裝車間 WIP（Work In Process, 在製品）庫位，我已經安排人都貼上了「拆」字，限你們下週五之前統統拆除，並清理乾淨，估計有些物料是可以用的，就轉回原材料倉庫，可能大多數都應該轉到 MRB 倉庫，但建議你們現場召集特別 MRB 會議，現場清理，該提請報廢的提請報廢，該轉走的轉走，總之，這些倉庫以後絕對不允許存在。

請老黑部長予以支持配合。

請 Davis（工程部部長）安排人協助，空出的房間如果暫時不用，或拆掉，或上鎖。

謝謝大家的配合，有什麼問題，請隨時通知我。

寫完，又看了一遍，覺得還行，成銘輕點滑鼠，郵件就發出去了。

成銘心想，估計有人會跳起來的。

果不其然，郵件發出去不到半小時，老黑就帶著組裝產線經理王杰、負責 PCBA 產線的經理老田，還有幾個生產主管，氣勢洶洶地來到成銘辦公室，門也沒敲，直接闖了進來。

成銘坐著沒動，也沒說話，只是喝著茶，笑嘻嘻地瞅著他們。

「你什麼意思嘛，成銘？」老黑上來就氣呼呼地問道。

成銘還是笑嘻嘻的：「什麼意思啊，老黑？你不好好地在產線待著，跑到我辦公室來幹嘛？沒事找事啊？還帶著一大幫閒人過來！」

「你為什麼要把我的線邊倉都拆掉？那我產線退下來的料往哪放？」老黑一激動，就「啪」地拍了一下成銘的辦公桌。

成銘還是坐著沒動，只是朝著門外喊了一下小孫，說：「給他們賜

座。」

椅子拖過來了，其他人都坐下了，只有老黑還站著，小孫就拉了他胳膊一下說：「黑部長，黑總，您還是坐下吧，您老就這麼杵著，累不累啊？要不要我給您泡杯茶？還是來點現磨的咖啡？」

老黑大手一揮說：「啥都不要！」

成銘說：「小孫，撤座！」

小孫笑嘻嘻地看著老黑：「您老真不坐？那我可拿走了？」

成銘說：「小孫你趕緊拖走！跟他囉唆什麼？」

小孫就把椅子拖走了，順手把門也關上。

成銘對那幾個生產主管說：「你們這是跟了個啥老闆啊？比我還倔，哈哈。」

那幾個主管也沒敢吭聲，只是悶著嘴笑。

這時候王杰說話了：「師弟啊，我昨晚還跟幾個在廣東的校友打聽你啊，他們千囑咐、萬囑託，讓我一定要對你小心一點啊！他們說你上大學的時候學業就不怎麼樣，沒事還喜歡打架。」

成銘說：「師兄啊，謝謝你這麼關心我，但是呢，千萬別聽他們胡說八道！我其實一直是個很有禮貌的人。」

老田接上話了：「見過無恥的，沒見過你這麼無恥的！就你這樣的人還敢說自己有禮貌啊？哈哈。」

成銘說：「老田，你說話一定要負責任，我怎麼就沒禮貌了？你們不是過來跟我談文明禮貌問題的吧？」

老黑說：「成銘！你趕緊說說，為什麼非要把我們好好的幾個線邊倉給拆掉？」

成銘也不搭理老黑，指著王杰說：「你問他！」

王杰說：「師弟是你要拆的，你問我幹嘛？」

成銘不疾不徐地喝了一口茶說：「那我問你，師兄，你今天上午的生產線是怎麼停的？」

王杰說：「那是你們供應鏈管理的問題啊，你怎麼反而問起我來了？」

成銘說：「是嗎?!我怎麼不知道啊？但我看到的事實是，在你們所謂的線邊倉裡有很多物料已經躺在那裡半年多了！外包裝上都是灰塵！其中就有導致你停線的那個說明書！還有800多本呢！你自己查查去！」

然後成銘對老黑說：「我說黑部長黑總啊，我們倆誰的級別高啊？」

老黑說：「當然是你的高啦，你一來就是Director（總監），我只是個部長嘛！嘿嘿，你們中國人說這個部長，我都不知道用英語怎麼說。」

成銘啪地一拍桌子，說：「老黑，你不是中國人啊？」

老黑趕緊說：「對不起，對不起，華人，華人。」

成銘說：「老黑你這叫數典忘祖啊！我查過你們的家史，你爺爺是1930年代末從福建偷渡到馬來西亞的，然後你是在20世紀末，在馬來西亞混不下去了，就從大馬游泳到了新加坡，再後來，你在新加坡也吃不上飯了，就跑到大陸來了，對不對？」

「哈哈哈！」一屋子人哄堂大笑。

老黑有點不好意思了，指著成銘說：「揭人不揭短，打人不打臉嘛，嘿嘿。」

成銘就說：「說真的，老黑，我為啥問你級別啊？我不是為了炫耀自己是個破總監，就有啥了不起的，我只是感覺您老太官僚了。我現在回答你的問題：

第一，我是全公司的唯一的供應鏈管理總監，我的一個重要的職責就是物料安全，庫存多了，少了，都是我的事情。盤點的時候，物料找不到了，你們一個『盤虧』或『盜竊』，就把事情擋過去了，而我呢？我擋不過去啊，關鍵是我無法擋啊！Johnson（CFO）那個老兔崽子上個月底差點沒把我折磨死，就因為盤盈了幾萬美元，硬是不讓我及時下班，ERP也不給我解鎖，非要讓我解釋原因不可，我那時候剛來不到一個月，什麼也不知道，我解釋個屁啊？還要讓我寫什麼CPAR（Corrective & Preventive Actions Request, 糾正與預防措施），我怎麼寫啊？後來，按照Escalation

（逐步上升、上報）流程，我去找咱們吳總了，吳總批是批了，但還不忘差辱我幾句，他說，成銘啊，這樣挺好的啊，我們以後就不要費力搞生產了，沒事就盤點啊！一盤咱就盈它個幾萬美元啊，比做生產強多了！我當時無地自容啊！這對我來講是奇恥大辱！你們誰遭過這種罪？」

「你是物料總管嘛，當然是你去解釋！」王杰說。

成銘瞅了一眼王杰，接著說：「第二呢，按照我過去的經驗，你們也知道我過去是做過挖掘機跟中央空調的，無論是重工機械行業，還是咱們電子行業，這個車間啊，就是個 Black Hole（黑洞），你要是把物料放在我的原材料庫，問題可能還不大，一投到你車間呢？上哪找去？生產計畫一調整，剩餘的物料，按規定你要給我退庫走帳啊，而你們呢？搞出個什麼線邊倉，那不就是偷懶嗎？那裡好料、壞料，啥都有，連你們自己都分不清哪個是哪個，我的 ERP 怎麼能分得清？再看你們記的那筆爛帳，跟爛狗肉似的，我不給你撕了，我還幹嘛？」

成銘看到老田在那不住地點頭，就接著說：「第三呢，有倉庫，就有庫存，多一個倉庫，多一份庫存，有庫存就得有人管，是人就會犯錯誤，犯了錯誤那就會有庫存差異，有了差異呢？不是產生呆滯庫存，就是物料短缺停線，給客戶的貨出不去！對不對？」

老田點點頭說：「聽起來有些道理。」

成銘說：「我是物料總管，這沒錯，但我需要弟兄們的說明啊，我的料是給你們吃的啊，你們亂七八糟的，我怎麼弄啊？你們都是管生產這麼多年了，車間物料管理是你們的職責之一啊，對不對？你們為什麼對生產工藝就能做到嚴格遵守而對物料管理流程就視而不見呢？」

然後成銘又指著老黑說：「黑部長，您老比我年齡大，經驗豐富，從小就走南闖北，從福建到大馬，又到新加坡，再到大陸，聽說您在大陸也轉了好幾個圈兒了，您說你們這個線邊倉該不該拆？」

老黑不住地點頭：「你說的有道理，看來是我們的問題。」

有倉庫，
就有庫存！
倉庫越（多）大，
企業倒閉得就越快！

這個時候王杰就說：「師弟啊，你騙誰呢？我聽說我用的那些包材在ERP裡面可都是走倒沖（Back Flush）流程啊？」

成銘瞅了一眼王杰，就問他：「師兄啊，你知道你跟我差幾級嗎？」

王杰說：「別扯些有的沒的，這跟級別有啥關係？」

成銘說：「有啊！師兄，太有關係了！我之所以年齡比你小，上大學比你晚一年，但現在級別還比你高兩級，道理就在這裡啊！我是該懂的，我就拼命去學，早晚把它弄懂了，我不該懂的，或者我不感興趣的、在我專業之外的東西，我就不去花那個腦子！而師兄你呢？該懂的，譬如說這個車間物料管理，你不懂，這不該懂的，譬如倒沖，管你屁事？你非要去懂，結果呢？你是搞得似懂非懂，看起來什麼都懂，其實呢？你要真懂ERP的話，你還需要去記那些爛狗肉帳嗎？」

「有道理啊，」老田說，「成總還真是給我們上了一課，慚愧啊，我也是搞了半輩子的生產了，嚴格遵守生產工藝這是不在話下，但從來沒有想到這個車間物料管理問題。」

成銘說：「老田啊，你也不需要慚愧，其實，很多人是搞不清楚什麼是盤點差異的。」

老田說：「成總，您能否再給我們解釋一下這個問題。」

成銘說：「看來你老田比我這個王杰師兄有出息，將來幹掉老黑，您老就是生產部部長了！」

「哈哈哈！」老黑說，「成銘你這小子說話也太直了點！」

　　成銘很嚴肅地說：「老黑啊，什麼是盤點差異？這個問題看起來似乎應該是個人人皆知的問題，但殘酷的現實告訴我們，其實不然，很多人根本不知道什麼是盤點差異。」

　　「說來聽聽。」老黑也沒有剛才那麼急躁了。

　　成銘說：「所謂的盤點差異就是指帳面記錄的庫存跟實際盤點出來的庫存數量的差異。如帳上說 A 有 5 個，實際盤點只有 4 個，那就是盤虧 1 個；反之，實際盤點結果是 6 個，那就是盤盈 1 個。無論盤盈盤虧，都是差異。所以說，所謂差異是實際盤點結果相對於帳面記錄的相對差異。」

　　「那如果是你帳本身就記錯了呢？」王杰有點不屑地說。

　　成銘說：「師兄啊，在我本人過去的 20 多年供應鏈管理生涯中，這個問題其實一直有人問我，特別是那些搞生產的同事，因為大部分差異往往來自於 WIP（Work In Process, 在製品）。我在 IBM 工作的時候，曾經有一個高級生產經理工作非常認真努力，屬於那種典型的 Hard Worker（努力工作者），有一次他非常激動地找到我說，我那裡絕對沒有差異，我自己有本手工帳，你說我有差異，一定是你的 ERP 記錯帳了！誰都知道我們的 ERP 用得很爛的！」

　　「跟我們的情況一樣嘛！」王杰又插話說。

　　「你說完了嗎，師兄？」成銘看著王杰。

　　「你說，你說！」王杰擺擺手。

　　成銘說：「OK，我當時跟我們生產經理說：

　　第一，你的手工帳是非法的，你有人記手工帳，說明你人頭多了，應該 Iean（幹）掉一部分。

　　第二，我們的 ERP 為什麼用得「很爛」？罪魁禍首之一就是你！因為你連我們的 ERP 長得什麼模樣你都不知道，是吧？作為生產經理，你有責任記錄、追蹤你的生產 Output（產出），也就是說你必須忠實地按照你實際的 Output（產出）做 Back Flush（倒沖），以此來記錄你生產了多少成

品、半成品，你手中還有多少原材料（回沖、入庫之後的 WIP）。這才是你要記的帳！而該你記的 ERP 帳，你不記，不該記的手工帳，你卻在那裡大記特記！你這是現代化的生產管理嗎？簡直連農民種地都不如！

第三，正因為你沒有好好重視、利用 ERP 去記帳，你說對了，我們的 ERP 帳本身可能就是錯的！這就是為什麼要盤點啊?! 不盤點，我怎麼知道你帳記錯了?! 儘管我知道你一定記不好這本帳，因為您從來沒有用 ERP 記過帳，儘管您的手下一直在做這件事情（Back Flush）。問您個問題：您知道您有幾個人在生產部做 ERP 帳嗎？他們都是誰？他們坐在哪裡？您肯定不知道吧?!

第四，分析查找盤點差異的目的，不是為了解決掉哪個人，而是為了查找漏洞，以利於下次的改進。你生產部負責的 WIP 有重大差異，你有不可推卸的責任，但這並不意味著所有的責任都要你去承擔，因為您承擔不起這個責任！你帳面記錄 WIP 有 100 萬元，結果你盤盈 400K（40 萬元人民幣），盤虧 700K（70 萬元人民幣），ABS（絕對值）差異是（0.4 + 0.7）/1 = 110% 的差異！你資料準確性是個負數!! 為什麼會這樣呢？你 WIP 沒有管理好，為什麼沒有管好，因為你從來沒有管過你的帳！當然，這裡面物料部也是有責任的，我們作為所有物料管理流程的 Owner（責任人），我們有責任幫助你把帳記好，但問題的關鍵是，您負責執行，所以 Owner 是你。您激動是解決不了問題的，『冷靜』才是解決物料問題的根本出路。

第五，造成差異的原因有很多，但差異的根本原因往往是貨沒有跟著單走，說大一點就是『資訊流與物流分開了』，這種事情在生產部發生的很多，而且完全沒有控制，譬如工程師借料；實物出貨了，單據還沒有填；測試的同事把測試完的東西『換』給你等。總之一句話，物料的移動必須跟著單據的移動，否則這些物料的移動就是非法的，就是『盜竊』！

第六，告訴你手下的主管、經理們，腦子裡面多長根弦兒，生產完成產出僅僅是完成了工作的一半，你必須做了 Back Flush，入了庫，進了系統，每班、每天把帳，ERP 的帳而不是你的手工帳，記清楚了，帳對好

了，才可以下班。

　　第七，大家都知道財務是管錢的，其實真正管錢的是我們大家——我們的物料就是錢！就是Money！每天流經我們手中的錢是幾百萬、幾千萬美元呢！關鍵問題是這個錢的狀態是可以改變的，從金條變成金手鏈、金鐲子等，我們必須要追蹤好它的變化，記好這筆帳。做生產的不是只把金條做成金首飾即可，更重要的是你要搞清楚你投入了多少金條，你產出了多少金首飾，你還有多少金條，這是起碼的也是必需的。作為供應鏈管理總監，我就是這些錢的總管，儘管這些錢可能分布在我們公司的各個角落，放在不同的Owner手中，我的責任就是要保證它的安全，這就是我為什麼要Challenge（挑戰）你，當然不光是你，還有其他部門如測試、品質等，這是兄弟職責所繫，不得不為之。

　　您現在明白什麼是盤點差異了吧？」

　　老田不住地點頭，然後用手一指跟著他的幾個PCBA生產主管：「我完全支持成總的做法，你們回去主動找一下倉庫的老李，立刻行動！」

11
安全庫存不安全

「安全庫存」

不安全

下午沒什麼事，成銘看了一下出貨情況，還比較正常，又簡單地看了一下昨天更新的幾個關鍵產品的PLC（Product Life Cycle, 產品生命周期）圖及最新訂單，覺得也沒什麼太大的變化，然後就開始琢磨那張組織結構圖，總感覺還是有些彆扭，吳總是給批了一個員額，可以招募一個計畫部部長，但到底要不要招呢？

在成銘的心裡，計畫是供需鏈管理的核心，多花一點心思放在計畫上能起到事半功倍的效果，所以他來之後不久就跟CEO吳總提出需要一個計畫部部長，暫時由他先親自兼任，吳總儘管不是很理解，但還是同意了，畢竟，吳總想，這個成銘也在IBM幹過幾年，還寫了一本書，應該是可以相信他的專業能力。

其實，成銘本來是準備把爭取來的這個計畫部部長的職位留給內部人晉升用的，工作嘛，為名為利，結果有一次產線停線，成銘召集了Lawrence、Simon跟王小兵他們幾個採購經理開會，成銘就覺得這個內部提拔的想法有點幼稚了。

那應該是成銘剛來公司兩三週時的事情，正好那天有客戶在偉康生產線參觀，結果在上午10點左右，不偏不倚，剛好客戶參觀到3樓的SMT車間，就有兩條生產線停了！

客戶就問這是有計畫的停線還是怎麼了？

據說當時吳總還撒了個謊，對客戶說是有計畫的停線，客戶點點頭也沒說什麼就去別的地方參觀了。

客戶一走，吳總就給成銘打電話問：「到底怎麼回事啊？怎麼偏偏客戶來了就停線啊？而且還是在你成銘的實習期？」

成銘心裡窩了一肚子火，心想我昨天還跟他們逐一把物料看過了，應該沒有問題的啊，怎麼就出了這麼大的事情？

成銘決定立即召開緊急會議，分析一下原因，看看問題到底出在哪裡。

按照成銘一貫的做法，他是很少召集這種所謂的Unplanned（無計畫的）會議，沒有必要嘛，讓大家按部就班地去做事，不要把大家搞得緊張兮兮，人一緊張不就更容易出錯嗎？

但這次不行了，吳總發狠話了，還牽扯到自己的身家性命問題，工作這麼多年，還從來沒有被人家炒掉過，更不用說連個實習期都過不去。

成銘讓小孫馬上電話通知大家，11點準時到小會議室開會，無論他們手頭上有什麼事，一律不許請假。

會議一開始，成銘就問缺了顆什麼料才導致停線的啊？

Bruce說，是他的團隊負責的一顆鉭電容，AVX的，說好了昨天晚上到貨的，結果又說今天一上班就送過來，一直沒到，就缺了。

Lawrence說：「老闆，依我看呢，這還是咱們的安全庫存設的太低了。」

成銘一聽，說：「Lawrence，你說什麼？安全庫存設低了？」

Lawrence說：「肯定是的！老闆。」

成銘就拿起一枝白板筆，指著白板說：「Lawrence，你今天如果能把

安全庫存的公式給我寫出來，我這個供應鏈總監的位置就是你的了！你上來寫！」

Lawrence臉一紅，摸摸頭說：「公式啊，老闆？」

成銘說：「是，你不是說安全庫存設低了嗎？你先把什麼是安全庫存的公式寫給我看看！」

「老闆，那都是理論啊，我們主要是靠多年的經驗啊。」Lawrence還要講。

成銘說：「少放屁！你剛才不是還在跟我談理論嗎？寫！」

Lawrence只好接過筆，走到白板前，又摸了一下頭，寫到SS = ……「那個什麼？好像還要開個根號是嗎，Simon？」

Simon嘿嘿樂著說：「老闆是問你呢！」

成銘說：「寫啊！」

Lawrence臉紅得像個小豬肝兒：「老闆，我，我實在是一下子記不起來了。」

成銘說：「滾！」然後指著大伙說，「還有誰認為是安全庫存設低了？」

大家都把頭低下了，沒人敢吭聲。

成銘說：「頭都抬起來，看著！」

說著，成銘刷刷幾下就在白板上寫出了安全庫存的公式：SS = normsinv (SL) × stdev (D) × sqrt (LT)，即安全庫存的簡單公式就是服務水準的反常態函數值乘以需求標準差再乘以採購提前期的根號值，其中SL（Service Level, 服務水準），在供應鏈管理上一般是指及時交貨率，D（Demand, 需求）是銷售預測或客戶訂單，LT（Lead Time, 採購提前期或生產補貨周期）。然後問大家：「對不對？」

Lawrence第一個說：「對，對！老闆，就是這個公式！」

成銘指著Lawrence說：「我再給你一次機會，你給大家講一下這個公式的意思。」

Lawrence說：「SS是Safety Stock，安全庫存的意思，後面那幾個函數嘛……」

成銘說：「你閉嘴吧，聽我講。」

「很多人喜歡談『安全庫存』，張口閉口就是你為什麼有物料短缺啊？你設的安全庫存是多少啊？你搞庫存控制就要影響及時交貨率（服務水準）啊，你知不知道啊，等等。

其實，說這些話的人，往往就是那些對供應鏈與庫存控制一知半解，或根本是無知的人。道理很簡單：

第一，從來就沒有『安全』的庫存。為什麼說從來沒有安全的庫存呢？簡單想一想就明白了——如果每天平均需求是10個，你有100個安全庫存，夠高了吧？但如果你的需求突然在某一天是101個，你的所謂安全庫存能夠滿足這個突然的需求嗎？況且如果你的日平均需求這麼低，你的所謂的安全庫存幾乎不可能奢侈到100個也就是10天的需求。需求是變化無窮的，儘管可以統計，但那是歷史資料，能說明一部分問題而用來預測未來，但不可能透過一個安全庫存就解決缺料問題。

第二，供應鏈的服務水準與安全庫存的關係僅僅適用於非相關的、獨立需求的情況。這個所謂的安全庫存的公式存在的應用前提是：單個的、獨立需求的物料，而且其需求分布需要滿足常態分布。所以，安全庫存的公式並不是針對系統的總體庫存，也就是說它對有相關需求的庫存是不成立的，尤其是共用、相關需求。假設你有10個物料，它們分別用於A、B兩個產品，其中有3個是A、B共用。在這種情況下，這三個共用物料的安全庫存理論上是不存在的，因為它面對的是兩個需求，需要兩個服務水準。

正因為如此，我們說，安全庫存僅僅是個數學概念，對於系統庫存來說，整體庫存的水準高低與服務水準沒有直接的關係，或者從另外角度講，整體庫存的降低並不一定能導致企業服務水準的降低，其實實務告訴

我們，透過庫存控制，優化庫存結構，整體庫存的降低反而會極大地提高企業的整體服務水準。我親自做過的最典型的一個案例就是，那個手機客戶有8～10個產品族（Product Family），上百個SKU（品，單位），總共6000多種原材料，年產值大約10億美元，我們大約用了一年的時間，年庫存周轉率從12次提高到了18次，平均庫存從七千萬美元左右降到大約四千五百萬美元，而及時交貨率中的OTDD（On-time Delivery to Demand, 滿足客戶原始需求的及時交貨率）也從70%左右提高到90%以上，OTDC（On-time Delivery to Commitment, 滿足對客戶承諾的及時交貨率）則是從95%左右提高到99%以上。

　　另外，這裡需要澄清的是，安全庫存（Safety Stock）不等於緩衝庫存（Buffer Stock），兩者的根本區別是安全庫存是沉沒成本（Sunk Cost），是淨需求之外的額外需求（Additional Requirement），而緩衝庫存則是動態周轉庫存。安全庫存的概念在業界已經很少人使用，即使用也要經過非常嚴格的批准，而緩衝庫存則是應用比較廣泛。」

　　說到這裡，成銘看了一下大家，問道：「懂了嗎？」

　　有人在點頭，有人在發呆。

　　成銘繼續說道：「看來你們是缺乏常識啊，我再給你們強調幾點：

　　(1) 安全庫存在一般的企業實際上是不允許設置的，通常的做法是在ERP裡面的安全庫存欄位會被人為地鎖住而不能用，因為從財務角度，安全庫存是Sunk Cost（沉沒成本），如我工作過的IBM等企業，原則上不允許設置安全庫存，即使非設不可，也需要供應鏈老大與CFO的親自審批。

　　(2) 緩衝庫存則來源於TOC限制理論（Theory of Constraints）的一個概念，在實際ERP庫存策略的設置中，它包含在周轉庫存中，這裡主要是指原材料庫存，如A物料，根據需求標準差大致設2～3天的緩衝庫存，體現在MRP的周期到物料計畫中，則是在真正的需求日期之前，提前2～3天到貨：也就是說，如果你正常的總採購提前期LT是20天，其實，

MRP可以提前2～3天也就是邏輯上LT = 22～23天下單；緩衝庫存的計算可以參考安全庫存的公式。

(3) 安全庫存之所以是沉沒成本，因為安全庫存在邏輯上是超出正常需求的部分，如你的Gross Requirement毛需求是20，當前在手庫存（On Hand）是10，在途（On Order）是5，安全庫存假設為2，那麼你每次採購的淨需求（Net Requirement）是20 – 10 – 5 = 5，如果不考慮安全庫存；反之，則是20 – 10 – 5 + 2 = 7；而緩衝庫存則是，你的淨需求是5個，本來需要10號到，我讓它8號或者7號到，如此而已，這是兩者的區別。

(4) Risk Buy（風險訂單）嚴格意義上來講不屬於庫存的一種形式，它可能是個On Order，目的可能是提前占有供應商的產能，如NPI（新產品導入）的時候或者有ECO的時候，這時候BOM可能還不完整，如處於EV/DV等PV（EV: Engineering Verification，DV: Design Validation，PV: Process Validation，分別是指新產品導入的不同階段，EV是詳細技術驗證，DV是設計驗證，PV是流程驗證）；DV之前的階段，MRP還沒有批量運行，但一些物料，LT比較長，而且基本可以確定採購，經RD（研發）、財務、供應鏈等部門批准（看金額，有的需要更高層批准），可以下手工的PO採購，這是所謂的Risk Buy。

(5) Risk Buy的PO一旦開始正常跑這個產品的MRP，這些物料如果還需要，那麼，其Risk（風險）將不再存在，而是參與正常的MRP運算。

(6) Risk Buy還有一種可能的存在情況就是，我根據供應市場行情，所謂的Supply Market Analysis，考慮未來長期的預測與可能的ECO（Engineering Change Order, 設計變更）、EOL（End of Life, 產品生命周期結束）情況，對某一類的Commodity（商品）如IC/BGA等或者某個P/N（物料號）下所謂的Risk Order，這個PO可能是超出未來的MPS（Master Production Schedule, 主生產計畫）之上的量，如未來6個月根據ERP上載的MPS，我對這個料的淨需求是200K，但經過上述判斷，我可能額外下達50K的Risk Order，這50K不參與MRP，可以透過MRP裡面的安全庫存

欄位設置而自動產生額外的需求，但這種做法是極其危險的，所以Risk Buy本身就是非常的Risky（風險很大）！」

「現在懂了嗎？」成銘問道。

大家都點點頭，Simon說：「服了，老闆。」

成銘嘿嘿一笑：「你服什麼？」

「看來我們的腦袋還停留在『安全庫存』或『風險訂單』的年代啊。」Simon說。

成銘點點頭說：「這樣吧，針對這個Case（案例），Simon你跟Lawrence、Bruce組成一個小專案組，你來做專案經理，從流程角度，ERP角度，與供應商、客戶合作模式角度，三者結合起來，把這件事前前後後仔細地分析一下，我估計這將是一個很好的案例，將來可以用來教育培訓所有的人。」

三者是不同的！
SS＝Safety Stock（安全庫存）
BS＝Buffer Stock（緩衝庫存）
RB＝Risk Buy（風險採購）

Simon說：「老闆，這是Lawrence負責的料啊？怎麼讓我來帶頭啊？」

成銘說：「小子，是我來安排你的工作呢，還是你來安排我的工作？」

Simon趕緊說：「不敢，不敢，老闆。」

「那就趕緊幹活兒去吧，下午三點準時到我辦公室匯報，把我說服了，就好辦，晚上我請你們喝酒，說服不了我，我這個職位估計就是Lawrence的了。」成銘說道。

12
十年如一日

　　成銘一想到這件事就覺得，Lawrence這小子儘管也幹了十幾年的供應鏈管理，但看起來非常浮躁，經驗上屬於「十年如一日」（十年只學到一個經驗）那種，不會有什麼大的長進；Simon呢，看起來很聰明，也肯動腦子，但畢竟還是嫩了點。

　　再等等看吧，成銘記得下午三點半還約了個人面試，一看還有20多分鐘，就決定下去先抽根菸。

　　剛下樓就看到工程部的一個叫朱波的經理，夾著一台筆電急急忙忙地從對面辦公樓跑來，成銘就問他：「去哪裡？抽一根休息一下吧。」

　　那小子看看錶，說：「好吧，反正已經晚了，也不差一根菸的時間。」朱波邊說邊伸手向成銘要菸，同時還從懷裡掏出一個很精緻的打火機。

　　成銘就問他：「你去開什麼會啊？」

　　朱波說：「還不是每週四我們老闆Davis那個破會，下午三點開始，經常開到五六點，高興了還晚上加班接著開！什麼用也沒有！」

　　成銘說：「開這種會沒多大意思，晚上還加班開會，那就更沒意思了。」

　　朱波說：「所以啊，你看我到現在還沒過去，遲到快半個小時了，以前還有人打電話來催，現在電話也沒人打了，還不是一樣？去早了也是要到五六點，晚點去，少受些罪，還是要到五六點啊。」

　　「那你剛才跑什麼？」成銘就有點奇怪了。

「嘿嘿，老闆，你觀察得很仔細啊，我不過是做個樣子，聽說我老闆在公司裡眼線很多，我是怕萬一他打聽起來，我本來就去晚了，再慢慢悠悠地去，讓他知道了就不好了，哈哈。」

成銘呵呵一笑：「你這小子不怕我跟你老闆講？」

朱波笑笑說：「不會的，抽菸的人一般都差不到哪裡去。」

成銘笑了笑說：「看來你這小子還有點料，抽完了趕緊去吧，我也得上去了。」

剛回到辦公室，祕書小孫就進來說：「老闆，那個叫Steven的人到了，在會議室等著您面試呢。」

成銘說，「好，我馬上過去。」

會議室的門沒關，成銘還沒進去，就聽見一個人在裡面打電話，不知是說英文還是中文，成銘只聽見他在短短的幾秒鐘裡，就說了好幾個you know, you know（你知道的，你懂的）……成銘就有點皺眉頭，那個人見成銘進來了，也沒有馬上停下手中的電話，只是把手機往左肩上一夾，伸手來握成銘的手，還指了一下旁邊的椅子，意思是你坐，你坐，然後繼續打他的電話。

成銘就有點火氣了，心想，到底是我來面試你，還是你來面試我？

又過了幾分鐘，那個人在完成了十幾個you know, you know之後，才把電話掛了，然後又伸出手說：「sorry, sorry, I am very sorry（對不起，非常對不起）。」成銘也沒跟他握手，就直接坐下了。

這時候已經是三點三十五分了。

成銘說：「你就是Steven？」

那人說：「Yes。」

成銘說：「你不是中國人？」

那人說：「係（是）呀，廣東銀（人），但我的漢語不是很好，我還不到十歲的時候就跟著我爸媽移民到Australia（澳洲）了。」

「哦？那你還真不是中國人。」成銘說。

「算係（是）啦。」那個人說。

成銘心裡就罵，這幫HR（人力資源）整天幹什麼吃的，弄這麼個玩意兒過來浪費我的時間。

勉勉強強跟那個Steven聊了不到二十分鐘，談話就結束了，成銘說：「就這樣吧，你先回去，如果有進一步的消息，HR會通知你的。」說完就要喊小孫送客。

那個Steven可能已經感覺到成銘對他很「感冒」，就跟成銘說：「老闆呀，請你一定要好好考慮一下我啊，我其實是很能幹的啦。」

成銘說：「Bye Bye!」

回到辦公室坐了一會兒，成銘看到小孫送客回來了，就喊小孫，把這個簡歷退回給HR！

小孫就問：「老闆，這人怎麼樣啊？咦，老闆，您怎麼一個字的回饋都沒寫啊？」

成銘說：「你替我寫吧，就兩個字，無語！」

小孫拿著簡歷，捂著嘴跑了。

隨手回了幾個郵件，又習慣性地看了時間，一看快五點了，成銘就收拾好東西，下樓去了，點上一根菸，開始等班車。

公司的高級經理班車只有部長、總監級別以上可以坐，每個月還要扣200元錢，每天下午五點十五分準時從成銘這個辦公樓發車，班車上經常只有兩三個人，其他的人大多不是加班就是出去喝酒了。

成銘正抽著菸呢，老遠看到工程部一個叫Star的測試主管夾著筆電從對面辦公樓過來，看到成銘，就說：「老闆，這麼早就下班了？」

「不早啊，到點了，我等班車呢！」成銘不疾不徐地說。

「哇，老闆，真羨慕你啊，到了點就可以下班。」Star說。

「為啥不可以呢？」成銘很奇怪地問道。

「我們忙啊！」Star說，「你看，那邊我老闆的會還沒開完，這邊又說五點半要開個什麼生產工藝協調會。」

「那你知道我是誰嗎？」成銘問。

「您是成總啊！供應鏈總監啊！」Star說，「誰不知道啊。」

「那你知道供應鏈總監是幹什麼的嗎？」成銘還問。

「不就是採購啊、計畫啊、物流之類的嘛，」Star甚至有點不屑一顧。

成銘說：「這就是我為什麼不能加班，更不能太忙的原因。」

「啊？」Star有點搞不懂了。

成銘很認真地說：「我要是一忙，你們就會發瘋的！」

「為什麼？」Star不解地問道。

「你想啊，」成銘說，「如果我腦子亂了，不用說你們啊，整個世界不都得跟著發了瘋啊？」

「有那麼嚴重？」Star問。

「是啊，」成銘說，「我腦子亂了的話，生產控制就會亂，供應商就會亂，客戶就會亂，全世界就會跟著亂啊，呵呵。」

「能詳細說說嗎？」Star還挺好學的。

「哈哈哈！時間來不及了，兄弟，班車到了，想聽的話，抽空請我喝個酒，我跟你慢慢講，也讓你知道什麼是供應鏈管理。」

說完，成銘跳上班車就走了。

Star還在那裡琢磨，心想，供應鏈管理有這麼神嗎？

13
無計畫停線的真正原因

轉眼又到了週三，上午十點，還是那些人，會議準時開始。

成銘說：「Lawrence你先把上次的會議紀錄給大家看看，咱們檢查一下大家都做到什麼程度了。」同時又對王小兵說：「小兵，這次會議你做記錄。」

Lawrence已經把內容放出來了，看來這小子是下了點功大的。

第一條，關於付款問題，狀態，已經關閉，財務已經開始執行。

但成銘對王小兵說：「你要跟財務保持密切的溝通，確保財務嚴格按照我們的約定執行，有問題找我。」

王小兵說：「好，老闆，我盯緊它。」

第二條，尋源採購已經同意修改他們的供應商認證流程，決定把供應商的現金流考察作為很重要的一條加上；CEO吳總也同意以後以供應鏈為主導評估供應商績效，尋源採購儘管有點怨言，但還是同意了；至於調查供應商的庫存周轉及現金流情況，目前500多家供應商，已經收集到300多家，其他的要麼以保密為由不給回饋，要麼就是那些很「厲害」的國外供應商，說是從來沒有給客戶提供過類似資訊。

成銘說：「那些國外的大供應商就算了，如果他們倒閉了，我們偉康公司也就差不多了，但如果他們是上市公司，你還是可以從國外很多投資分析網站上查到他們的庫存周轉率及現金流情況，例如www.gurufocus.com就可以，上面還經常有巴菲特的文章，沒事你們可以上去看看，全英

文的。已經拿到資訊的，小兵你去找一下Johnson手下的財務人員幫你看一下，如果必要，跟財務一起去供應商那裡審核一下，尋源採購也可以派人參加，好讓他們學習一下。」

另外，成銘說：「所有資訊整理完後，小兵你跟Simon一起按照我告訴你們的風險計算方法，排一下序，拿出一個Back Up Plan（後備計畫）來，到時候我們一起看看。」

Simon就問：「哪個風險計算方法，老闆？」

成銘就說：「你自己買本美國麻省理工學院David Simchi-Levi教授的書看看，其實是個很簡單的計算方法，他搞了一個非常簡單的TTR（Time to Recovery, 災難恢復時間）及FI（Financial Impact, 財務影響）公式，也就是所謂的災難恢復時間及期間的財務影響。我們大多數公司對供應鏈管理風險的認知還只停留在判斷風險發生的機率上，而David教授的意思卻是簡單明瞭，道理很簡單，風險發生的機率是誰都說不準的，但災難恢復時間卻是可以實實在在地評估的。」

投影機上繼續顯示，第三條，是關於老李的，就是什麼是早交付的定義問題，老李說查過了，公司還真沒有這方面的規定，我跟小兵商量了一下，決定用-1/0，也通報尋源採購了，他們也很認可，如果沒有問題，我們就走正常程序修改流程及供應商考核指標了。

成銘說：「很好，小兵你記下來，修改發布後，你們採購要跟老李一起組織一個簡單的培訓，計畫員、採購員、倉庫主管們都要參加，然後透過採購員去培訓供應商，要讓供應商熟悉並認可我們對他們的KPI考核，具體時間你們自己訂。」

老李說：「老闆，考核供應商的指標還需要培訓嗎？我們是客戶，我們怎麼考核，供應商就怎麼配合不就完了嗎？」

成銘說：「老李，什麼叫集成供應鏈管理？流程、組織、IT的集成是遠遠不夠的，KPI的集成考核是個關鍵，你想想，我們有這麼多供應商，他們難道真的都明白這個遊戲規則？如果大家不是按照同一個規則來玩遊

戲，或是他們根本不認可你的遊戲規則，那他們怎麼可能配合我們玩呢？小兵啊，老李不懂，但你作為採購部長應該明白我在說什麼吧？」

王小兵說：「是的，老闆，以前我的認知也跟老李差不多，總覺得我們是客戶，我們說怎麼玩就是怎麼玩，結果到後來，當我們真的按照KPI去重新分配一些供應商的採購配額的時候，很多供應商不服氣！甚至到吳總那裡去投訴我們，說我們採購部有人拿了他們競爭對手的回扣。」

成銘說：「這裡面當然有我們的問題，既然是一起玩遊戲，規則必須都得清楚並認可，否則的確是會出現你說的這種供應商不服氣的問題，但是！」成銘頓了一下說，「你們要對那些沒有證據就隨隨便便到吳總那裡告狀的供應商注意一下，不能讓他們養成這種壞毛病！」

接下來，成銘說：「我們大家一起看一下上次的那個停線的案例，Simon你給大家講一下？」

Simon說：「好的，各位，不分析不知道，一分析嚇一跳！你們誰能猜出上次停線的真正原因是什麼嗎？」Simon故意賣了個關子。

Lily說：「是我的問題。」

「怎麼會是你的問題？」管進出口的Gavin本來在那裡玩電腦，聽到這裡就抬頭問道。

成銘說：「Gavin你先把你的破電腦給我關上再說，還有你，Lucy，你還是沒有弄明白你為什麼經常加班，把電腦關上！整天就知道瞎忙！」

Lily說：「是我們維護錯了採購提前期了，我們ERP系統升級後，現在用的是Working Day（工作天數），在RFQ（詢價單）上要求供應商填寫的也是Working Day，供應商也是那麼報的，但是我的人在維護系統時，習慣性地除以7乘以5，又給轉換了一遍，明明是35個工作日，相當於7週49個Calendar Days（日曆天數），結果給搞成25（35/7×5）天了。」

Edison說：「Lily，你不會都是這麼搞的吧？怪不得我的人天天在追料呢！」

成銘說：「Edison你文明點！告訴你要向我學習，做個有文明、懂禮

貌的人，你怎麼老是學不會?!」

Edison趕緊說：「我錯了，我錯了，老闆，Lily對不起，但這事確實很嚴重啊，老闆。」

「還有更嚴重的呢，」成銘說，「所以，Lawrence，你還敢說這是安全庫存設低了的問題嗎？」

Lawrence說：「老闆，跟著您就是學東西啊。」

成銘說：「這是開會，又不是喝酒，你拍啥馬屁啊？」

大家都樂了，成銘又說：「所以我提醒各位，以後在我面前不要再提安全庫存四個字，我討厭這個東西。」

然後就對Simon說：「你接著說。」

Simon說：「還有更嚴重的呢！我們按照老闆說的從流程角度、ERP角度，與供應商、客戶合作模式角度，對這個產品做了系統性的分析，我們發現，因為這款產品就是賣給那幾家大客戶，實際上走的全是寄售模式，也就是老闆經常說的『偽VMI』，我們的生產與庫存策略應該要採用類似SAP定義的52策略，而不是40策略去配置我們在系統的主數據，結果呢？這麼多年來，我們一直是用類似40的策略。」

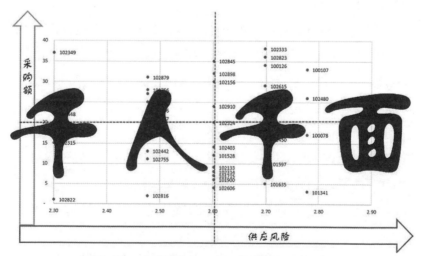

庫存與ERP的關係：ERP沒有錯，錯的是人

「但這跟缺料又有什麼關係呢？」Lucy很不理解。

「關係可大了！」Simon說，「按照老闆的要求，我查閱SAP的相關資料，大家看我整理的PPT。

所謂40策略，是Planning with Final Assembly，具有最終組裝的計畫──最常用的面向庫存策略，其特點是：

(1) 計畫獨立需求由銷售訂單消耗，能根據銷售訂單調整主生產計畫以適應當前形勢；

(2) 快速回應客戶需求，主生產計畫不要求平滑。

40的使用場景是要求能準確地預測產成品的生產數量。它的屬性設置：

(1) 計畫策略組＝40；

(2) 消耗參數（消耗模式，後向，前向）；

(3) 項目類別組設置，一般為NORM。

40的處理流程一般是這樣的：

(1) 針對產成品輸入計畫獨立需求，獨立需求引發生產與裝配；

(2) 收到的銷售訂單消耗計畫獨立需求；

(3) 在處理銷售訂單時，執行可用性檢查，系統檢查是否有足夠的計畫獨立需求來滿足銷售訂單；

(4) 如果銷售訂單數量超過計畫獨立需求數量，系統會自動調整主計畫，如果銷售訂單數量少於計畫獨立需求數量，剩下的尚未被消耗的計畫獨立需求會增加產成品庫存。

大家想想，這種配置適合我們這個產品的業務模式嗎？單純從SAP40的定義，你就可以看出來，叫Planning with Final Assembly（帶有最終組裝的計畫），而52呢？即Planning without Final Assembly（不帶有最終組裝的計畫），兩者都是MTS（Make to Stock）面向庫存生產，但一個是MRP一跑，40就把成品、半成品所有的工單都拽出來了，那就得排產，做PS（Production Scheduling, 生產排程），而52則只是半成品的工單。

　　所以，它們是不一樣的，我們一直是用類似40的策略，也就是說，我們不管客戶那裡的庫存有多少，實際消耗情況怎麼樣，我們一直都在埋頭生產，這就是問題的根本所在！」

　　「Simon的分析很有道理，也抓住了問題的本質！」成銘說，「我們整天在喊說『過量生產是最大的浪費』，結果我們實際上又天天在幹著過量生產的事！」

　　圍繞著這個案例，大家又討論了很長時間，快十二點了，成銘就說先這樣，下午兩點繼續。

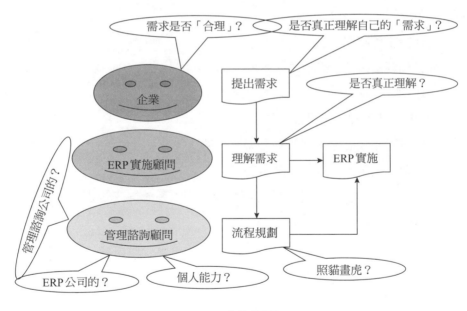

ERP實施問題

　　說完成銘就一個人下樓抽菸去了，王小兵跟Lawrence也一起下來了。

14
開車不等客

也是巧了，剛點上菸，又碰到那個測試主管Star，Star就笑嘻嘻地問成銘：「老闆，前幾天您不是說讓我請您喝酒，您來聊聊供應鏈管理的事嗎？今晚怎麼樣，有空嗎？」

成銘說：「不好意思，Star，我今晚約了我部門所有的主管級以上的同事一起吃飯，早就訂好了的事，不能改啊，下週找時間吧。」

Star說：「沒問題，做您的手下真幸福。」然後就對Lawrence說：「是不是啊，Lawrence？」

Lawrence就笑笑說：「是啊，是啊，我們老闆對我們很好啊。」

王小兵就問成銘：「今晚是不是連負責NPI（New Product Introduction, 新產品導入）物料管理的Lillian還有ERP支援的主管小佟都要參加？」

成銘說：「是啊，小孫不是群發的Calendar Invitation（日曆邀請）嗎？你這一說倒是提醒了我，吃完飯你回去查查，別讓小孫發漏了，因為這幾次的週三會議都沒有叫他們參加，別讓小孫誤解了。」

小兵說：「好的，老闆，我記得點開看過，應該有他們。」

成銘剛點上第二根菸，見Star還站在那裡，就問他：「你也不抽菸，還在這兒幹嘛？還不趕緊去吃飯去？」

Star就有點扭扭捏捏地說：「老闆，聽說你們上週跟吳總討論幹部升職的事情了？」

成銘說：「是啊，討論完了，都定下來了啊。」

Star說：「那有沒有我啊？」

成銘就瞅著Star，也不說話。

Star被成銘瞅得心裡直發毛，心想，估計沒戲！

成銘伸手摸了一下Star有點光禿禿的腦袋說：「好好幹，小伙子！」說完，把菸一丟，吃飯去！

Lawrence、王小兵也跟著走了，就剩Star自己還在那裡發愣。

Lawrence比較好奇，就問成銘：「老闆，Star這孩子也挺可憐的，一年前跟我一起進廠的，當時都是主管，你看我早就是經理了，他還不是，那這次升職的人裡面到底有沒有他？」

成銘就瞪了一眼Lawrence，問：「你會唱歌嗎？」

王小兵跟Lawrence都是一愣，心想，老闆這是答非所問嘛，知道這種事公司要求保密，你不說也就算了，這跟唱歌有什麼關係？

成銘又問：「你們知道我姐阿敏嗎？」

王小兵說：「沒聽說您還有個叫阿敏的姐啊，老闆？」

成銘說：「不是親姊，就是那個毛阿敏。」

王小兵說：「毛阿敏啊，不就是那個唱〈籬笆牆的影子〉出了名的那個小歌星？」

成銘說：「對的，你會唱那首歌嗎，小兵？」

小兵說：「那個有點高音，唱不上去。」

Lawrence就哈哈大笑起來，說：「小兵你還不懂啊？」

成銘笑笑沒吭聲，Lawrence就對小兵說：「那歌詞第一句不就是，『星星還是那個星星』嗎？Star不就是那個星星的意思嗎？要不說你笨呢！」

王小兵恍然大悟，隨口說道：「那就是Star這次還是沒升職吧，老闆？」

成銘說：「小兵那可是你說的，我可是啥也沒講。」

　　下午的會議繼續開始，成銘開口就問王小兵：「你查過了吧？晚上有Lillian、小佟他們吧？」

　　「有的！」王小兵說。

　　成銘說：「好，一會兒中間休息的時候，你再跟小孫確認一下車輛安排的事情，確保那個車在四點半準時過來接我們，讓今晚所有去吃飯的人在16:25之前，必須趕到這棟辦公樓大門口等候，我們就不一個個去接了，那樣太浪費時間，過了17:00進城就容易堵車了。」

　　小兵說：「好的，老闆，我再讓小孫發一遍通知，不行就一個個打電話通知他們。」

　　成銘說：「小兵做事習慣很好，你辦事，我放心。」

　　王小兵就不好意思地笑笑。

　　成銘說：「在上午Simon總結的基礎上，我想再給大家強調一下關於計畫的問題。」

計畫員要解決的根本問題是「該來的不來，不該來的都來了」。

計畫員：怎麼又停線了?!

計畫員：放心！我說沒問題，那就是沒問題。

搞供應鏈的人，如果不懂計畫是怎麼一回事，那是很難在這個領域有所發展的。但由於供應鏈管理是個舶來品，這英文的、日文的、中文的，各種各樣的說法、定義，本身就搞糊塗了很多人，尤其這個所謂的計畫。

供應鏈管理裡面確實有很多的「計畫」。

第一個計畫就是所謂的「需求計畫」，Demand Planning。

需求計畫說白了就是「對需求進行計畫」。所謂需求，一般分為客戶（這裡的客戶也可以指內部的客戶，如銷售部等）的訂單（Purchase Order）以及客戶的預測（Forecast）。對客戶的訂單以及預測進行評估、分析、判斷，最終答覆客戶，給客戶一個承諾（Commitment），這個過程就是需求的一個計畫、管理的過程。

然而這個過程是指日常的需求管理，也就是在客戶業務模式一定的情況下的管理，但問題是，需求計畫還有一個非常關鍵的前提就是如何分析客戶的業務模式，透過現象看本質，然後把這個本質的東西固化到ERP裡面去。譬如我們一直在談的這個案例，很明顯，我們一直在糊裡糊塗地做生意，明明是個VMI模式，我們叫寄售，很多人卻沒有弄明白，以為這是純粹的MTS，其實，實務上，我們知道，從來沒有純粹的MTS或者MTO，往往是一種混合模式。

就我們這個案例來講，SMT生產看起來應該是面向庫存生產，而成品的組裝則應該是基於客戶的庫存而補貨，所謂Pull（拉式），而這個Pull的依據就是客戶庫存的實際消耗情況，沒有消耗，就不應該生產，因為本身我們的組裝周期很短，產能主要靠人工，靈活度很大，其排產不應該依據每週的大MRP的運算結果，而是應該單獨跑MRP，這就是業務模式跟ERP如何結合的問題。

進一步的需求計畫還包括對產品生命周期（Product Life Cycle, PLC）的管理，並透過產品生命周期的分析而制定不同產品的庫存策略，這個問題我們以後慢慢地講。

第二個計畫是「產能計畫」（Capacity Planning）。這個計畫往往是需

求計畫是它的輸入，同時產能可得（Capacity Availability）以及物料可得（Materials Availability）也作為其輸入，其輸出則往往是成品、半成品的緩衝庫存策略（Buffer Stock Strategy），最終也可能以MPS（Master Production Scheduling）的形式體現，並作為「物料計畫」MRP（Materials Requirement Planning）的輸入。這其實是「往前看」，所謂Plan Ahead，提前計畫，計畫提前，這可能才是真正的計畫。

第三個計畫是物料計畫，Materials Planning。物料計畫通常稱為MRP，它其實是一個MRP的分解過程，嚴格意義上講，MRP本身並不是一個計畫，而只是一個計算過程。真正的物料計畫則「功夫在詩外」，是在MRP運算之外的一個對不同物料的庫存策略的設置。表現在具體的日常工作中，物料計畫則是一個CTB（Clear to Build）就是說我能夠做多少，我還缺哪些物料，所以也叫BCD（Best Can Do），這其實就是產能計畫的一個輸入（物料的可得性）。嚴格意義上講，這不是「計畫」，而是Check（檢查），但我們通常把物料檢查當成了物料計畫，不過也無所謂，可能是因為檢查本身就是為計畫做準備。

第四個計畫則是生產計畫（Production Scheduling）。

有了客戶的需求，有了產能，有了物料，就該「生產計畫」了。其實，仔細查一下英漢詞典，你就會發現，Schedule的意思就是計畫、安排、將……編入計畫、編制目錄的意思，很大程度上是「安排」的意思，我有需求，我有供應，您就給它安排一下（生產），如此而已。

第五個計畫也是最後一個計畫，就是「庫存計畫」（Inventory Planning），也就是劉平的工作。

所謂的庫存計畫就是根據庫存周轉率的目標以及客戶需求情況，計算出庫存「應該」有多少，說白了，也是一種計算而已。當然了，從財務的角度，也的確有「規劃」、「計畫」的意思，因為你算出來應該持有的庫存量，財務就可以規劃未來的營運資本需求了，從這個角度講，也的確是一種計畫。

　　總之，供應鏈管理中的計畫大致可以分為 Plan、Check、Schedule、Projection 等形式，實際工作中它們也往往是難分難解的，至少，它們不是孤立存在的，無論是組織結構上還是流程上，都是如此。

　　說到組織架構，成銘喝了一口茶，繼續說道：「我這陣子一直在琢磨我們目前的架構，覺得有些地方需要修改一下，尤其是 Lawrence 跟 Simon 的兩個部門，分工很明顯是有問題的，一個負責 PCBA，一個負責組裝，跟馬路警察似的，各管一段，這不行！這是在人為地割裂供需鏈。」

　　「那應該怎麼辦呢，老闆？」Lawrence 跟 Simon 幾乎是異口同聲地問道。

　　「這就是我需要你們去研究的東西，」成銘說，「小兵你記下來，給他們一個月的時間，不，三週，一個月太久，弄不好我還過不了實習期呢！給你們三週的時間，根據我剛才講的這幾個計畫，你們提出一個組織架構的改組建議，我要看到比較詳細的 R&R（Roles & Responsibilities, 角色與職責）。」

　　Lawrence 說：「老闆，這個任務挺重哦。」

　　成銘說：「你不願意做，我可以換人來做。」

　　Lawrence 說：「哪能啊，老闆，我做我做。」

　　「那就好，」成銘說，「按照我說的，你們再仔細研究一下我的《製造業庫存控制技巧》那本書，沒有的話我從家裡給你們帶幾本過來，有不懂的就及時找我討論。你們也可以把你們手下的骨幹計畫員安排一下，加入到這個項目中來。」

　　Lawrence 和 Simon 說：「好的，老闆，我們回去就馬上安排這個事情。」

　　成銘看了一下錶說：「時間也差不多了，我四點還要見個供應商，今天先到這裡吧。」然後又指著小兵說，「你一定要讓小孫再通知大家晚上準時從這裡上班車去吃飯，到時候可是開車不等客。」

小兵說：「放心吧老闆，保證一個都不落下。」

成銘瞅了一眼王小兵說：「No One Can Guarantee 100% OTD（沒人敢保證100%的及時交貨）！」

說完，成銘就回辦公室了，那個供應商是廣州的曲總，做塑膠件生意的，看起來他已經坐在小孫旁邊等了挺長時間了。

成銘對曲總說：「也沒啥事情，你過來幹嘛？」

曲總說：「沒事就過來看看成總嘛。」

進了辦公室閒聊了幾句，曲總就說：「晚上請成總一起吃個飯，隨便聊聊。」成銘就說：「改天吧，今晚約了供應鏈管理團隊的人一起喝酒。」

曲總說：「那成總是不是可以給我個機會正好跟大家一起加深一下感情？」

成銘就說：「好吧，你去坐一下也可以，但是，第一，你不能在那裡待太久，跟大家喝幾杯酒你就忙你的去，我跟他們還有事要講；第二，你今晚不能埋單，否則，你就不要去。」

曲總說：「沒問題，成總，我保證。」

成銘說：「好吧，那我收拾一下東西，咱們就一起下去抽根菸等車吧。」

成銘跟曲總剛走到大門口，遇到CEO吳總要上樓，曲總就主動上去握手，吳總就問成銘：「你們這是幹啥去？」

成銘說：「喝酒去，今晚約了供應鏈管理團隊的一幫小頭目一起樂呵一下，您去嗎？」

吳總就意味深長地看了一眼成銘，搖搖頭上樓去了。

走出大門，曲總顯得有點緊張，問成銘：「吳總不會誤解我們吧？」

成銘拿出菸來，給了曲總一根，然後自己點上，說：「這有啥好誤解的？不就是吃個飯嗎？」

不一會兒就看到王小兵他們都下來了，班車也早已經停在那裡，成銘就讓大家上車。

王小兵說：「老闆，還有NPI的Lillian、ERP支持的小佟他們沒到，我再給他們打一下電話。」

成銘說：「不用了，先上車吧，還有兩分鐘，」說著自己先上去了。

一到四點半，成銘就告訴司機開車！

司機問成銘：「不是還有幾個人沒到嗎？要不再等等？」

成銘說：「是你給我開車，還是我給你開車？」

司機說：「我就喜歡成總的性格！到了點就走！不像有些人，級別不高，但每次都是讓我等了又等。」

車子出了公司大門，剛拐上高速，成銘就接到Lillian的電話，她急忙地問成銘：「老闆，你們真的已經出發了啊？」

成銘說：「是啊，不是說好了4:30準時出發的嗎？」

Lillian就有點委屈地說：「我們剛才有點事出來晚了，本來以為你們會等我們一會兒的嘛。」

成銘就說：「為什麼要等你們一會兒？一車子人，就為了等你們啊？一個人等一分鐘，三十個人就是三十分鐘，況且一等就不只是一兩分鐘的事，你們這跟謀財害命有啥區別？」

Lillian就在電話裡面很委屈地說：「那我們以前的老闆每次出去吃飯都會等我們的。」

成銘就很惱火地說：「那你就去找你以前的老闆去！」說完把電話往汽車發動機蓋上一扔，隨口又罵了一句，都是被慣壞了！

一車的人，鴉雀無聲。

一路暢通，車子很快到了市區，拐了幾個彎就到了預訂的飯店。

Lily就問成銘：「老闆，小孫說今晚您請客，不用AA（均攤埋單）？」

成銘說：「是的，我老婆特批了我兩千元錢，是專門用來請你們吃飯的，但以後肯定要AA的。」

Lily說：「要不我跟大伙兒說說，今晚就要AA？」

成銘大手一揮說：「不用了。」說著就大步地進了飯店。

　　飯店看起來挺大，一樓的地上、牆壁上到處都是各式各樣的生猛海鮮，成銘心裡很高興，因為他從小就喜歡吃海鮮，只是那時候家裡窮，儘管老家離海邊不是很遠，但能吃個蝦爬子（廣東人叫瀨尿蝦）之類的就很不錯了，現在職位也比較高了，賺的也多了，但他還是見到新鮮的海鮮就高興。

　　一邊挑著各式各樣的海鮮，成銘一邊嘟囔著，這麼貴啊，這得花老子多少錢呢！

　　一幫人就跟在他後面吃吃地笑。

　　挑完海鮮，加了幾個青菜之類的，一幫人就來到預訂好的包間裡，第一件事就是讓服務員先上兩箱凍（冰）啤酒。

　　成銘說：「開喝！」自己就先喝了一杯，很爽！哈哈！

　　這時候，曲總就說：「成總，有個問題不知道該不該講？」

　　成銘說：「講！」

　　曲總說：「您發現沒有，在咱們這裡，計畫人員的工資比起工程類技術人員要低得多，這是為什麼？」

　　成銘說：「你怎麼知道我們公司的工資情況？」

　　曲總說：「成總啊，咱們都不是外人，我跟偉康公司做生意有十幾年了，啥不知道？」

　　成銘說：「也是。其實啊，你說的這個屬於正常現象，因為越是經濟不發達地區，供應鏈管理越是落後，供應鏈管理越是落後的地方或者公司，計畫人員的工資肯定就越低。」

　　曲總還是不明白。

　　成銘說：「那你明白為什麼，屠呦呦作為一個諾貝爾獎得主，她老人家一輩子也掙不出人家一對小明星的一場婚禮的錢嗎？」

　　曲總說：「這個嘛……」

　　成銘說：「其實道理很簡單，小明星作為演員，娛樂的是老百姓，是大眾，玩的是淺層次的東西，而且越是智商低下的人，越是會喜歡他們，

然後就會心甘情願地、拼命地給他們送錢；而屠呦呦老奶奶呢？人家作為科學家，救的是人命，你即使是不幸得了瘧疾，吃了由她老人家研究的藥，把病給治好了，你也不一定知道她是誰，更不會想到要去感激她老人家，這送錢的事就更談不上了，對不對？這就是區別。」

曲總點點頭。

成銘接著說：「再譬如，即使是在廣東、上海，這些供應鏈管理比較發達的地方，包括那些世界 500 強公司，一個經常加班追料的採購員，跟一個到了時間就回家的計畫員相比，哪個可能爬得更快一些？」

「答案一定是那個採購員，」成銘喝了一口啤酒說，「譬如，咱們NPI那個Lillian，我們已經每人快喝了兩瓶啤酒了，她還沒到，這說明什麼？因為在供應鏈管理上，採購是個典型的執行的工作，一般人都比較容易理解是幹啥的，而且還因為他經常加班，他做的就更加『表面化』，所以就娛樂了群眾，包括那些看大門的保安、打掃衛生的老阿姨、食堂的廚師等，就都成了他的粉絲。最關鍵的是，他最終會娛樂了老闆！而那個下了班就回家的計畫員呢？」

「他幹的活兒（計畫，供應鏈管理中的大腦），他老闆本來就不懂，他還不加班，看起來比老闆還厲害，那他老闆又怎麼可能提拔、重用他呢？」

「嗯，哈哈，聽起來蠻有道理的。」曲總迎合著說。

「扁鵲之所以有名，是因為他是個給人做大手術、治病的，所以名聲響遍全國；扁鵲的大哥之所以沒名兒，那是因為大哥是幫人剷除病因、預防疾病的，所以他只能是有鄉鄰知道他就不錯了。」

「哈哈哈！」曲總大笑說，「真是聽君一席話，勝讀十年書啊！」

大家正說笑著呢，Lillian、小佟她們幾個終於到了。

大家就都對著Lillian她們笑，搞得幾個半老婆子們很窘，趕緊自己找位置坐下來，那個負責ERP支持的小佟就對成銘說：「對不起啊，老闆，我們來晚了。」

「趕緊吃點東西，喝點啤酒吧，本來就來晚了，還要說那麼多的廢話。」成銘說。

Lillian的眼圈兒就有點紅了。

對這個Lillian，成銘其實一直都是小心翼翼的。

對手下的幾個經理，成銘每週都是在固定的時間、固定的地點，只約他們一個小時Review（評審）他們的工作，對於NPI物料管理，也是一樣，成銘幾乎每次都是問Lillian差不多的問題，而且還允許她帶著自己手下的主管過去，結果呢，Lillian每次都很緊張，十有八九是要掉眼淚的，害得成銘沒辦法，她每次去見成銘之前，成銘都要先準備一盒紙巾，如果是半盒，他心裡都不踏實。當時成銘的辦公室門上沒有窗戶，他就讓小孫打報告讓人開個窗，CEO吳總都覺得很奇怪，還親自打電話問成銘，好好的一個門，你幹嘛要挖個洞？

成銘就說：「老闆啊，這個老娘們兒萬一哭著從我辦公室裡跑出來，我怎麼解釋得清楚啊？」

「哈哈哈！」吳總大笑，說，「成銘啊，你小子到底是IBM出來的，我怎麼就從來沒想到這個問題呢？挖吧挖吧，挖個大點的洞，要不還真是說不清呢。」

看到Lillian又要哭，成銘趕緊說，「來，大家一起乾一杯！」

放下杯子，成銘就問坐在旁邊負責電子物料採購的Bruce：「你怎麼不說話啊？」

Bruce說：「老闆，我們的傳統旺季馬上就要開始了，我正愁著拿不到貨呢。」

成銘說：「你一愁，貨就能拿到了？」

這時供應商曲總就舉杯站起來說：「成總，能否給我個機會，讓我代表所有供應商敬您一杯酒？」

成銘笑著說：「啥？你能代表所有供應商？」

曲總趕緊說：「我錯了，成總，我是供應商中的一個代表，這總可以

了吧？哈哈！」

　　成銘說：「這還差不多，喝吧。」

　　曲總一口乾了，然後就說：「成總，再給我個機會，我敬在座的所有兄弟姐妹們一杯酒怎麼樣？」

　　成銘說：「可以，敬完這杯酒你就趕緊吃點東西，然後早點回廣州吧，我跟他們還有事要繼續聊聊。」

　　曲總說：「那吃飯我就聽成總的，不埋單了，是不是飯後再到酒吧街坐坐？我聽說成總對KTV什麼的都不感興趣，就喜歡這裡的酒吧街？」

　　成銘說：「免了，你趕緊回家吧，到家也得10點多了，你老婆孩子還在家等著你呢。」

　　提到老婆孩子，曲總就有點很感動的樣子，說：「我伺候偉康公司這麼多年，成總是我見到的最有人情味的供應鏈總監！好！啥也不說了，就憑這一點，兄弟們，妹妹們，跟著成總好好幹吧，這是你們在職場上的幸運！」

　　說完，飯也沒吃，打個招呼，就走了。

15
忙就是瞎忙

　　成銘對王小兵說：「你下去送一下曲總，看他的司機有沒有來，千萬不要讓他喝了酒開車。」

　　小兵說：「好的，老闆，不行就安排他住這裡。」

　　成銘說：「你看著辦吧，這老傢伙跟你們打交道這麼多年了，也挺不容易的。」

　　Lucy就說：「曲總他們一直是很配合的。」

　　成銘瞪了她一眼，反問道：「那你怎麼還經常加班啊？搞得你老公都差點跟你離了？」

　　Lucy就很不好意思地低下頭，成銘就說：「你也不要不好意思，我先講個故事給大伙兒聽聽。」

心亡為忙——忙就是瞎忙！

忙，不能解決缺料問題！

　　我前兩天沒事幹，跟我以前在 IBM 的一個兄弟聯繫，聽說他最近升職了，也做了一家不大不小的外資公司的供應鏈管理總監，公司在惠州。我跟兄弟打電話說沒事過來玩啊，好久沒有一起喝酒了，他說哥哥，我整天忙得暈頭轉向，很久都沒有休週末了，要不麻煩你來趟惠州吧，也順便看看我們公司，給兄弟做個免費指導？你過來，吃喝住玩我全包了！我說好吧，找了個週六，我就打車過去，直奔他們的公司。

　　Bruce 問：「您那兄弟公司是做什麼的？」

　　成銘說：「我兄弟所在的公司規模也不大，有三四千人，是做耳機之類的小音響產品的，一年的產值也就是十幾億元人民幣。他過去是採購部的部長，現在代替他老闆做供應鏈管理總監，管著計畫部、採購部，還有倉儲物流報關這塊，工人、農民、解放軍加起來也有兩百多人，光倉庫就一百多人，辦公室也就是七八十人。那天我是直奔他辦公室去的，看門的老大爺一聽我說他的名字，馬上就說知道知道，那個呂總簡直就是我們這裡最忙的人了，每天第一個開車來上班，晚上則是走得最晚，真是個好人呢！現在這樣辛勤工作的年輕人不多了，唉，老大爺發了一通感慨，最後還歎了口氣。」

　　「這就是老闆說的那種人，加班加得連看門的大爺也被忽悠了。」Bruce 笑嘻嘻地說。

　　「嗯，」成銘說，「我當時一進兄弟的辦公室，就發現裡面滿滿一屋子人在開會，而且菸霧繚繞，估計有不少菸鬼。我也抽菸，但一進屋還是被嗆得難受。我兄弟一見我進來了，立馬跑過來抱住我，眼淚都快掉下來了，聲音肯定是變了，哥啊，你可來了！你看我這是過得啥日子啊?!大週末的還要跑到公司來跟這一幫兄弟們開會、追料、談工作啊！我透過菸霧一看，屋子裡面有八九個人，男女都有。」

　　我兄弟跟大家說：「大家都靜一靜，正好我哥來了，相信你們很多人也都知道我哥成銘的，他做供應鏈可是有二十幾年了，經驗是相當的豐富，理論上也很有高度，他還寫了一本書《製造業庫存控制技巧》，都出

第4版了。下面請我哥給大家講幾句，大家鼓掌歡迎！於是我兄弟便使勁地鼓掌，我看下面幾個人鼓得很勉強，有氣無力的。」

我說：「謝謝了兄弟，也謝謝各位給我這麼個機會跟大家認識，我很榮幸。但我可不是來給大家講課的，因為我兄弟說了，他只管我吃喝玩住，不給講課費的，所以呢，我只想問大家幾個問題，然後咱們就出去喝酒去，飯後咱們還可以K歌，我兄弟埋單！」

這時候，我發現有幾個哥們兒的眼睛開始發亮了，有一個還主動給我遞了根菸，一看是南方人常抽的五葉神，那個菸火燒火燎的，我儘管一直抽中華，但還是裝作很痛快的樣子，勉強把那根五葉神給點上了。

「那菸是壯陽的，老闆。」Edison又露出一副要挨揍的嘴臉來。

成銘沒搭理他，自己點上一根菸繼續說：「我當時問他們的第一個問題是，你們平時工作忙嗎？他們說：忙啊，成總，您做了這麼多年的供應鏈管理，您應該知道的，這個工作的性質本來就是很忙的啊，哪有閒著的時候？都是些很繁瑣的事情啊。」大家七嘴八舌的，越說越激動，那個意思是哪裡還有比供應鏈管理這個工作更忙的呢！甚至還有人仔細地多瞅了我幾眼，意思是您到底有沒有幹過供應鏈啊？

那我的第二個問題是：「你們平時加班嗎？」他們說這還用問嗎?!天天加班啊！我說：「OK、OK！那我問大家第三個問題，你們加班都幹啥啊？」他們說：「什麼開會啊、追料啊，等等！」我說：「那你們知道你們為什麼缺料嗎？」他們說：「那原因可多了！」我說我問大家最後一個問題：「你們每天老老實實地坐在辦公室裡面的時間大約有多少呢？那哪能坐得住呢?!」別人還沒說話，我那兄弟倒是有點急眼了，說：「哥啊，您知道嗎，我管著十幾條SMT（表面貼焊線）、二十幾條插件組裝線，哪一條線停了，都是我的責任啊！況且老闆還天天逼著我們跟供應商壓價啊！」

我說兄弟啊：「您既然『坐不住』，那你還坐在這個位置（供應鏈管理總監）上幹嘛呢？」當時，所有人都愣住了！

「老闆就是直接！」老李舉著酒杯說，先乾一杯吧！

成銘喝完酒接著說：「我當時看到那幫兄弟都有些摸不著頭腦，就對他們說，兄弟們啊，別在這裡傻愣著啦，咱工作可以不幹，這酒不能不喝啊！走，喝酒去！一聽說喝酒，大家都很興奮，我們很快就來到他們公司旁邊的一個酒店包間裡落座。酒過三巡，菜過五味，大家又開始聊剛才那個話題了。有個兄弟遞了張名片給我，然後說，成總，我是管計畫部的，我剛才一直在琢磨您說那個『坐不坐得住』的問題，您能否給我們詳細講講？讓我們也開開眼？說著給我遞上一根菸，我一看是中華，還是軟的，就很痛快地點上了。這菸好抽啊！我說兄弟，在我回答您的問題之前，我還想問個問題，不好意思，我這人就是問題比較多，呵呵。他們說問吧，成總。我說你們在座的各位有人會拆字算卦嗎？他們都笑了，說成總您不是來教我們算卦的吧？我說當然不是，而且我自己也不懂那個東西，但咱們既然都是中國人，老祖宗的有些東西還是要繼承的嘛。譬如說，這個『忙』字，大家都知道怎麼寫吧？他們說知道啊，我說那好啊，說明你們並不是一點文化都沒有啊，哪個去喊一下飯店的老闆，找張大紙，把這個『忙』字寫出來，掛到牆上？

很快，這事就辦妥了，我說給大家兩分鐘的時間，仔細看看這個字，然後再講話。

很多人說，成總，也看不出啥啊？不就是個忙字嗎？我說大家難道真的如此無知？中國的傳統教育真的如此失敗？我說您看那個『忙』字，左邊是『忄』，就是『心』的意思，右邊則是『亡』字，就是『死亡』的意思，對不對？合起來，這『忙』就是『心死亡』，對吧？他們說，哇，真沒想到哎！我說，咱們中國人啊，幾千年的文化了，儘管老祖宗們給我們留下了很多糟粕的東西，但更多的是精華，尤其是那些流傳幾千年的俗語，向來是沒有錯的；這漢字，造型、構成之偉大，世界上沒有任何一種語言是可以比擬的。自古說，『忙忙碌碌』，然後就是『碌碌無為』，說的就是這個道理：一個整天忙忙碌碌的人，必定是無為的。為什麼呢？人畢

竟是人嘛，整天忙忙碌碌的，那你長了個腦袋幹嘛？人不動腦子，與豬狗何異？忙的最終結果就是『心死』，體現在現代職場上就是，要麼你自己把自己給累死，要麼你被公司幹掉，總之是個『死』！所謂忙就是『瞎忙』！就是這個道理！什麼是瞎忙？目害為瞎，心死為忙，一個眼睛看不見東西，心疲體勞之人，忙來忙去，最終的結果會是什麼呢？害人害己嘛！除此之外，還能有什麼呢？尤其是作為一個企業的供應鏈管理的老大，你的一舉一動畢竟牽扯到公司之生死，芸芸眾生（包括客戶、供應商）之活路啊！結果你自己整天忙忙碌碌，屁股指揮腦袋，這怎麼可以呢？我們基本上可以下的結論就是，那些整天忙忙碌碌的人，基本上都是些不動腦子的人。俗話說得好，『謀定而後動，知止而後有定』，說的就是心裡計畫好了，才去行動，知道停止了，才會有所收穫。一個天天忙得『坐不住』的人，不知道『停止』的人，怎麼可能去『謀』呢？不謀，怎麼可能有所收穫呢？」

「是啊，老闆，我們過去就是『謀』得太少了，」Simon插話說，「老闆，我敬您！」

「那麼供應鏈管理的謀是什麼呢？」Lillian問道。

「那就是『計畫』啊！」成銘說，「需求計畫、生產計畫、採購計畫、庫存計畫等，那可都是『謀』啊！我跟我那兄弟說，作為供應鏈的老大，你不把主要精力放在謀上，那你整天去瞎忙什麼？你忙的結果就是，把你自己累死不說，還讓一幫兄弟跟著你受累，你越忙，你越累，你出錯就越多，你出錯越多，你需要救火的時候就越多，而救火越多，你就越忙！於是乎，周而復始，螺旋上升，大家都玩完了！所謂一將無能，累死三軍，說的就是這個道理啊！我中華民族，泱泱大國，向來不缺勤苦勞作者，而且我們從來就把『勤勞』當成一種美德，但問題是，勤勞，至少是身體的勤勞，那是一種美德嗎？你為什麼『勤勞』啊，你為什麼『加班』啊，說難聽點是因為你沒腦子啊，說好聽點，就是你不動腦子啊。農民為什麼勤勞？因為他窮啊，他沒有辦法啊！問題是他為什麼窮啊？他為什麼沒有辦

法啊？別人說你勤勞，說你忙，那是罵你呢！對不對，Lucy？」

Lucy說：「老闆，我們跟著您以後再也不瞎忙了。」

成銘說：「該忙的還是得忙，但少忙點，至少要做到到了時間就下班，下了班就不要考慮工作上的事情，多陪陪家人，對不對，Lucy？」

Lucy說：「是的老闆，這事看起來很簡單，堅持一下其實是可以做到的。」

成銘說：「很好。我當時就跟我兄弟的手下講，我說，同志們啊，我這個話呢，很多人是不認同的，但你想想，你們才管著十幾條SMT，外加幾條組裝線，就忙成這個樣子，那將來企業進一步擴大了，你們怎麼辦呢？你們是不是跟你們的老闆講，老闆我幹不了了，您另請高明吧！你們辛辛苦苦打下來的江山，就這麼拱手讓人？當時我那兄弟就一直在低頭沉思，最後跟我說，聽哥一席話，勝讀十年書啊！我的確是需要好好反思反思了。但是，哥您既然來了，他們又都是我手下的主管、經理，您是否趁機告訴大家一點具體的做法呢？譬如說，要怎樣做才能『坐得住』呢？我說，這個東西光說是沒有用的，你需要逼迫自己去身體力行，然後才會慢慢地有效果，但不妨簡單講一講：

第一，千萬不要去參加那些沒有提前計畫的會議；

第二，每天看一遍你的組織結構圖；

第三，每天看一遍你的KPI；

第四，每天看看公司的銷售預測、發貨、產品生命周期情況；

第五，每天跟你的手下花點時間看一下關鍵物料的供應情況；

第六，每天花點時間看看庫存報表。

第七，也是最重要的一點，每天準時下班！

這幾件事情你如果每天堅持了，你的日子就會慢慢地好起來。然後，如果你再有時間的話：

A：每天見一到兩家關鍵供應商，或者乾脆去他們那裡喝酒去！

B：每天約談一到兩個採購員、計畫員、工程師。

　　如果你還有時間，沒事就跑到別的部門去聊聊天！或者找你老闆匯報工作去！不是有句話嗎，『少幹工作，多匯報』！呵呵！那樣的話，你就離再次升職不遠了！但在此之前，你一定要記住：千萬要坐住了，兄弟！你能坐住了，你就能得道，你得道了，你的兄弟姐妹們就可以跟著你『雞犬升天』了，呵呵，要麼，人家誰還跟著你呢！」

　　說到這裡，成銘就指著Lucy說：「就說你吧，多虧你老公理解並最終原諒你了，否則，就你那幫手下，人家誰願意跟著一個離了婚的女人幹活兒啊？」

　　Lucy就更不好意思了，成銘就說：「好了，今晚我們不談工作了，還是喝酒吧！我埋單，你們放開喝，一共就兩千元，喝完拉倒！」

　　說著，成銘自己就乾了一大杯啤酒。

16
採購員是供應商的
虛擬供應鏈管理經理

　　第二天一上班，成銘就到各個辦公室轉了一圈，發現 Simon 跟 Lawrence 都不在辦公室，就問小孫：「他們怎麼沒來？都請假了嗎？」

　　小孫笑嘻嘻地說：「老闆，他們昨晚都喝多了，你當時不是說了嗎？喝多了，第二天是可以不來上班的。」

　　成銘罵了一句說：「我好像是這麼說過。」說完就找王小兵去了。

　　小兵的辦公室關著門，成銘從外面一看，小兵好像正在跟手下人談話，看到成銘，小兵就要出來，成銘隔著窗戶對王小兵擺了擺手，然後自己回辦公室了。

　　不一會兒，王小兵來到成銘辦公室，問：「老闆，您剛才找我有事？」

　　成銘說：「也沒什麼事，隨便轉一下，怎麼？你現在有時間？」

　　小兵說：「老闆找，我隨時都有時間。」

　　成銘就笑笑說：「錯了啊，小兵，應該是手下人找，你可以說自己隨時都有時間，但這老闆找嘛，就必須要提前預約！」

　　王小兵就有些不好意思了，說：「老闆，其實我也是這麼想的，但不敢像您那樣做。」

　　王小兵早就聽說發生在 CEO 吳總跟成銘之間的一個故事，說是有一天吳總給成銘打電話，問成銘能否馬上到他辦公室參加一個緊急會議，成

銘說沒時間。吳總就問成銘現在忙啥呢。成銘說他剛開完一個會，離下一個會還有30分鐘，但是他要先下去抽根菸，回來再做個簡單的準備，否則這會議就開得沒效率。

聽說吳總舉著話筒愣了半天，最後狠狠地把電話給摔了

這些事都是吳總的祕書小林傳出來的。

王小兵一想到這個故事就禁不住笑了，成銘就問他：「你怎麼這麼高興？」

王小兵趕緊說：「沒事，沒事，老闆。」

成銘就說：「我也是因為這幾天早晨發生在班車上的事情有感而發，就突然想找你聊聊採購的事情。」

小兵就說：「班車上發生什麼事了，老闆？」

成銘說：「你知道那個工程部長Davis跟我住同個社區吧？」

小兵說：「知道啊，他的房子也是我幫他租的。」

成銘說：「哦，原來這樣啊，這個老小子坐班車幾乎沒有不遲到的時候。我第一次從社區門口上班車，他就遲到了，一上車他就Sorry, sorry（對不起）說個不停，也沒人搭理他。後來，他還是這樣，幾乎每天都遲到，然後還是Sorry sorry的，我這幾天就有點不耐煩了，週一，我跟他說，We understand（我們理解），週二他又這樣，我跟他說We Fully Understand（我們完全理解），週三，也就是昨天，他還遲到，我就跟他說，We Fuck You（罵人的話）！結果你猜怎麼了？今天早晨他去的比我還早！等我到班車點的時候，他說他已經在那抽了三根菸。

哈哈哈！王小兵樂壞了。

成銘說：「小兵，你還別笑，由這件事，我想到了咱們的採購執行問題。因為前一陣子，吳總跟我開玩笑說，他這個CEO（Chief Executive Officer, 首席執行長）就是『首席追料官』（Chief Expedition Officer, 縮寫也是CEO），說難聽點，他就是咱們採購員的助理，專門是用來追料、救火的。因為採購員搞不定的事情，他當老闆的一出面，立刻就搞定供應

商！銷售的人也跟我說，咱們的採購部就跟那個在農村用的壓井似的，一壓就出水，不壓就不出水！」

「呵呵，」王小兵就有點不好意思地說，「老闆，那都是我管理的問題。」

「所以啊，小兵，」成銘說，「我的問題是，你的採購員是幹嘛的？憑什麼老闆就能搞定供應商的出貨，你的人就搞不定呢？我個人認為，有本事的採購員應該做到，誰去了（供應商那裡）都沒有用！承諾了能出的貨就一定能出，不能出的，誰去了也出不了！」

王小兵說：「老闆，您可能還不知道，其實我們的執行採購員在公司的地位是很低的，在您來之前，我們連到供應商那裡出個差都成問題。」

成銘說：「這個問題不是解決了嗎？」

小兵說：「是的，老闆，現在好多了，我們的出差申請只要您簽了字，上面都給批了。」

「那還有什麼問題呢？」成銘不解地問道。

王小兵說：「大家普遍認為做執行採購員沒有出路，都想去做Sourcing（尋源採購），覺得他們在供應商那裡的地位比較高，說話有分量。」

成銘就問：「小兵你自己也是這麼認為嗎？」

王小兵搖搖頭說：「不是的，老闆，我自始至終認為執行採購是我們整個供應鏈管理裡面非常重要的一環。」

成銘點點頭說：「所以，採購員這種心態必須要儘快改變！你們採購部可能需要安排個內部討論，執行採購員到底有沒有出路？執行採購員難道就僅僅是天天下單、追料嗎？我們必須首先搞清楚什麼叫『執行採購員』。」

「嗯，」王小兵說，「我也覺得應該統一一下大家的想法，但老闆您是怎麼看執行採購（Buyer）這個角色的？」

「我個人認為，」成銘喝了一口水說，「執行採購只跟供應商談交付的時間（Timing）與數量（Quantity），不談價格（Pricing）及商務問題，這

就是所謂的執行採購員，有些公司叫採購跟單員；而所謂的Sourcer，或者叫Sourcing Engineer，其實是尋源者或採購工程師，他們往往關注的是商務問題及部分技術問題，工作重點是尋找、認證供應商，並做商務談判。

　　越是大的公司，越有這種分工，目的是相互交叉制衡（Check & Balance），這個啊，說好聽點叫預防採購腐敗，說難聽點就是進一步提高採購的腐敗成本。」

　　「呵呵，老闆，有些供應商也是這麼說我們。」王小兵說。

　　「其實啊，」成銘繼續說，「我早在2014年就曾經發表過一篇文章，題目就是〈執行採購的三種境界〉，可能當時我對執行採購員的職責沒有解釋清楚，我現在把這個問題跟你好好聊聊。

　　基於SCOR（供應鏈運作參考）模型，我們可以把供應鏈分成3段、3點、3員，我稱為『3.3.3模型』。」

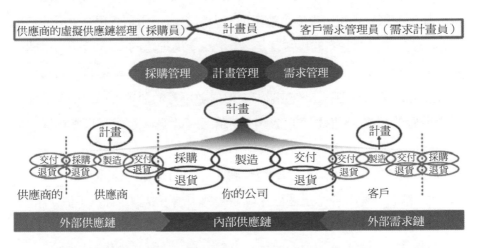

基於SCOR的全面庫存管理3段、3員、3點模型──3.3.3模型
@版權所有：程曉華

　　「這張圖您一來就跟我們講過，」王小兵說，「以前覺得SCOR是個很空的東西，經您這麼一解釋，我們才發現，SCOR裡面還是有不少東西

的。」

成銘說：「是的，所謂3段就是，外部需求鏈（Demand Chain）、內部供應鏈（Internal Supply Chain）、外部供應鏈（External Supply Chain）；所謂3點就是，需求管理（Demand Management）、計畫管理（Planning）、採購管理（Procurement）；所謂3員就是，客戶需求管理員、計畫員、採購員。這裡的採購員就是指我們的Buyer，執行採購員，我把這個職位定義為『供應商的虛擬供應鏈管理經理（Virtual SCM Manager of Suppliers）』。」

「這個定位好！」王小兵有點興奮地說。

成銘說：「我之所以這麼定義，是因為根據供需鏈管理的需要，我們既要往下游延伸，管理好客戶的需求，這是我們進入供應鏈管理的關鍵輸入；我們又要往上游供應商那裡延伸，管好供應商的供應鏈，這是供需鏈的基本保證。

然而，很可惜的是，這幾年由於理論界及諮詢界的一些有意無意的誤導，往下游客戶那裡，很多企業花很大力氣去追求所謂『預測資料的準確性』，忘記了一個基本的現實就是，『預測永遠是錯的』、『所謂的準確，其實都是猜的』，我個人認為，多用一些時間去了解、理解客戶的真實需求，並加以有效管理，這才是關鍵，但這並不等於要求客戶或銷售給你一個『準確的預測』，抱怨客戶或銷售的預測不準確，那就是供應鏈管理無能的一種表現。」

「但我們的預測也太不靠譜了，老闆，」王小兵有些無奈地說。

成銘說：「小兵啊，這個世界會變得越來越不靠譜，你信不信？」

「不太理解，」王小兵撓撓頭說。

成銘說：「很簡單，現在不是有很多人整天沒事就喊什麼工業4.0嗎？這個東西會讓需求變得更加不靠譜。」

「老闆，我的理解是智慧製造加物聯網可能讓個性化需求更容易得到滿足？」王小兵試探著問成銘。

成銘說：「就是這個意思，這對供應鏈管理的挑戰就會越來越大，但

越是這樣，越是不能寄望於預測資料的準確性，而對於供應的彈性要求則是越來越高。」

王小兵說：「那些搞預測軟體的公司不就沒飯吃了？」

成銘說：「也不能完全那麼講，其實可能很多人也的確是不理解這二者的區別，但我舉幾個例子你就清楚了：

──對於女人來講，一個長相醜陋但是很誠實的男人，要比一個長相英俊但滿嘴謊言的男人靠譜得多；

──對於老闆來講，一個比較笨拙、但老老實實做事的員工，要比一個看起來很聰明但總是誇誇其談的員工要有價值得多。」

王小兵又撓撓頭說：「老闆，我又有點糊塗了，呵呵。」

成銘說：「就這麼說吧，那些一味追求提高所謂預測資料準確性的人，就像是那些喜歡長相英俊、誇誇其談的男人的女人，而我所說的『理解客戶真實需求』，目的就是要設法搞清楚客戶的『需求為什麼總是在變』、『到底是怎麼變的』，這是為了抓住預測或者需求變化的實質，最終我們要做到透過『有效的需求管理』去做到怎麼樣『以不變應萬變』，哪怕是『以不變，應人家幾次變化』，而不是一有風吹草動，就風聲鶴唳，草木皆兵，因為，『變』才是正常的，『不變』就不正常了。」

「那這跟男人、女人的事情好像不搭？」王小兵好像更糊塗了。

成銘哈哈一笑：「我說小兵啊，坦白說，就你這小個子，你老婆到底是看好你哪裡了？我看你也不像是那種會唬弄女孩子的人？」

王小兵笑著說：「嘿嘿，老闆，咱本質好嘛。」

成銘說：「這就是我說的『有效的需求管理』！你老婆作為一個女人，她首先最起碼的需求就是一個男人，然後是一個本分可靠的男人，再然後才是個能夠養家糊口的男人，當然最終的要求最好是個既本分可靠，又能賺錢，還長相英俊的男人，如果你再能用一些時間哄著她玩，當然，只能哄著她玩，那就最理想了嘛，哈哈！」

17
我先兼任計畫部部長

「老闆您講的好像是那個叫什麼『層次論』的？」王小兵問道。

成銘呵呵一笑說：「你想說的是那個馬斯洛的需求層次理論吧？」

「對對對，」王小兵說，「就是那個，讀MBA的時候好像學過。」

成銘說：「什麼理論並不重要，重要的是抓住問題的實質，就需求管理來講，重要的不是變了多少，而是為什麼變，怎麼變的，而不是去計較『又變了』、『又變了很多』！」

王小兵點點頭說：「我們過去主要精力都放在『計較』上了。」

成銘點點頭說：「對，說白了，那是一種變相的抱怨而已，那些企圖透過提高預測資料準確性來降低庫存、提高及時交貨率的人其實忙來忙去就是為了抱怨，這是很不值得的，也是一種捨本逐末、吃力不討好的愚蠢之舉。」

「但我近期看了幾本關於大數據方面的書，他們好像都是在強調『重要的是知道是什麼，而不是為什麼』，」王小兵說，「老闆，這不是跟您的思想矛盾？」

成銘說：「所謂的大數據、資料採礦，也就是個概念，那些整天把大數據、互聯網思維、工業4.0掛在嘴邊的人往往都是些不靠譜的人，而且這種人越來越多，這可能就是為什麼有個日本人好像寫了一本什麼『人類進入低智商時代』的書！互聯網也好，大數據也好，其實都是些讓人『知其然，而不知其所以然』的東西，它讓人類越來越不會獨立思考了，這一

點我是早在十幾年前就有體會——自從有了MRP、ERP，好像再也見不到真正優秀的供應鏈計畫員了。」

王小兵點點頭說：「老闆，我也有同感，我們的計畫員都跟機器人一樣，你問他為什麼給供應商的訂單又改了，他就說，反正這是MRP運算的結果，你們採購就照著執行就可以了。」

成銘說：「目前這種計畫員是大多數，在我們偉康公司尤其嚴重，我看過他們很多人的簡歷，很多都是文員（文職人員）出身，就連那個Lawrence自己也沒幹過幾天計畫工作，這很可怕，但是，這都不能成為執行採購不作為的理由。」

「嗯，」王小兵說，「計畫是大腦，非常重要，但採購作為典型的執行部門，如果執行力強大，或許也可以彌補一部分計畫的不足？」

成銘說：「很對，小兵，不是有句話嗎？叫智力不足體力補，呵呵。我們的執行採購員則是供應商的上游客戶代表，他們的主要責任就是要把我們『不斷變化的需求』有效地傳遞給供應商，輔導供應商了解、理解我們的所謂『真實的需求』，並結合供應商的實際情況，幫助供應商設計、實施供應商的供應鏈管理流程、組織、職責、KPI及相應策略，以更好地滿足我們不斷變化的需求，進而更好地服務我們的終端客戶。可惜的是，現實中，很多企業，包括我們偉康公司，都是把執行採購員定位為『文員的工作，Clerk's Job』，執行採購部就是個垃圾收購站，那些被各部門淘汰下來的人，都想方設法往採購部裡塞，最終結果就是，垃圾多了，臭烘烘的，好人也被熏壞了，結果就真的變成了一堆垃圾。」

王小兵說：「老闆，還真讓您給說中了，我們這裡有好幾個採購員都是上次裁員的時候，別的部門裁不掉，沒辦法才轉到我們這裡來的。」

成銘說：「關於歷史問題，我們既往不咎，只要他們好好幹就行，否則，我來幹掉他們。」

王小兵說：「老闆您的強硬作風實在是令兄弟們佩服，我們私底下喝酒聊天的時候經常提起您。」

「哦？是嗎？怪不得我這一陣子經常打噴嚏呢？原來是你們這幫小子沒事就在背後罵我啊？」成銘開玩笑地說。

「哪敢啊，老闆，真的，大家都是佩服的多。」王小兵一本正經地說。

「跟你開玩笑的，小兵，」成銘說，「只是呢，我來這段時間發現，你們幾個，包括Lily、老李、Simon等人啊，都是勤勞有餘，理論不足，所以呢，你們對手下人的培訓就顯得很不到位，Manager（經理）首先得是個Trainer（培訓師）啊！」

「願聞其詳，老闆。」小兵聽得很認真。

成銘說：「你為什麼是別人的老闆？理論上來講，你應該是比別人懂得更多，否則，別人就應該是你的老闆，對不對？」

小兵說：「是的，老闆，當然這裡面也可能有運氣的成分。」

成銘一指自己：「你是說我？」

小兵趕緊擺手說：「No，No，您做我們老闆，絕對夠格。」

成銘說：「別緊張，小兵，開玩笑的，但是我確實有點自己感覺比你們高，那就是我能把我的經驗、我所知道的東西，總結出來，寫成文章或者做成PPT，然後來教育培訓大家，而你們在這方面好像做的還有些差距。」

「不是差一點啊，老闆，我們在對手下人的培訓指導方面還確實有不少差距。」小兵很認真地說。

成銘說：「沒關係，誰也不是天生的經理人，活到老，做到老，學到老，這是本分。就拿我們當時那個停線的案例來說吧，明明是Lawrence負責的產線，我為什麼非讓Simon來做案例分析？」

王小兵說：「我們都很納悶呢，甚至有人猜測說您可能要提拔Simon來做計畫部的部長。」

「呵呵，我暫時先兼著這個計畫部的部長，」成銘說，「我不是安排了Lawrence、Simon給我個計畫部的改組建議嗎，下週我們找時間一起看看，你也參與一下。」

小兵說：「好的，老闆，到時候我叫Edison、Bruce、Lucy他們一起吧。」

成銘說：「沒有問題，小佟、Lillian、老李他們也都參加。我當時之所以讓Simon負責那個案例分析，主要是看這小子在流程思考方面還有點sense。做人家老闆，你不懂得流程思考（Process Thinking）是不行的。」

小兵說：「是啊，老闆，我們大多數人只知道埋頭幹活，在流程方面過去主要依靠流程管理部及IT部門梳理。我們平常都忙著去追料了，哪有時間管流程？還有人說，我們的總監、部長們都是『搞管理的』，只要會管人就行，工作嘛，可以讓經理或者下面的主管去管就行了。」

「呵呵，」成銘笑道：「你說到這個，倒讓我想起去年發生在東北某市的一個組織任命的故事——一個畜牧獸醫局的局長，被調去當教育局局長，理由據說是此人30年前是個教師。還好，這畢竟是官員，當老爺的，只要別去玩弄女學生就行了，但即使這樣，還是讓人覺得彆扭，畢竟嘛，出身與『獸』及『畜生』有關。」

「而企業呢？企業需要專職的『官老爺』嗎？

搞人事的，調去管供應鏈？CIO調去當生產隊長？

不是絕對不可以，但總覺得彆扭。

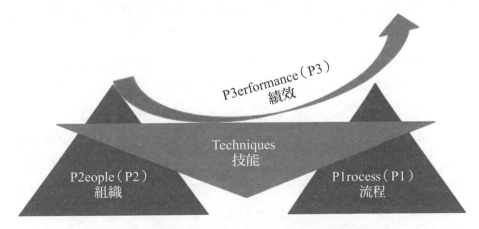

$$f(P3) = f(P1, P2) \times f(T)$$　@版權所有：程曉華

師曰，聞道有先後，術業有專攻。

尤其是我們搞供應鏈管理的，你不『專攻』個十年、二十年的，你能懂什麼？

不懂的話，你憑什麼去『管人』？

什麼叫『搞好管理』就行了？

什麼叫『管理』？管人、管事、管績效嘛，所謂 3P 管理（P1rocess 流程與事，P2eople 人與組織，P3erformance 績效及績效考核），你如果只懂一個 P，那還什麼都不是嘛！況且，這三個 P 是相輔相成、對立統一的，不是說『你懂得管人』就可以了，因為你『不懂事』，你怎麼可能會『懂得管人』？反之，也是一樣，你只『懂事』，『不懂人』，那也是白搭！供應鏈管理，『人』跟『事』必須有機結合，否則你不可能搞出 P3（績效）來。

你們為什麼天天忙著追料？因為不懂流程！

你為什麼天天加班？還是因為你不懂流程！」

「是這樣的，老闆，我們在很多時候都忙於具體工作了，」王小兵說，「這可能反而害了手下的人。」

成銘說：「是的，小兵，當經理的跟牧羊人差不多，羊是吃草的，牧羊人是吃肉的，反之，如果牧羊人也去吃草，那跟羊又有什麼區別？」

「您的意思是我們不需要去追料？」王小兵有點迷惑了。

成銘說：「料不是追來的，況且你手下有那麼多採購經理、採購員，即使要追料，也是他們的事情，你的首要職責是扶好犁。」

「扶好犁？」王小兵更困惑了。

「是的，」成銘說，「記得我在農村上小學的時候，在學校的自留地裡幹活兒，我們幾個低年級的小孩拉犁，後面掌犁的則是高年級的同學。一開始那個給我們掌犁的，自己很努力，一直在拼命地幫我們推犁，他自己也累得滿頭大汗，我們幾個小孩也不高興，因為讓繩子勒得肩膀好痛，就是拉不動！於是老師給我們又換了個高年級的孩子，這小子就聰明得很，

也有可能是因為他家裡太窮，從小就幹過掌犁的活兒，反正他一上來，把犁輕輕一扶，就喊我們，『駕』！然後我們就很輕鬆地犁地了。到後來，每次參加勞動，我們低年級的孩子都願意跟著後來那個孩子幹活兒，而一開始幫我們掌犁那個孩子呢，因為沒人願意跟著他吃苦受罪，最後老師說，乾脆，你也去拉犁吧。」

　　「哈哈，有點意思，老闆，」王小兵說，「本來是個經理，結果去幹兵的活兒了。」

　　成銘說：「當一個部門的頭兒只會埋頭拉犁的時候，他基本上也就幹到頭了，因為他如果繼續幹下去，大家都會跟著他受累，更主要是學不到東西，沒有成就感。」

　　「我在很多場合都說過，這當人家的老闆，你就是一把『保護傘』，這把傘就是你跟你的團隊一起設計的流程及你對流程的管理。一個不懂流程設計管理的人當老闆，那就是對手下一點保護都沒有，跟著這種人幹活，只有倒楣的份兒。」

18
三種人

王小兵說：「對極了，老闆，我也一直在思考這些問題，為什麼我們手下的很多人對我們這些所謂的管理者不滿甚至是乾脆辭職？這在很大程度上是與我們這些部門的頭兒有關係。」

成銘說：「是的，我們工作，都是為名為利，最好是名利雙收，還能增長經驗，學到東西，否則，人家跟著你做什麼？但可惜的是，我們很多人，尤其是那些部門頭頭們，很多是屬於『十年如一日』那種人。」

王小兵就問：「這話怎麼講？」

成銘說：「有些人雖然說工作十多年了，但可能他得到的經驗還不如別人工作一天所得到的多。你想想，一頭拉車拉了十年的驢，你能說它有十年的『工作經驗』嗎？如果有，那也是『驢的經驗』。」

「哈哈，老闆，看來我們很多人都只有『驢的經驗』，」王小兵笑嘻嘻地說。

「而有些人呢，」成銘接著說，「人家一邊工作，一邊思考，三五年就是個積累，十年八年的就有個昇華，再過幾年就能自圓其說了，這才叫經驗！所謂的經驗如果不能上升到理論，並去指導實踐，那還叫經驗？你聽人說過『這是一頭有 10 年工作經驗的驢』嗎？」

十年如一日就是
你做十年，
比不過人家做一天

王小兵不住地點頭。

成銘說：「我們做人家老闆的，需要不斷總結、提煉自己的經驗，然後傳授給自己的手下，絕對不能跟驢一樣，只知道埋頭拉車。驢只知道悶著頭拉車，從來不思考，不總結，所以，驢是不可能有自己的經驗的。其實，在我看來，所謂的經驗，跟理論是沒有明顯的界限的，理論一定是來自實踐的總結，實踐也需要理論的指導，沒有理論指導的實踐是愚蠢的。那麼，對於我們這些實踐工作者來講，什麼是理論呢？書本上的知識是理論，這個要不斷地學習，更重要的是要把我們學到的理論跟我們的日常工作結合，形成我們自己的流程及操作方法，然後培訓培養我們的人，形成所謂的『組織技能』，這樣，我們的績效才能不斷地提高，這就是我前面跟你講的所謂『流程思考』。」

王小兵說：「明白了，老闆，看來我們還是要多總結、多培訓我們的員工。」

成銘說：「是的，我們做部門頭兒的，要在公司允許範圍內，盡可能地給員工爭取最大的福利，包括升職、加薪、發獎金，然後不斷地培訓他們，放手鍛煉他們，沒事少騷擾他們，這樣時間長了，可能就是一個合格的老闆了。」

王小兵說：「老闆，我也一直朝向您指引的方向努力，但為什麼我們的執行採購員辭職還是比較多呢？」

成銘說：「在我看來，這是我們對執行採購員的定位不夠清晰造成

的，說大一點，就是對他們的職業生涯發展沒有做好規劃。如果執行採購員整天忙著追料，忙忙碌碌的，還是天天缺料，這樣，他就一點成就感都沒有，永遠沒有長進，這是做採購員最差的一種境界，所謂『事後控制』；做得稍好一點的是『事中控制』，即我知道我今天、明天、這一週甚至下一週要用到哪些物料，我估計哪些料、哪些供應商可能有問題，我有重點、有計畫地提前去預防，這是做採購的第二種境界，能做到第二種境界的採購員是可以加薪的，但還不夠升職的資格。」

「那麼，做採購的最高境界是什麼呢？」王小兵問道。

成銘說：「我個人的經驗就是，沒事就到供應商那裡去喝酒！」

「啊？」王小兵說，「我們沒喝供應商的酒還整天被別的部門的人疑神疑鬼呢！」

成銘說：「不要管別人怎麼看，關鍵是看你們自己怎麼做。供應商的酒可不是白喝的，你需要幫助供應商熟悉我們的產品，理解我們的需求（PO、預測等），並根據供應商的總體需求與產能情況，建立合理的生產與庫存控制策略，提高供應商對你需求變化的應對能力，幫助我們的供應商甚至是供應商的供應商，提高及時交付率、靈活度，同時減少供應商的呆滯庫存損失，這才是正道，能達到第三種境界的執行採購員就可以提拔升職了。」

「還真的是，老闆，我手下有幾個採購員在輔導供應商這方面 sense（意識、感覺）還是挺強的。」王小兵說。

「那就好，」成銘說，「儘管我們不能把人分等級，但實際上，人跟人的確是有區別的，這點不承認不行。按照我過去管人的經驗，只要是個團隊，哪怕只有幾個人，總有幾個 Potential（潛力）不錯的，你回去按照我說的這三種境界，把你手下的幾十個採購員分類一下，看看有多少是屬於第一種的，針對這些人的培訓、輔導計畫是什麼；對於第二種的，看看是否可能進一步提升水準；已經達到第三種境界的，能升職的要給人家升職，沒有機會升職的，那要想辦法給他們加薪！設法留住這些人，當然，

如果局限於我們的升職空間及薪資條件，人家實在要走，我們也不要攔著，就算是為社會做貢獻了。但問題是，不能等到人家提出來要走，我們才給人家升職、加薪，我們要把工作做到前面，有什麼困難我們一起來解決。」

　　王小兵說：「老闆，聽您這麼一說，我感到這件事非常緊迫，需要馬上辦！」

　　成銘笑笑說：「小兵啊，再著急，也不差抽根菸的工夫，走吧，下去吸兩口去。」

19
採購員的工作量問題

　　抽菸的過程中，成銘跟王小兵說：「你順便回去發個通知，我明天下午兩點要親自給採購員們開會，同時也叫供應基管理的Lily、倉庫的老李及其主管一起參加，會議時間大概三個小時。」

　　小兵說：「太好了，老闆，大家一聽您召開的會，都很願意參加。」

　　成銘不解：「為什麼？」

　　小兵說：「跟您學東西啊！」

　　週五下午一點五十分左右，成銘帶著電腦直奔三樓的大會議室，進去一看，人好像都到齊了，成銘很滿意。

　　成銘把電腦連上投影機，然後就問王小兵：「人都齊了吧？」

　　小兵說：「就差Edison了。」

　　成銘說：「還有3分鐘，時間到了就開會。」

　　兩點了，Edison還沒到，王小兵要打電話，成銘說：「不用了，關門！」

　　王小兵起身去關門，Edison氣喘吁吁地正跑過來，成銘說：「關門！」

　　Edison就要推門，王小兵還是很不客氣地把門關上了，Edison隔著門玻璃，直著脖子喊開門，沒人理他。

　　成銘指著門口笑著對大家說：「這就是我今天要講的問題之一，也就是關於供應商及時交貨的問題。」

　　然後問Lily、老李：「你們都給採購員及相關供應商培訓了吧？關於

那個及時交貨率-1/0的問題？」

Lily說：「培訓了一圈了。」

成銘就問：「Edison參加培訓了嗎？」

老李說：「他有來，但一會兒就走了。」

成銘就說：「老李、Lily看來你們的培訓不是很成功，Edison作為主管包材採購的經理，他自己都做不到及時交貨，他又怎麼能管好供應商的及時交貨？看來老李你需要跟Lily再給他上一課。」

老李說：「放心吧，老闆，開完這個會我就去找他，實在不行就揍他一頓，讓他長點記性！」

成銘說：「老李啊，你不要動不動就想到暴力，你要像我一樣，做個有禮貌的人嘛！」

下面就有人吃吃地笑。

成銘說：「我今天把大家召集起來，重點講三個問題，第一個就是採購考核指標與庫存的關係問題，第二個是關於採購提前期的問題，第三個就是你們採購員的工作量問題。」

這時候，成銘看到很多人掏出本子來做筆記，成銘就說：「不用記，你們用心聽就行了，我們又不是政府開會，也沒有記者拍照。」

接著，成銘說：「在製造業的實際工作中，我們經常發現一種『奇怪』的現象：庫存越高，物料發生短缺的頻率就越高！也就是生產部門經常抱怨採購供應部門時所說的：該來的不來，不該來的都來了！」

「為什麼會發生這種奇怪的現象呢？」成銘問。

「老闆，」Bruce站起來說，「缺了料、停了線，是不是都是我們採購的問題？」

成銘說：「很多企業的很多人是這麼認為的，我的回答是可能有關係，也可能沒有關係。大家都知道，正常情況下要想滿足生產供應，特別是考慮到客戶訂單需求的波動以及供應商原材料供應的不穩定性，最簡單的辦法就是加大安全庫存與緩衝庫存，以解決短缺問題，但為什麼結果卻

總是適得其反呢？」

「總結各種經驗教訓，我們發現，該現象主要與以下兩方面有關係：

——對採購人員的考核指標（KPI）的科學性與合理性；

——公司財務的付款心理問題。

大家可能都知道，目前我們公司對於採購的一個主要考核指標就是物料短缺的次數，對採購的考核是看由於採購物料短缺而導致生產線停工的次數，或因此而帶來的損失。

這個指標看似合理，其實有很大問題。」

這時候，就看見下面很多人在竊竊私語，意思是，是啊，停線關我們採購員什麼事啊？

成銘說：「各位，肅靜一下，我知道你們在聊什麼，先聽我說。我之所以說這個指標有問題是因為，在這種考核指標的驅動下，採購員幾乎把所有的關注點都放到了進貨上，原因是只要不缺料，他們就沒有問題！於是，供應商的及時交貨就成了他們日常工作的重點。只要是下了單（PO）的，到時間的不到時間的，該交的，不該交的，都去逼著供應商提前生產，甚至是早交貨。這樣，我們的庫存，包括供應商的庫存，自然會越來越大，採購員自以為就可以高枕無憂了！而實際上他們忽視了一個關鍵因素：財務的壓力問題。」

「物料來得越早，庫存壓力就越大，財務付款的壓力也會越來越大！等到財務現金流發生困難的時候，該付的貨款付不出去，供應商的交貨積極性就會受到打擊，時間長了，也就不那麼聽你的話了。另外，由於供應商自身的庫存壓力加大，他的財務現金流也可能出現問題，於是，時間長了，你想要的東西，他即使有也不想給你了；至於那些沒有辦法，非得靠你生存不可的供應商，由於所面臨的資金壓力，也只能是疲於應付交貨了！這樣會形成一個惡性循環——一方面倉庫裡積壓了大量的庫存，另一方面需要的原材料無法得到或者不能及時得到。」

成銘看到很多採購員在點頭，繼續說道：「這種現象在MRP（物料需

求計畫）的計畫上表現得特別明顯：客戶的訂單發生修改，例如客戶要求把原先的成品交貨計畫延後交貨，甚至是取消交貨，按照MRP的邏輯，經過重新運行MRP，系統自然就會建議我們內部生產時間以及供應商的原材料交貨時間延後或是取消，在這種情況下，如果沒有合適的監控工具，你們一般是不會執行MRP的延後或取消交貨的建議的，目的就是為了自保！如果你發現了這個問題，當我問你們為什麼的時候，你們往往會找出一大堆理由來搪塞，最明顯的藉口有如下幾種：

——重新計畫的時間已經超出合約規定的窗口時間；

——供應商不執行；

——擔心計畫再變；

——擔心運輸過程、清關等發生問題，等等。」

「仔細研究，你就會發現，你們的說法大多是不成立的，幾乎全是藉口！對不對，Lucy？還記得老李是怎麼欺負你的嗎？」

Lucy就很不好意思地低下了頭，老李就在那裡嚷嚷，「老闆，那確實就是Lucy的問題嘛！」

成銘一擺手：「你別說了。我知道你們背後的原因就是所謂的『安全心理』在作怪，但實際上這是由於對你們考核指標的不合理所造成的。某種程度上，我們是可以理解這種心理的，誰不想保護自己呢？庫存高了，短時間內沒人知道，而生產線一旦停工，全公司的人都會知道！我完全理解你們的壓力！」

「但是！」成銘喝了一口水，接著講道，「從庫存控制的角度來講，這是絕對無法接受的！我們知道，庫存的控制應該以預防為主，一旦形成高庫存的事實，那就什麼都晚了！原因有二：

第一，一旦高庫存形成，再回過頭去找原因，可能性幾乎是零，沒人會承認庫存高是他們的原因，即使耗費心力，查找資料，交叉驗證，也是非常困難的；

第二，高庫存一旦形成，要想在短時間內降低下來是非常困難的，原

因就是庫存是有『慣性』的！你們都看過我寫的那篇〈論庫存的慣性〉的文章了吧？」

下面很多人都在點頭。

「另外一種造成『該來的不來，不該來的都來了』的原因是與公司財務乃至整個公司的文化有關。這個問題看起來與你們沒有直接的關係。我原先在國內一家中美合資企業做採購工作，公司的財務有一個顯著的特點就是，供應商的貨款到期了，明明財務有錢，他們就是不付款！估計也是與財務人員的安全心理有關吧，在這裡不做過多的討論，但問題是，財務本身的安全心理人為地破壞了採購員與供應商之間的遊戲規則，結果是搞得採購員無所適從，最終在供應商那裡失信，形成同樣的惡性循環的結果！」

「當然，財務的問題，我已經跟我們的CFO，也就是Johnson那個老渾蛋基本上達成了一致，目前的付款狀態應該是有所改善了，對不對，小兵？」

王小兵說：「是好多了，老闆，目前供應商回饋普遍都挺好的。」

成銘說：「這還不夠，我們要做得更好，讓供應商的配合更加積極！」說著，成銘指著投影說，「我們絕對不能掉進這個陷阱！」

負責電子料的採購經理Bruce說：「老闆，我們過去其實已經掉進您畫的這個陷阱了。」

成銘說：「你說得很對，Bruce，這就是我來到偉康公司之後為大家做的第一件事，為了這個，我跟Johnson還大吵了一場。」

Bruce就說：「聽說了，老闆，Mary還說，Johnson在偉康公司，誰都不怕，連CEO吳總都要讓他三分，但就是怕你！哈哈！」

成銘說：「其實那老傢伙還算專業，基本能夠說到做到，就憑這一點，我從來沒有當面叫過他老渾蛋。」

底下人都在笑。

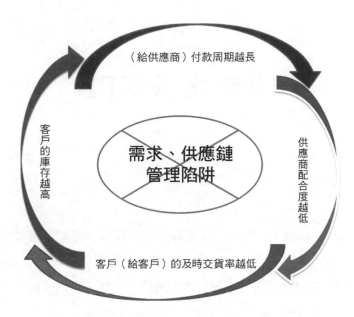

（給供應商）付款周期越長

客戶的庫存越高

需求、供應鏈
管理陷阱

供應商配合度越低

客戶（給客戶）的及時交貨率越低

需求、供應鏈管理陷阱模型　@版權所有：程曉華

20
重新定義 KPI

成銘說：「小兵，你跟 Bruce 這幾個採購經理一定要每週親自審查並處理給供應商付款的問題，有問題隨時找我，這是保證我們成功落實 -1/0 這個新指標的關鍵。另外，Lily，從本週開始，原先那個考核停線次數的 KPI 停止使用。」

「那不行的，老闆，」Lily 說，「這需要 HR（人力資源）經理 Susan 的親自批准，因為這是個 Bonus KPI（與獎金掛鉤的考核指標）。」

成銘說：「她懂幾個問題？發個郵件通知她一下就可以了，過幾天我去找吳總談談，對我們供應鏈管理部的獎金池子，除了保留 OTD（On-time Delivery 及時交付率）、ITO（Inventory Turn-over 庫存周轉率）、E&O（Excess & Obsolete 呆滯庫存）這三個一級指標外，其他的二三級指標，什麼停線次數、MRP 倒沖準確性等，統統從公司獎金指標體系裡面拿掉！那是我們內部監控需要考慮的，不關他們的事情！我看了一下我們的整個供應鏈管理指標體系，亂得很，Lily，由你負責，你聯繫一下王小兵他們幾個部門的頭兒，給你們一個月的時間，梳理並重新建立新的二級指標體系。」

Lily 說：「沒問題，老闆。」

成銘說：「有問題，關於設立 KPI 的目的，我還要多說幾句：

首先，KPI 的目的絕對不是為了『懲罰』。

我見過很多公司的人，他們一提到 KPI 就談虎色變，以為公司搞 KPI

純粹就是為了監控部門及員工的表現，然後予以懲處，這也確實是很多公司的實際做法，結果導致很多公司、部門、員工，為了 KPI 而 KPI，不顧其他，最終是個人、部門的 KPI 可能很好看，但公司其實不賺錢。甚至近期還看到有文章說，某某著名的公司，就是被 KPI 給搞死的，真實情況是否是這樣，我們不知道，但把一家著名公司的倒閉怪罪於 KPI，也覺得有點太過，只是不排除這家公司的 KPI 可能是『懲罰性質』的。」

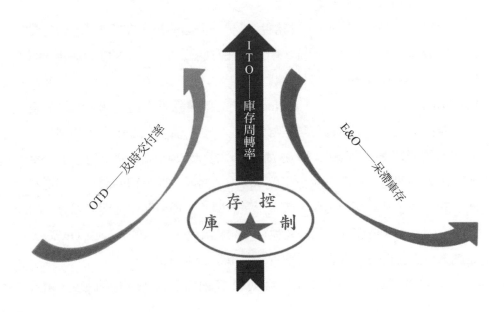

「我上一家公司就是這樣，」Nicole 說，「沒完成指標就罰款！」

成銘說：「呵呵，你們女人還好說，男人被罰了款，回家跟老婆孩子怎麼交代？」

「是啊，」老李說，「可能會被老婆懷疑在外面養小三呢，哈哈！」

成銘說：「老李你的腦子整天就知道想這些事！其實啊，KPI 的主要目的應該是『正向激勵』，也就是很多外企的做法，『只獎不罰』。別人都漲工資了，你因為 KPI 沒有達到目標而沒有漲工資、升職，這就已經是『懲罰』性質了，幹嘛還要去罰款？現在網上提倡『傳遞正能量』，也是這

個道理，負面的東西看多了，人就會變得更加負面、消極；在企業裡，我辛辛苦苦一個月下來，不給點獎金也就算了，結果你還再罰我一點錢，回家確實是跟老婆孩子都沒法交代，哪裡還有什麼工作激情可言？對不對，各位？」

「聽說HR的Susan剛來的時候還建議老闆把KPI搞成懲罰性質的，結果吳總沒有同意。」Bruce說。

「別提她了！」老李說。

「當然這只是一方面，」成銘說，「另一方面的意思在於，KPI的主要目的在於監控流程的執行情況，所以，在有些公司，這個KPI的翻譯也叫Key Process Indicator（關鍵流程指標），而不是我們通常所說的Key Performance（成果、業績）Indicator，這樣或許更容易理解KPI的實質——監控過程，而不是為了監控哪個人。當然，流程也是由人去控制的，但關鍵的問題是，結果不好，譬如OTD（及時交付率）達不到，不一定是哪個人的問題，更有可能是流程本身出了問題，而流程的問題，不是某個人的問題，是公司的問題，或至少是老闆（公司老闆、部門老闆等）的問題，因為老闆是流程（設計、執行）的負責人，所謂的Process Owner，而員工只是流程的執行者，所謂Process Executive。」

「老闆的觀點很新鮮，」王小兵說，「仔細想想還真是這麼回事，績效是流程與人結合的結果。」

「是這樣的，」成銘說，「KPI的所謂『Key』是『關鍵、鑰匙』的意思，不要搞得太多，否則就不Key了。記得我剛到上一家公司做供應鏈總監的時候，我的前任給我留下了一堆Excel的東西，我研究了很久，也搞不懂，索性就把它撇在一邊，自己重新做了一個，放在我自己頭上的KPI也就是那麼三四個，但足矣，多了看不過來，也就不看了。有句俗話說得好，蝨子多了不咬人，就是這個道理，被咬麻木了，多幾個也就無所謂了。」

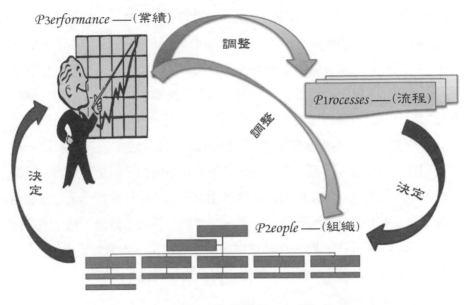

3P管理之閉環關係　@版權所有：程曉華

　　「我們現在的情況大概就是這樣的，」老李說，「我們每個月初都要花費大量的時間統計分析KPI結果，最終是勞民傷財啊。」

　　成銘點點頭說：「我知道，這種情況至少在我們供應鏈管理部必須要改變！這也是我要講的第三點，沒有一個KPI是完美的。」

　　「不要企圖設計任何一個KPI來反映你所有的問題，就如同人的身體KPI，你體溫是攝氏38度，只能說明你發燒了，除此之外沒有多大意義。但關鍵是分析，你為什麼發燒了？是感冒引起的還是其他問題造成的？你的其他指標是否正常？KPI只有結合起來看才有意義。如同供應鏈管理，你的OTD很好，但你的ITO（庫存周轉率）卻很差，這應該是沒有意義的，或者應該說是沒有道理的。如果你的OTD很低，那麼ITO也不會太好，反之，如果ITO不好，你的OTD通常也不會好到哪裡去。它們之間是相輔相成、對立統一的關係，這也就是為什麼KPI是要 Balanced（平衡化）。」

　　成銘喝了一口水，接著說：「我研究過咱們的KPI，不合理的地方太多，你花了大量的時間、資源去搞這些東西，最終可能是為了KPI而KPI。我們絕對不能這樣做！因為，既然沒有任何KPI是完美的，那就不能為了KPI而KPI。上述那個著名的公司傳說是被KPI搞死了，儘管說得有點過分，但KPI管理可能在那個公司是個問題。但是KPI作為公司營運的指標，無論如何你還是要看的，這就如同人為什麼需要定期體檢一樣──體檢指標都正常的話，基本說明這個人是健康的，但是不是真的這個人就沒毛病？個人心理上的毛病你檢得出來嗎？即使你檢得出來，你能否檢查那麼多指標？那是需要花錢、付出成本的。農民不體檢，為什麼還比城裡人長壽？那是因為農民沒有城裡人那麼多欲望，人家知足常樂，『聞雞起床』，所以心理就比城裡人健康，自然也就長壽；而城裡人則是『聞雞起舞』，境界不一樣，這是不能比的。」

　　「呵呵，」劉平說，「我們以前的一個同事，他微信上就寫著朝九晚五就是早上喝酒晚上跳舞！」

　　「呵呵，」成銘說，「所以，Lily，你們再重新梳理這些KPI的時候一定要徹底忘掉過去的一些錯誤做法、想法，KPI的真正目的就是監控流程運作的有效性及可靠性。」

21
不要玩弄採購提前期

「接下來我要講的第二個問題，是關於採購提前期的問題。」

成銘說：「我近期跟Lily一起分析了我們ERP系統的主數據問題，我發現大家對採購提前期（L/T - Lead Time）的認知普遍存在很大的誤區，有的簡直就是在玩弄採購提前期。

我跟Lily一起總結了一下，大致上有以下幾個方面的問題。

(1) 採購提前期有不少不是直接來自供應商的RFQ（Request for Quotation，報價單），而是由我們的採購員自己估計的，這是一件非常危險的事；

(2) 有強迫供應商縮短採購提前期的現象；

(3) ERP系統儘管採用了供應商RFQ裡面的採購提前期，但事後被我們隨意修改的很多，有的則是供應商已經修改了採購提前期，但我們沒有及時更新系統；

(4) 價格與採購提前期分離，我發現有的RFQ直接是我們的採購員發郵件問供應商價格是多少，而沒有使用我們的標準的報價單詢價。

以上問題的共同特點就是，不尊重供應商的採購提前期。」

「我們可能的理由往往是，買『這個東西』需要這麼長的時間？或者壓根就不明白，價格與採購提前期是聯繫在一起的。」

Lily說：「老闆，我跟小兵已經開始重新梳理這些主數據了。」

成銘說：「很好，採購提前期不是憑空產生的，山東人有句話，『吃

碗麵條兒還有個先來後到呢』，說的就是這個採購提前期問題。正常的採購提前期是指從採購下單（PO）到某地交貨的時間，具體取決於交付條款（Delivery Terms），到底是EXW、FOB還是DDU、DDP，同樣是20天，各有所指，中間是有差異的，詳細細節大家可以參考相關國際貿易術語（INCOTERM），我在這裡就不再多講了。」

「從下單到交付到某地的時間，一般包括供應商的生產及物流時間，有的還包括供應商自己的採購提前期，這要看你跟供應商的採購業務模式是什麼。」

「總之，採購提前期是一個『客觀存在』，並非是我們說多長就是多長，更不是你想多長就多長，但很可笑的是，有些企業甚至把採購提前期的長短作為供應商是否能夠進入初選名單的條件之一，這實在是令人無法想像。」

「我們的尋源採購部到現在還有這項供應商認證指標，」Bruce說，「A、B兩家供應商，同樣的價格，採購提前期短的，給的採購配額就高一些。」

「有道理也沒道理，」成銘說，「這要看供應商的性質，如果是代理商、經銷商之類的，這樣做可能就是合理的，如果是原廠，這就很難說了。我們知道很多企業一直在設法縮短供應商的採購提前期，我們過去也是這麼幹的，這個想法、做法看起來沒有錯，但你應該清楚，這不是隨隨便便的事情，更不能強迫。」

王小兵說：「採購提前期還受到該類商品需求淡旺季的影響，所以我們經常看到一些特殊的商品，在旺季的時候，供應商往往會主動提出延長採購提前期，這是供應商負責任的一種表現，說明你在他們那裡還算是個客戶。但有時候我們往往是『給臉不要臉』，這就是自找麻煩了。」

「嗯，」成銘說，「不尊重採購提前期的後果往往是，要不就是物料短缺，要不就是呆滯庫存的產生，最後是大家算不清責任，相信大家都有這個體會。」

「當然，這並不是說，採購提前期就一定是供應商說了算，作為採購方，我們在這裡面還有個對採購提前期確認（Verify）的過程，『買的永遠沒有賣的精』，作為採購方，不要被賣方當成傻子給耍了，這也很關鍵，這也是採購管理流程的一部分。」

「所以，Lily、小兵，我給你們的下一個任務就是花一兩週的時間，盡快梳理並清理我們系統裡面的所有採購提前期，如果需要，跟供應商重新確認，同時，我們需要儘快完善我們的採購提前期管理流程，建立採購提前期進入系統的申請、審批、維護、定期清理機制，以確保採購提前期的準確性、合理性。」

王小兵說：「好的，老闆，我們前幾天在跟 Lily 梳理採購提前期的過程中也發現了一個問題，有個進口件，系統維護的採購提前期是 181 天，這怎麼可能？除以 5（一週 5 個工作天）、除以 7（一週 7 天），都除不盡啊！」

「就是這個意思！」成銘說，「我們有幾萬顆物料，上千家供應商，主數據出點問題也是可以理解的，但是，只要我們建立了定期清理機制，這些問題是完全可以避免的。大家一定要對採購提前期等主數據的準確性、合理性有足夠的重視，這是我們每個採購員的責任，不能光依靠 Lily 的團隊。採購提前期一旦有問題，那就是災難性的問題。」

「我們以前吃過很多次虧，」Bruce 說，「但每次都是好了傷疤忘了痛，也沒有人想到要系統性地定期清理、維護。」

成銘點點頭說：「這是 Lily 的事情，但需要大家協助。」

說完，成銘喝了一口水說：「中間就不休息了，今天我要講的最後一個問題，也是大家普遍比較關心的問題，就是你們採購員的工作量問題，講完這個，我們會議就結束。」

成銘說：「我到偉康公司上任不到三個月，但關於整個供應鏈管理部的謠言很多，甚至有人直接來問我是否要裁員。」

「是啊，老闆，」Bruce 說，「我們底下很多採購員也問過我們這些問

題。」Lucy也在點頭。

成銘就開玩笑地問大家：「你們自己說說，你們的工作量足還是不足？」

大家都說，已經很足了！整天忙著加班！

成銘就說：「整天忙著加班？我不是每天在下班之前都親自給你們拉閘斷電嗎？你們怎麼還會加班？」

原來，成銘剛來偉康公司的時候，到了時間就下班，但後來發現，跟他在同個辦公樓的很多計畫員、採購員都不走，他就很奇怪，問他們怎麼下了班還不走啊？大家都說工作還沒完成，需要加一會兒班。

成銘當時就問保安：「總開關在哪裡？」保安往牆角一指，「喏，就在那裡。」

成銘就說：「我怕電，你去把電閘給我拉了！」

保安就問：「那他們要加班怎麼辦啊？大熱天的，沒空調，這辦公室根本沒法待！」

成銘說：「要加班就得汗流浹背，要麼就趕緊回家！」

保安說：「好喔，聽您的！」上去就把電閘給拉了。

這件事一直堅持到現在，那保安也習慣了，不用成銘提醒，每天到了時間就拉閘，而且好像還樂此不疲。

所以，聽到大家還說「經常加班」，成銘就奇怪了，就問：「你們難道真的在『汗流浹背』？男的還好說，不行就光著上身幹活，那麼多女同事怎麼辦呢？」

很多人在吃吃地笑，成銘卻很嚴肅，也不解。

Lucy就說：「老闆，自從您拉閘限電以來，他們就都帶著電腦回家加班了。」

成銘就說：「哦？難道你們都想鬧離婚？」

下面哄堂大笑，Lucy不好意思地低下了頭。

成銘說：「其實你們離不離婚跟我沒有關係，我也不關心這個問題，

但我關心的是你們的工作品質與效率的問題。」

「關於裁員的問題，吳總的確跟我聊過。有一次吳總跟我說，他去日本一家企業參觀，那個企業的領導人跟他說，他們企業可以做到一個採購員負責3000顆物料的採購，他問我們現在一個採購員負責多少顆料啊？我告訴他說300多一點吧。

他說我們的效率比人家差10倍啊！人家日本鬼子一個頂我們10個啊！我們的採購員是不是太多了點？

我告訴他別著急，日本鬼子應該沒有那麼大的能耐，儘管我承認他們可能在有些方面比我們先進。

吳總說，那是他們的老闆親口跟他說的。

我說暫且不管我們的日本同行到底在做什麼產品，採取什麼業務模式，我們先單純地算一算。

- 一週是5個工作日；
- 一天是8個小時的工作時間；
- 一個小時是60分鐘；
- 一週下來就是 $5 \times 8 \times 60 = 2400$ 分鐘，對嗎？

老闆說這個還能算得出來。

我說OK，那麼，2400除以3000就是0.8分鐘，也就是48秒，對嗎？

老闆說對啊。

我說OK，那麼，從拿起電話，撥號，到找到人，然後說幾句話，然後掛上電話，再打第二個電話，這個過程的Cycle Time（周期）48秒鐘，夠嗎？

嗯？……

我告訴你們，其實我們吳總並不是像你們大多數人想像的那麼笨，他的大腦袋開始思考了。」

下面有人在大笑，說：「老闆，我們可是從來沒有說過吳總笨啊！」

成銘就指著那個小子說：「你的意思是我說的？」

大家就都笑著搖搖頭。

「然後呢，」成銘說：「我就跟吳總講，就這樣的結果，裡面還有很多前提。

(1) 這個採購員每天絕對不能有任何時間去撒尿、拉屎、放屁、聊天打屁，他更不能抽菸；

(2) 他所有的PO、預測的發出、接收、確認等，都是全自動化的；

(3) 他沒有時間寫電子郵件，或者說他寫一封電郵的時間不超過48秒；

(4) 他的眼睛絕對不可以看錯，儘管他必須在48秒鐘之內至少看完一行PO或者Actions Message（MRP重新計畫指令）；

(5) 他的電腦、電話從來沒有任何故障；

(6) 他不可以參加任何會議或者討論；

(7) 他不可以接聽任何私人電話、手機；

(8) 他所管理的所有物料不可以有任何的Rescheduling（重新計畫），如Pull in/Push Out/Cancellation（需求提前、延遲交付、取消訂單）等，也就是說不存在跟供應商任何的Negotiation（談判）問題；

(9) 他所負責的物料不能有任何品質問題，因為他沒有時間參加MRB（物料審查）；

(10) 他所負責的供應商都很聽話，要他幹嘛就幹嘛，絕對沒有任何的不同意、違約交貨等；

(11) 供應商沒有任何的Blocked Invoice（鎖住的發票）、沒有任何價格差異；……」

哈哈哈！！下面一片爆笑聲。

成銘看大家笑得差不多了，就說：「好了，各位，你們就放心吧，我至少暫時不會裁員，但我對大家的要求就是，你們要不斷地學習、總結，提高你們的經驗水平，把供應商真正地給我管起來，我要求你們每一個人都要把自己當回事，把這份執行採購的工作當回事，不要瞧不起自己，供

應商一旦出問題就找Sourcing（尋源採購）或者找老闆，這是不對的，你們自己必須成為所管商品（Commodity）領域的專家，利用我們公司比較完善的流程、經驗去輔導、提升供應商不斷地降低成本，同時提高給我們交付的彈性。」

「大家有沒有信心？」成銘問道。

「有！」下面齊聲喊道。

「很好！」成銘說，「我只是提醒大家，到了供應商那裡不要光顧著喝酒，我教給大家一個簡單的絕招。」

成銘說：「我有一次去咱們那個包材供應商劉總那裡，當時我記得是Lucy陪著我去的，是吧？」

Lucy說：「是的，老闆。」

成銘就說：「Lucy，你給大家說說那個故事？」

Lucy就站起來說：「那次跟著老闆去劉總那裡，見面之後第一件事，老闆就問劉總：『我們在你這裡還有多少訂單未交付？』」

劉總就說：『成總你放心，該交付的都交了，剩下的都未到期。』

老闆說，『我知道啊，你打開電腦告訴我到底還有多少Open Orders（在途未完成交付的訂單）。』

劉總說他不會用系統，老闆就說你把你們的銷售副總喊過來，我看看他會不會用。

那個負責銷售的張總一進來就對我們說：『放心吧，成總，一點問題都沒有！No Problem！』

老闆就說：『張總，什麼叫一點問題都沒有？』

張總說：『我說沒問題就是沒問題啊！』

老闆就說：『你怎麼保證沒有問題？』

張總就說：『這還需要什麼保證？』

老闆就說：『那你打開電腦告訴我到底還有多少Open Orders（未交付訂單）。』

張總也說不會用系統。

老闆就問張總：『你連系統都不會用，你怎麼敢保證沒有問題？』

張總說：『我下面的人會用啊。』

老闆就說：『那你保證有啥用？』」

成銘就打斷Lucy說：「我當時的原話是『你保證有個X用』！」

下面的人都在笑。

Lucy說：「當時搞得劉總跟張總很尷尬，一會兒他們負責我們訂單的客服人員來了，現場打開系統給我們看，老闆就對那小姑娘說，你先別吭聲，就指著一行訂單問張總，你告訴我，這一行是什麼意思？

張總就搖頭說看不懂英文（我們的訂單都是英文的）。

老闆就對劉總、張總說，下次我再過來，如果你們還是不會作業系統，你們的採購份額就會減少很多。

說完，老闆帶著我就走了，連飯也沒在那裡吃。」

成銘說：「謝謝Lucy，大家明白這個故事要講什麼嗎？Bruce，你說說看。」

「No problem is big problem（沒有問題就是大問題）！這是老闆經常跟我們講的，」Bruce站起來對大家說，「聽了老闆這個故事，大家應該更清楚了，不要相信拍胸脯，那都是些沒用的承諾，我們要的是數據！證據！」

大家紛紛點頭，說，是啊，老闆又給我們上了一課。

成銘說：「我安排的幾件事大家都記住了吧？時間也差不多了，大家週末愉快！散會！」

22
過量生產是最大的浪費

庫存與生產的關係：過量生產，最（罪）大惡極

週六中午沒什麼事，成銘就約了幾個朋友在海邊一家海鮮餐館喝酒，幾個人正喝得高興呢，還準備喝完了酒去打保齡球，吳總就打電話過來了，問成銘在做什麼，成銘說跟朋友喝酒啊，讓吳總過來一起喝點。

吳總說：「你還有心情喝酒啊？」

成銘說：「老闆，我心情很好啊！喝酒是件高興的事情啊！」

吳總就說：「B棟的SMT產線全停了，你知道不知道啊？」

成銘說：「咦？不應該啊，我記得B棟的SMT這個週末都沒有排產啊，怎麼會存在停線這一說呢？」

吳總就問：「那為什麼不排產啊？是不是缺料啊？」

成銘說：「按照主生產計畫，不需要啊，我記得直到下週二上午開工就可以的。」

吳總說：「這樣啊，那你查查吧，他們告訴我是缺料導致停產。」

成銘說：「誰告訴您的？」

吳總說：「是老黑啊！」

成銘說：「老闆，大週末的，您老該幹嘛就幹嘛，以後不要接這種電話，這個馬來西亞佬就是一個糊塗蛋！」

吳總說：「那你就好好喝吧！」就把電話掛了。

成銘打電話給負責PCBA計畫的Lawrence，打了兩遍，都沒打通，成銘很火大，接著又打給負責PCBA產線的老田。

電話一接通，成銘劈頭就罵：「老田啊，我自始至終認為你們生產部就你還算清醒，結果你今天害得我連頓酒都喝不好！」

說完，端起啤酒杯就是一大口，又點上一根菸。

老田也不生氣，說：「成總，您先別著急，我知道今天不應該安排生產，但我老闆老黑說下週B棟SMT要保養半天，怕耽誤了出貨，就讓我組織加班，提前生產了。他的命令我不能不聽啊！」

成銘說：「老黑這個混蛋！到底是誰負責出貨？是我還是你們？貨出不去，客戶找過你們嗎？」

老田說：「這倒是從來沒有過，我們也不跟客戶直接打交道，嘿嘿，這個你是知道的。」

成銘就說：「老田你趕緊清理生產線，給吳總打個電話，把事情解釋一下，咱們分頭行動，這個老黑，他不讓我過好這個週末，我也讓他雞犬不寧！」

說完，成銘掛了老田的電話，又打給老黑。

老黑一接電話就嘿嘿地笑，說：「成總啊，聽吳總說你還在喝酒呢？」

成銘說：「老黑，你給我聽著！以後你要是再自作主張，提前安排生產，我就去新加坡找你太太好好聊聊！」

說完，成銘就把電話掛了。

喝了口酒，成銘還不消氣，又打電話給倉庫經理老李，問他負責電子料倉庫的主管是不是叫王波？

老李說：「是啊，老闆，怎麼了？」

成銘說：「下週一你要辦的第一件事就是把那個王波給炒了！」

說完，也不給老李講話的機會，成銘就把電話掛了，然後舉杯說：「繼續喝酒！」

週一剛上班，成銘就讓小孫把Lawrence、老李、王小兵等人喊到他辦公室，第一件事就問Lawrence：「你的電話為什麼打不通？」

Lawrence說：「老闆，週末我的手機一直開著的啊！」

成銘說：「那可能是你訊號不好，我做錯了一點就是沒有給你發個微信，否則你就沒有藉口了。我問你，上週六，B棟的SMT確實不需要排產，對不對？」

Lawrence說：「是的，老闆，PCBA緩衝庫存大約還有3天，我們按原計畫週二上午開工一點問題都沒有，除非突然出現臨時性訂單加大，否則沒有問題的。」

成銘就說：「那上週末他們生產部擅自組織生產，你知道嗎？」

Lawrence撓撓頭說：「我聽說了。」

成銘又問：「那你手下的生產計畫員知不知道這件事情？」Lawrence說：「他們好像也沒有得到生產部的通知。」

成銘有些不耐煩地揮揮手說：「你除了『聽說』『好像』，就不能知道點別的嗎？好了！只有24小時了，你親自評審客戶訂單的最新情況，有問題隨時告訴我。」

然後成銘又問老李：「你那個電子倉的主管王波是怎麼回事？沒有工單（Work Order, W/O）、沒有排產指令（Production Schedule, PS），為什麼可以發料？」

老李說：「老闆，這是個紀律問題，沒有PS系統是發不出料的，但他

們都是走借料的程序，臨時領料。」

成銘就說：「我們有所謂的借料程序嗎？」

老李說：「有的，原先主要是針對工程師做實驗之類的借料，結果現在被這幫小子給利用到生產上了。」

成銘說：「既然有這個流程，那個王波就暫時不要炒了，你跟HR商量一下，給他個書面警告，然後你把那個流程修改一下，以後借料必須經過你的親自批准，然後報小孫單獨做系統處理，否則不可以。」

老李說：「早該這樣了，老闆，否則借料之風愈演愈烈啊。」

成銘說：「老李，你回去跟你的那些主管們講清楚，倉庫是我們庫存控制的最後一道門，如果守不住，所有的流程都是白搭！以後特殊情況必須經過你親自批准，否則，違令者，斬！」

然後，成銘對王小兵說：「你跟Lawrence去查一下這次停線到底是缺了哪些料，目前在途訂單的情況怎麼樣，按理說即使提前生產，也不至於缺料啊？」

王小兵說：「老闆，我已經檢查過了，缺的是顆客供料，本來應該是上週五下午到的，Gavin說海關手冊出了點問題，今天上午已經派人去處理了，下午應該可以到料，其他的物料齊套（編按：根據企業生產的某工程型號配套所需物資，按照其物資配套表或物資定額表已全部入庫，具備了開展型號研製、生產的工作條件）情況都很好，沒啥問題。」

成銘很高興地點點頭說：「小兵不錯，工作總是做到了前面，老李和Lawrence要多跟小兵學習。」

說著，成銘就從抽屜裡拿出一包中華菸，說：「走吧，下去抽根菸，然後我去罵那個老黑去。」

一行人剛到樓下點上菸，老遠就看到老黑帶著老田、王杰從B棟過來了。

老李就說：「老闆，要不要我去暴揍老黑一頓？」

成銘說：「聽說那老小子在新加坡當過兵，估計你打不過他，我們罵

他一頓就行了，再說，他黑是黑了點，但人家畢竟也是國際友人嘛，你幹嘛總是那麼沒有禮貌？」

正說著，老黑他們就走到跟前了，成銘他們集體把身子轉過去，故意不理他們。

老黑嘿嘿地笑著對他的手下說：「這個成銘啊，一天到晚就知道帶著他的幾個手下抽菸。」

成銘張口就罵：「老黑，我××××（罵人的話）！」

老黑也不生氣，指著成銘對王小兵他們說：「你們都看看，你們老闆就是這麼沒素質，還整天說自己是個有禮貌的人呢。」

王小兵他們只是笑，也不吭聲，王杰就說：「我不是早說了嗎？我這個師弟啊，上大學的時候就不是個東西。」

成銘說：「師兄，你給我閉嘴！這次不關你的事，你哪裡涼快哪裡待著去！」

老黑就說：「成銘啊，我不就是提前安排了點生產嗎？你有必要那麼生氣嗎，呵呵。」

成銘一口菸吐在老黑臉上：「說，老黑，你是真不懂還是假不懂？真像你說的這麼簡單嗎？我問你，明明是你違規非法安排生產，缺了料你幹嘛還要打電話給吳總？」

老黑就嘿嘿笑，說：「這個嘛，這個事是這樣的，自從你小子來當供應鏈總監之後，我就一直憋著口氣，正好，這一週要保養SMT，我就故意安排他們加班提前生產，沒想到你還真缺料了，我就給吳總打電話了。」

成銘說：「老黑我告訴你，要不是看你是個Banana（香蕉，形容外籍華人，外黃裡白，White Inside But Yellow Skinned），我真想揍你一頓！」

老李趁機對著老黑晃了晃拳頭。

老黑說：「供應鏈管理部都是一幫流氓，原先我那個新加坡老鄉在這裡的時候還好，你看現在？自從成銘來了之後，供應鏈的人一個比一個囂

張！」

說著，老黑拍了一下王小兵的肩膀：「只有這個小兵啊，還算文明，哈哈！」

成銘說：「老黑，還有老田、師兄，你們給我記著，這件事暫時就這樣，這裡面也有我們自己的問題，尤其是老李倉庫的人沒有看好門，我就不去找吳總了，但以後這種爛事是絕對不會發生了。」

說完，成銘扭頭就往辦公室走，一邊走，一邊對老李說：「你跟Lawrence總結一下這個案例，做個PPT，約個時間給所有的倉庫主管、生產經理、計畫員講講，重點是四個方面的問題：

(1) 紀律問題——沒有PS排產，為什麼就發料了？紀律問題不是績效問題，這不是做得好做不好的問題，而是該做不該做的問題。你告訴你那個主管王波，下次再這樣就沒得講了。

(2) 流程問題——重點是過量生產（Over-Production）的危害性，尤其是庫存齊套率對原材料需求的放大效應，這個如果你們不清楚，可以看我的書《製造業庫存控制技巧》第4版，上面有比較詳細的論述。

(3) 溝通問題——我們都知道這週B棟SMT要保養，而且這也不是第一次保養，那個老黑為什麼就是這次非要提前生產？

(4) 職責問題——要清晰地告訴生產部門，他們只要按照我們的計畫及時達成任務即可，出貨與庫存問題不是他們該擔心的，老黑這是純粹的分不清自己是誰，鹹吃蘿蔔淡操心（編按：意指愛管閒事）！」

23

知之為知之，不知為不知

　　回到辦公室，成銘跟吳總約好週二上午談關於供應鏈KPI的問題，兩人商定了上午10點。

　　下午兩點，看看沒啥事，成銘就去參加了由Lawrence、Simon主導的每日生產例會。

　　這個例會一直在開，但這是成銘第一次參加。

　　剛走進會議室，老黑就對成銘嚷嚷說：「啊呀，歡迎成總大駕光臨！您老這可是第一次參加這個會啊。」

　　成銘說：「謝謝！」然後自己就找了個位子坐下了。

　　Lawrence說：「既然老闆來了，我們開始吧。」說著就把生產計畫達成率報告投影到了螢幕上。

　　Lawrence指著螢幕說：「老闆你看，這一陣子都是100%的達成率，我建議這個會是不是改成每週一次？」

　　成銘就問：「什麼叫100%？」

　　負責組裝線的王杰就說：「就是你們的生產計畫被我們100%達成了嘛，你連這個都不懂？」

　　成銘問：「Lawrence，這個報告是誰做的？」

　　Lawrence說：「生產部的文員做的。」

　　成銘站起來，指著一行數據問：「這個計畫要求是1000台，生產完成數量也是1000台，所以就是100%？」

大家都說：「是。」

成銘就問 Lawrence：「這個 1000 應該是從幾點幾分到幾點幾分的？為什麼排產計畫是 1000 而不是 1500？」

Lawrence 說：「應該是……」

成銘說：「你如果不知道，就直接告訴我不知道，什麼叫『應該』？你到底知道還是不知道？」

Lawrence 撓撓頭。

成銘就看看王杰：「你來回答我的問題。」

王杰說：「我哪能記得這麼詳細？一共幾十行呢！」

成銘就問老黑：「你知道嗎？」

老黑搖搖頭。

成銘又問 Lawrence：「你打開 ERP 查一下，針對這個產品料號，從昨天早晨一開始生產 8:01am 到昨天白班結束 8:00pm，一共在系統裡面記錄入庫了幾批，每一批入庫數量是多少？」

Lawrence 說：「老闆，我不會用系統查。」

成銘說：「算你誠實！」然後又問 Simon，「你會查嗎？」

Simon 說：「老闆，這還不簡單！」說著就用 Lawrence 的電腦登錄系統，輸入指令代碼，一下子就出來了。

成銘說：「下載到 Excel。」

Simon 動作很快，一會兒就搞定了，說：「老闆，從昨天 8:01 到昨晚白班結束，這個料號一共入庫只有 800！」

王杰就有些吃驚了，說：「我們做完了啊！」

成銘就說：「老黑，你明白啥意思了嗎？」

老黑一抱拳，說：「成老大，慚愧！慚愧！」

成銘就說：「就憑你能說慚愧這一點，你這傢伙比我想像的還要聰明一些！」

說完，成銘扭頭就走了！留下一幫人在那兒面面相覷……

　　成銘下去抽了根菸，回到辦公室就給負責ERP支持的小佟發了個郵件，並副本給所有生產經理、計畫員，抄送CEO吳總及HR經理Susan，成銘要小佟給郵件裡面的所有人做個ERP方面的簡單培訓，要求只有一個，那就是所有人必須學會入庫查詢功能，並讓小佟與HR安排培訓考試，不參加培訓的或培訓考試通不過的，建議一律停職！

　　小佟很快就發出了Calendar Invitation（郵件日曆邀請），成銘很滿意。

　　後來，小佟過來找成銘匯報培訓情況，她說：「人都去了，大家都學得很認真，考試也沒有問題，但中間發生了一個小插曲。」

　　成銘就問：「什麼事？」

　　小佟說：「培訓開始後，老黑就問您怎麼不來？我說您沒說要來。王杰還問，您是否會在系統上查詢入庫記錄。我說您好像也不會，他就說您是『寬己律人』。後來還是老田說您是為大家好才培訓的。

　　一屋子人哄堂大笑，老田就站起來說，人家成總也是為我們好嘛，趕緊開始吧。」

　　成銘聽完這個故事，嘿嘿一笑，對小佟說：「這個老田啊，是個實在人！我那師兄王杰就不是個東西！」

24
不要為了 KPI 而 KPI

週二上午9:50左右，成銘來到CEO吳總辦公室，祕書小林看見成銘，就說：「成總，老闆臨時有點事情，要晚到一會兒，您看，要不您先到他辦公室坐著等一會兒？我去給您泡茶！」

成銘說：「大老闆帶頭兒遲到啊！」

小林就咯咯地笑：「成總啊，早就聽他們說您這人直，沒想到這麼直！您就不怕我告訴老闆啊？」

成銘嘿嘿一笑，說：「林妹妹啊，我是相信你的！我先去Johnson那裡坐坐抽根菸，吳總回來了麻煩你來叫我一下？」

小林說：「好，您去吧。」

吳總辦公室旁邊就是CFO Johnson的辦公室，祕書Mary的辦公桌離小林不遠，早就聽到他們的對話了，看到成銘走過來，就站起來笑嘻嘻地說：「老闆說了，他以後再也不想見到您！」

成銘有點尷尬地一笑，問Mary：「那XXX（罵人的話）在吧？」

Mary就說：「您看您成總，怎麼張口就罵人？怪不得他不願意見您呢。」

成銘說：「你以為我願意見他啊？」

Mary說：「他在，我進去給您通報一聲，要不他又要罵我了。」

成銘就說：「好吧。」剛準備找個位子坐坐，Johnson自己卻出來了，指著成銘說：「拿來！」

成銘說：「啥？」

「我的茶葉！」Johnson 看起來很火大。

成銘就笑嘻嘻地掏出一根菸遞給 Johnson，然後拉著他回辦公室，一邊走，一邊說：「你啊，來大陸這麼長時間了，怎麼心眼兒還這麼小？典型的島民心態嘛！」

門關上後，兩個人也不說話，只吞雲吐霧起來，Johnson 正要說點什麼，吳總推門進來了。

Johnson 趕緊站起來要熄菸，成銘也站了起來，只是還在抽。吳總擺擺手，一邊咳嗽，一邊說：「我就知道你們兩個是老菸鬼，湊在一起就得抽兩口啊。」

成銘說：「老闆，要不您也來一根？抽二手菸的危害更大啊！」

吳總說：「你們享受吧，我只待一會兒，沒事的，你說要跟我談 KPI，我一想與財務有關，咱們就跟 Johnson 一起聊聊吧。」

成銘瞅了 Johnson 一眼，對吳總說：「我就怕跟這老東西聊不起來。」

Johnson 說：「那你們聊，我出去？」

吳總說：「你這個成銘啊，人家 Johnson 又怎麼得罪你了？不是你親口跟我說的，這陣子財務付款及時得多了嗎？」

成銘說：「是的，老闆，這老傢伙還算可以。」

Johnson 哼了一下也沒吭聲。

成銘就說：「老闆，我先給您講個故事，您看行嗎？」

吳總說：「啥故事？你不是來跟我談你們供應鏈的 KPI 的嗎？」

成銘說：「這是有關係的。我前天晚上在一家餐廳跟朋友喝酒，我是第一次去那裡，感覺環境還不錯，尤其是洗手間，非常乾淨，我挺滿意的。

然後朋友讓我點菜，喊了服務生過來，可我剛點了一個菜，那服務生就開始給我推薦：

『來點花蟹吧，很好吃的。』

『不要，南方的花蟹沒味道。』

『來條石斑魚吧，今天特價68元一斤。』

『不要，太貴了。』

『那就來點生蠔吧，沙井的蠔，很肥的。』

『不要，那個東西膽固醇很高，我們上年紀了，不敢吃。』

『那您要吃啥？』

『我自己點，來個乾扁牛肉吧。』

『這個菜沒有！』

『那就來個東山羊吧。』

『沒有！』

『那這個呢？』

『也沒有！』

『那你們到底有什麼菜？沒有的菜為什麼不標示出來？』

『我推薦的就有！』

『滾！』

我實在是忍無可忍了！就問我哥們這是什麼鬼地方啊？朋友還勸我，別上火，說人家服務生也不容易啊！負責點菜的人也是有考核指標（KPI）的，銷售越多，她們提成兒就越高呢！理解萬歲！

我一聽沒脾氣了。KPI這個東西，你說不搞吧，還不行，畢竟，人都是不自覺的；搞了呢，不合理的KPI可能會導致不合理的行為。就如同那個服務生，為了提高自己的KPI，拼命地給我推薦菜，我點的菜她竟然說沒有，竟然不惜得罪客戶！」

吳總說：「你講的這個故事啊，在我們公司也發生過。我們的銷售總監陳強你已經認識了吧？」

成銘說：「太認識了！都已經幹過好幾次架了！」

Johnson就對吳總說：「老闆，你看我說得沒錯吧？成銘這小子就是個不和諧因素！」

吳總就笑笑說：「陳強有一次也給我講了個故事，他手下的一個專案

經理為了『控制成本』竟然不給客戶派車，讓客戶自己打車回酒店！直到客戶投訴到他那裡了，他才知道這回事，然後就把那個專案經理給罵了一頓，結果那個專案經理感到很委屈，還振振有詞地說，是老闆讓他們控制成本的！那可是與他們的升職、加薪、年終獎金都掛鉤的啊！陳強就說，他讓他們控制成本，也不是這麼個控制法啊?!這是得罪客戶，你知道嗎？可你猜那專案經理怎麼說：『老闆，不得罪客戶也很簡單啊，但那得花錢啊！給他派車，請他吃飯、泡吧、KTV、扣女（廣東話，泡妞找女朋友的意思），他肯定高興啊！但我的指標就完了啊！』」

Johnson 就罵了一句說：「銷售這幫小子泡的吧、扣的女還會少嗎？」

成銘說：「Johnson，我怎麼聽說你也是經常扣女呢？」

Johnson 說：「去去去！能一樣嗎？我那是花自己的錢！」

「哈哈哈！」吳總笑道，「原來這都是真的啊，Johnson？」

Johnson 就有些不好意思了，隨口嘟囔了一句，「是不是老黑跟您講的？」

吳總沒有直接回答，只是說：「老黑他老婆都從新加坡給我打了好幾次電話了，說是早晚得讓老黑滾回新加坡去呢。」

Johnson 說：「老闆，我們還是談談 KPI 的問題吧。」

吳總說：「好，但你們也要檢點些。關於 KPI，我有時候也在想，這 KPI 到底應該怎麼設？譬如成銘提到的這個餐廳女服務生，相信銷售額一定是她的 KPI，但是否還有類似『客戶滿意度』之類的考核呢？問題是這個客戶滿意度又怎麼去考核呢？客戶滿意了，她是否會得到她該得的回饋？」

Johnson 說：「這客戶滿意了，回頭客就會更多，餐廳生意就會更好，那服務生的銷售額不也就上來了嗎？但問題是，就怕那老闆一看你的銷售額上來了，他完全可能再給你提高銷售指標呢？那你還不是白忙？」

吳總就瞪著 Johnson 看了一眼，沒說話。

成銘說：「我搞了大半輩子的供應鏈管理，回過頭來一想，我們原先

給手下設的KPI是不是『很合理』呢？誰都知道玩供應鏈管理說白了就是玩個『平衡』──平衡及時出貨（OTD, On-time Delivery）與庫存周轉率（ITO, Inventory Turn-over）之間的矛盾，為了達到這個目的，我們又設了很多所謂的二級部門KPI，針對採購的、計畫的、物流的，等等，有的甚至還要繼續分解到個人頭上。這OTD與ITO作為供應鏈管理的一級KPI是比較容易理解的，衡量起來也不是很困難，但這往下分解的那些二三級指標呢？是否『合理』？合理到什麼程度？有些看起來是『很合理』的東西，是否真的就是那麼合理？尤其是我們現在的情況是，把那些二級、甚至是三級KPI都跟員工的工資、獎金、升職掛鉤，搞得員工一到了季末都沒心思工作了，沒事就拉抬自己的KPI。」

「等到月初發完了獎金還不是一樣？」Johnson說，「公司要求對個人工資、獎金保密，結果呢？哪裡有啥祕密可言？大家都在到處打聽你領了多少，我領了多少，哪還有心思工作？」

吳總說：「我也觀察到這個現象了，那你們二位有什麼好的建議？」

成銘說：「吳總，我建議我們要做減法，尤其是公司級與錢掛鉤的KPI，一個部門就保留一兩個，最多三個，其他的統統拿掉，這樣做呢，一個是比較準確、客觀，另外呢，每個季末，HR統計起來也簡單。」

吳總說：「好是好，但部門往下怎麼再分配呢？」

成銘說：「這個也簡單，比如我那裡吧，如果你們都同意，只考核我們給客戶的及時交貨率（OTD）和庫存周轉率（ITO），其他的我們自己考核，譬如我的計畫部，重點放在呆滯庫存方面的考核，採購部的重點是供應商的交付彈性，倉庫老李那裡就是庫存數據的準確性，Gavin那裡看通關速度及海關手冊的數據準確性，您看怎麼樣？」

吳總說：「好，可以在你們部門先試行，你跟Johnson還有HR的Susan具體落實一下，我有點事，先走了，你倆也少抽點菸。」

說完吳總就起身離開了，一邊往外走，一邊還說：「你們趕緊打開窗戶透透氣。」

25
不要抱怨預測不準確

Johnson 就問成銘：「你還不走啊？」

成銘就說：「Johnson 啊，你覺得吳總能不能讓我過實習期？」

Johnson 就又點上一根菸，說：「你想聽實話還是假話？」

成銘說：「你哪來的那麼多屁話！快說！」

「我感覺你還行！」Johnson 吐了個菸圈兒說，「除了沒事就要點流氓之外，大家對你的反應普遍還是不錯的，庫存至少沒有繼續惡化，有轉好的趨勢。」

成銘誇張地抓著 Johnson 的手說：「人都說狗嘴裡吐不出象牙來，沒想到，還真讓你給吐出來了！哈哈哈！」

Johnson 也不生氣，說：「就連銷售部的那個陳強對你評價也挺高的，前幾天他還當著我的面對吳總建議說能否提前給你結束實習期，結果你呢？你還沒事整天罵人家！」

成銘說：「陳強啊？這個人還行，就是人上了點年紀，觀點有點落後。」

Johnson 說：「你可能需要花點時間多跟他溝通一下，陳強這個人作為公司的元老，做事還是很負責任的，平常也知道學習，你來了之後，他對你的很多觀點、做法還是很認可的，我能看得出來，他自己也改變了不少。」

「怎麼說？」成銘問道。

Johnson 說：「陳強說過很多次，你的前任一提到預測，就總是抱怨銷售預測從來沒有準過，還質問他說，預測不準確，讓他們供應鏈怎麼控制

167

庫存、提高及時交付率？但我們都從來沒有聽你抱怨過這事。」

成銘說：「我也是有不少的抱怨，但是，我們必須清楚地認識到，如果銷售預測很準確的話，譬如百分之九十以上的準確性，那還要我們這些搞供應鏈管理的人幹嘛？」

Johnson說：「嗯，你這個觀點倒是很新穎。」

成銘說：「我對銷售的要求其實很簡單，第一，預測可以不準確，但你必須得給我，有毛就不算禿嘛！第二，銷售人員要認真點，總不能隨便抓個數據就是預測吧？我對陳強講，你銷售人員的責任就是：你要跟客戶簽訂一個『盡可能合理』的銷售合約或長期供貨協議，並明確規定價格、交付周期、交付率、庫存呆滯責任，與供應鏈管理有關的部分必須經過我本人親自審核；同時銷售人員要在完成銷售額的基礎上，盡最大的努力去收集客戶可能的潛在需求、市場訊息並與供應鏈管理團隊及時溝通，基於供應鏈管理團隊的數據分析，透過S & OP（Sales & Operations Planning, 銷售與營運計畫）的週例會與我們共同做出管理決定，而不是像過去一樣，銷售一支獨大，他們說啥就是啥，在我這裡是絕對行不通的！」

銷售不是賣貨的，賣的是供需鏈管理的服務能力。

銷售員：我就是個催貨的！

銷售員：我是客戶的需求管理經理。

Johnson說：「我完全同意你的觀點，我們財務也一直深受其害，根據他們的銷售預測做出的財務計畫被老闆罵過無數次！」

成銘說：「供應鏈管理講究的是個平衡，我必須牽制住銷售，以達到平衡，否則，可能的結果就是，銷售額越大，我們公司倒閉的可能越快！」

「確實是這樣，」Johnson說，「幹好你這個位置其實也是很不容易的。」

成銘就拍拍Johnson的肩膀說：「就是啊！與客戶、銷售、生產、供應商乃至你們財務鬥爭，一直是我們長期而又艱鉅的責任，呵呵。」

Johnson說：「我跟陳強不都是挺配合你的嗎？」

「那是長期堅持鬥爭的結果，」成銘點上一根菸說，「除了牽制銷售，我們供應鏈管理的職責就是，跟供應商簽訂盡可能合理的合約或長期供貨協議，確保供應商及時交付並幫助供應商提高交付靈活度，同時我們透過不斷地優化我們的組織架構、流程及ERP，不斷地優化我們自己及供應商甚至客戶那裡的庫存結構，從而提高生產、交付靈活度，並盡可能地實現均衡補貨、均衡生產。我現在在做內部整頓，然後下一步的一個重點方向就是要打通端到端的供需鏈流程，最大限度地實現與關鍵客戶、關鍵供應商的協同計畫、預測、補貨（Collaborative Planning, Forecasting & Replenishment, CPFR），控制需求與供應鏈的整體庫存水準，這就是我在2008年提出的全面庫存管理思想（Total Inventory Management, TIM）。」

Johnson說：「你小子還有點料。」

成銘笑嘻嘻地說：「你吐了三顆象牙了，呵呵，我為啥不去逼著銷售提高預測數據的準確性呢？你還記得吧，那次跟吳總開會談到KPI的問題，我就提出來說，銷售預測數據的準確性不應該成為銷售人員的考核指標，尤其是不能與他們的獎金工資掛鉤，連吳總都不理解，他還以為我怕陳強呢！」

Johnson說：「我也不太理解你為什麼這麼做，他們的預測準確性提高

了，你的工作不就容易多了嗎？」

成銘說：「這裡面有幾個原因，你看是不是有道理。

第一，客觀上，誰都知道，預測永遠都是不準確的，誰能搞定預測，誰就是『天才』了，而天才只有天上有，這是富士康的郭總說的話；

第二，主觀上，銷售人員也想給你個『準確的』預測，但他做不到，因為他的任務或KPI往往就是銷售額而不是銷售預測的準確性；

第三，儘管提高預測數據的準確性可以提高（供應鏈）的及時交付率進而有助於提高銷售額及客戶滿意度，但提高及時交付率不僅僅是銷售人員的責任；

第四，在IT越來越發達的今天，無論是從提高供應鏈的透明度（與客戶、供應商的協同）還是提高預測技術的準確性，這都不能從根本上解決有效需求的波動與交付、庫存之間的矛盾，因為道高一尺，魔高一丈，客戶的需求個性化、訂製化已經成為一個必然的趨勢；

第五，正因為以上原因，如果非要把這個所謂的銷售預測準確性作為Bonus KPI（獎金指標）考核他們的話，他們就有可能跟客戶聯合起來作假，透過個人關係讓客戶提前要貨或者推遲要貨，這樣反而掩蓋了客戶的真實需求，使得我們會更加被動！」

「有道理！」Johnson又點上一根菸，這次竟然還順手給了成銘一根，成銘擺擺手說：「謝謝，我抽不慣你們台灣菸。」說著，成銘拿出自己的中華菸，也點了一根，說：「其實，包括銷售額這個指標，我認為用它來考核銷售都是有問題的。」

「哦？」Johnson就有點吃驚了：「銷售人員不考核銷售額，那還考核什麼？」

成銘說：「這就和大陸公安部門限期破案是一樣的道理。儘管我不知道最近爆出的很多『被糾正』的冤假錯案是否與公安部門當年的『限期破案』有關係，但毋庸置疑的是，限期破案在客觀上很容易導致冤假錯案，現實中無數的案例已經證明了這個問題。因為，限期破案是違背客觀規律

的，不是到了你規定的時間，那些犯罪證據就會自動地跑出來找你報到，是不是這樣？」

Johnson點點頭說：「但是不限期破案，他們可能又沒有壓力？」

成銘說：「從供應鏈管理的角度，『銷售指標』跟『限期破案』沒有什麼兩樣，因為你有銷售指標，客戶到了時間，就會主動地給你下單嗎？」

「那當然不會。」Johnson說。

成銘說：「問題就出在這個銷售指標上。從 S & OP（銷售與營運計畫）角度，銷售指標不應該是預測的一部分，因為銷售預測應該是『無約束的』，只有到了 MPS（Master Production Schedule, 主生產計畫）這一步才是個有約束的東西。」

Johnson點點頭說：「是這樣的，在咱這裡就是吳總一句話的事兒。」

成銘說：「你懂的！而真正的預測是怎麼來的呢？有人可能會說，預測永遠是不準的，大概只是拍腦袋拍出來的吧？也對，也不對。說它對的地方是，很多公司的銷售指標就是銷售預測，況且預測本身就有『定性預測』這一說；說它不對的地方是，即使是定性預測，它也是來自於市場、銷售、研發、產品等領域的專家們的主觀判斷，但因為他們長期接觸客戶，熟悉產品，即使是『拍腦袋』，那也是一種根據啊！但如果領導們（包括企業家們）一參與，那其實就不叫預測了，那叫『指示』、『命令』，就類似那個『限期破案』了。」

「當然預測更重要的還有定量分析，這是預測的基礎，定量與定性的結合才是真正的預測。」

「把銷售指標作為預測，對供應鏈危害無窮，如同限期破案一樣，容易造成冤假錯案，用供應鏈管理的語言來講就是『牛鞭效應』，也就是庫存的放大效應，儘管這個問題永遠存在，但程度不同。」

譬如做汽車的，4S店（編按：是指集汽車銷售、維修、配件和資訊服務為一體的銷售店；類似於汽車經銷商）為了拿到銷售返利，不得不完成銷售指標，

然後轉手打折，以求釋放庫存，獲取現金流，但這樣在客觀上破壞了整個汽車產業的供應鏈；服裝電商為了實現3年生意額翻倍的目的，要求加盟渠道商的年度訂貨金額要達到同比（與去年同期相比）不低於25%的增長率，結果把自己搞得庫存一大堆，然後老闆還罵手下是『三蛋一不』（渾蛋、扯淡、王八蛋、不作為）。」

「各行各業看來都存在這個問題，那應該怎麼辦呢？」Johnson問，「但如果你沒有指標呢？員警是不是就不破案了？銷售人員是不是就不賣東西了？」

成銘說：「員警怎麼考核，我不知道，沒有研究，但銷售人員，我覺得更應該去考核他們的銷售利潤，你是搞財務的，你應該知道有個所謂的資源存折法吧？」

「這個我知道，」Johnson說，「不就是把銷售額跟庫存掛鉤嗎？」

「對的，」成銘說，「要把銷售額、庫存、息後利潤緊密連起來，算法其實是很簡單的，用銷售額減掉產品BOM成本，再減掉庫存持有成本，得出所謂的扣除庫存利息之後的利潤（Profit After Inventory Cost, PAI），再用這個利潤除以銷售額得出PAI%，就可以用來衡量這個產品或某個銷售負責的客戶、市場的盈利能力，目的就是為了讓銷售感到痛，最終跟供應鏈一起來經營，而不是一支獨大！因為，在我看來，銷售賣的不是產品，而是供應鏈管理的服務能力，銷售與供應鏈的有機結合才是企業真正的致勝之道。我們不要總盯著銷售不放，要多花點時間放在供應鏈管理上，二者之間要有個平衡，否則，銷售可真的就沒啥可賣的了。提高給客戶的及時交付率及交付靈活度與優化生產與庫存策略、提高庫存周轉率、降低呆滯庫存，這三者是相輔相成，對立統一的；銷售與供應鏈管理組織之間也是相互交叉制衡的，沒有強有力的供應鏈支援，銷售人員的工作肯定是很勉強的；沒有銷售對供應鏈管理的理解與支持，供應鏈管理也是不可能有所作為的。」

「我同意，」Johnson說，「我們過去在供應鏈管理方面做得太差，而

銷售則是太強勢。」

成銘說：「其實，在很多公司，銷售與供應鏈管理之間往往是死對頭，相互之間經常指責、抱怨，這其實是大錯特錯的。這種現象說大了，是企業文化問題，說小了，是個互信問題。指責、抱怨只會徒增煩惱，人為地增加一些不必要的壓力，事情只會越來越糟。」

Johnson 點點頭說：「我在很多公司工作過，基本上都是這樣的，你小子有什麼好招嗎？」

成銘說：「其實也沒有什麼招不招的，銷售與供應鏈要心平氣和地坐下來談。銷售到底要什麼？說白了不就是快速反應、及時出貨嗎？我去年給你做到從接單到出貨100個小時，我今年給你做到90個小時，那是不是就是進步？給你的OTDC（On-time Delivery to Commitment, 針對承諾的及時交付率）去年是95%，今年我做到了96%，那就是進步！那你銷售憑什麼還跟我拍桌子？」

Johnson 說：「你說的有道理。」

「況且我們還要在快速反應、及時交付的基礎上控制呆滯庫存，提高庫存周轉率，讓你那點現金給轉起來，對不對，大哥？」成銘繼續說道。

Johnson 不住地點頭。

成銘說：「當然，可以理解但不能接受的是，大多數公司的銷售人員都是比較強勢的，W公司的任總甚至提出，『讓一線直接呼喚炮火』，但這並不等於所有的人都需要聽銷售的。再看W的《計畫手冊》裡面的一段話，『前線將士流血犧牲拿到的訂單，在這裡怎麼也不能拒絕錄入系統，在沒有成本概念的時代，滿足客戶需求是我們必須努力遵守的。我們可以承諾客戶後不兌現承諾，但不能不去承諾。』這是W公司對1998年實施ERP的ATP（Available to Promise, 可承諾的）功能失敗案例的總結，直接反映了當時W公司的供應鏈管理水平，這也是為什麼後來任總決定花大把的銀子導入IBM的ISC（Integrated Supply Chain, 集成供應鏈），並決定『十年不變』、『削足適履』的原因。」

「這個我知道，」Johnson說，「W公司是花了大力氣上這個諮詢項目的。」

「嗯，」成銘說，「但接下來，2010年的馬電事件（編按：馬來西亞電信CEO向華為董事長投訴的事件），又一次暴露了W供應鏈管理與銷售的矛盾問題。

馬電案刺痛W公司的應對之策是轉型：『以產品或技術為企業戰略中心的做法，在供給不足的時代是正確的；但到了供給過剩的時代，就一定要以客戶需求為中心。』儘管過去W技術人員和客戶經理以隨叫隨到、任勞任怨的『貼心』服務，敲開了不少營運商的大門。但在複雜龐大的國際項目面前，重銷售、輕交付的特徵，不盡如人意的部門協調與迅速反應能力等，都將W公司與高標準的國際化電信服務公司拉開了距離。摘自【HW帝國的滑鐵盧】通信行業的豐田事件——馬電IPTV事件。

從1998年到2010年，從『承諾客戶後不兌現承諾』，到『重銷售、輕交付』，我們可以看出，W公司的銷售其實賣的還是產品，他們還遠遠沒有達到『賣供應鏈管理服務』的水準……」

「嗯，」Johnson說，「大家都認為W公司的供應鏈管理已經做得不錯了，經你這麼一講，好像跟其競爭對手比，還是有不少差距的。」

成銘說：「差距肯定是有的，但在國內的企業裡，他們的供應鏈管理水準已經算很好的了，我們不是比人家還差得遠？」

「就靠你了！」Johnson拍著成銘的肩膀說，「你小子的很多觀點跟別人就是不一樣。」

成銘說，「我的觀點是跟很多人不一樣，但你的觀點往往是跟正常人不一樣！不跟你聊了，我走了！」

26
倉庫越大，公司倒閉得越快

　　回到辦公室，成銘想了一下，明明跟吳總約好了10點的會，他竟然遲到！想來想去，成銘決定群發個郵件給供應鏈的所有人，同時副本給管理層及吳總，郵件主旨就是「開會不及時，一定有問題」，裡面重點強調：

　　開會是否及時與庫存控制有關係嗎？看起來風馬牛不相干的事情實際上卻大有關係！庫存到底是怎麼形成的呢？道理很簡單：如果該發的貨發不出去，該進的貨進不來，自然就會形成庫存積壓！反映在整個供應鏈的鏈條上，如果上游的供應商發貨有問題，就會影響到你對你客戶的發貨，而你的客戶一旦受到影響，你的客戶的客戶也必然會受到影響！這跟你開會、培訓的例子是同樣道理：第一個會由於大家遲到，會議延後了，第二個會（培訓）必然會受到影響！這就叫惡性循環！體現在供應鏈管理上，這種惡性循環會透過供應鏈本身的放大效應而逐級影響供應鏈的各個環節。

　　及時參加會議就如同供應商及時交貨，及時結束會議就好像生產上接到原材料，能夠把成品及時生產出來（及時做出會議決定），有了及時生產出來的成品，我們就可以及時給客戶發貨！及時結束會議後大家可以及時趕回工作崗位，及時該幹什麼就幹什麼！譬如，催促供應商及時交貨，監督協調生產、倉儲部門及時給客戶發貨！就這麼簡單！

看起來是胡亂聯繫的東西，實則不是！儘管沒有統計資料說明，開會不及時（實際上是一種企業文化）的公司，庫存控制一定不好，根據我們的經驗，我們發現，這種企業的庫存控制大多存在很大的問題！儘管我們說每家製造業都或多或少存在庫存問題，但嚴重程度是不一樣的，如同我在一篇文章裡面講的，庫存應該以預防為主，一旦得了「糖尿病」──庫存積壓，要想根除幾乎是不可能的，從小事做起，從開會及時開始做起，或許是可以預防的。

郵件發出去不一會兒，吳總回郵件並副本給所有人，上面寫道：「成老師，受教了，建議所有部門主管針對這個問題展開討論：開會不及時，一定有問題！昨天成銘跟我提前約好了上午10點開會，我也承諾了，但我沒有做到，我誠懇地接受批評並反省。」

Johnson也單獨發了個郵件過來，什麼也沒寫，就是貼了一張小紅牛易開罐的圖片。

週三上午十點，供應鏈管理務虛會準時在成銘旁邊的小會議室召開。

成銘先問Lawrence：「你們的計畫部組織結構改組的事情弄得怎麼樣了？」

Lawrence說：「還在弄。」

成銘就問：「什麼叫還在弄？弄到什麼程度了？是否有個大概的設想？」

Lawrence說：「老闆，我們開過幾次會了，大家意見不太一致。」

成銘說：「好吧，時間還不到，咱們下週三的務虛會專門研究這個問題，但我不管你們的意見是不是一致，一定要遵循上次我講的那幾個計畫的工作重點來設計整個計畫部的組織與相關職責。」

Lawrence說：「放心吧，老闆，我們盡力。」

成銘說：「你們從來就沒有讓我放心過。」

然後又問Lily：「我讓你們弄的那個KPI體系怎麼樣了？下週三也該

一起看看了吧？」

Lily說：「是的，老闆，我們也跟HR的Susan溝通了，他們基本上同意我們的思路。」

成銘說：「我昨天也跟吳總、Johnson他們溝通了，他們基本認可我們要簡化KPI考核的思路，這說明我們的CEO、CFO都不是很糊塗。」

大家就都吃吃地笑。

成銘說：「我來了快三個月了，我發現你們好像很少去車間、倉庫轉轉？」

Lawrence說：「老闆，我們沒有時間啊！」

成銘說：「我就知道你會這麼講，但我的問題是，你為什麼沒有時間？」

Lawrence說：「就是老闆您說過的，我們是瞎忙。」

「你這小子越來越有自知之明了，」成銘說，「你要是早點明白的話，還會連個ERP入庫的帳都不會查嗎？」

Lawrence就不吭聲了。

成銘說：「我建議從本週開始，你們每人每週都要拿出兩三個小時，到車間、倉庫去看看，如果車間看不懂，那就沒事往老李那裡跑嘛。」

老李說：「他們都是些大爺啊，我請他們去，他們都不去。」

成銘說：「這不行，不僅僅是我們這些人要經常下去看看，你們手下的計畫員、採購員也要經常下去看看。我看這樣吧，Lily你散會後告訴小佟一下，她不是還負責流程審核與優化嗎？你讓她排一下，把供應鏈管理部的所有辦公室人員輪流安排下車間、倉庫，每人每週至少一次。」

Lily說：「好的，老闆，另外，我還有個建議，以後咱們每週三的務虛會是否也讓小佟跟Lillian也都參加一下？她們私下抱怨過很多次了，說是您來了之後，光顧著跟我們開會，她們ERP支持跟NPI好像是沒人管的孩子。」

成銘說：「我也有這個意思，告訴小孫把她們加上吧，我只是擔心那

個Lillian沒事就哭怎麼辦？」

老李說：「沒事的，老闆，我們都能替你做證，你沒有在光天化日之下對她怎麼樣。」

Lawrence說：「老李你的意思是老闆還偷偷摸摸地對Lillian怎麼樣了？」

一屋子人都在笑，成銘就說：「你倆就是齷齪！像我一樣做個講文明講禮貌的人不好嗎？關於大家定期去倉庫看看的事情，我不僅是想讓你們樓上樓下地鍛煉身體，你們去了不是玩，我想重點跟大家講幾件事情。」

第一，每次去，你們要親自盤點幾個庫存數據。

庫存控制的首要任務是先搞清楚自己手中有多少東西，帳物不符是導致重複採購、呆滯或者無計畫停線的根本原因之一。作為管理人員，你對倉庫有多重視，就說明你對庫存有多重視。有事沒事的，多到倉庫轉轉，隨機抽查幾個物料，順手盤點一下，跟ERP系統對一下，看看結果如何？如果都能對得上，再抽查幾個，總有對不上的（看你庫存數據準確程度高低）！對不上的，就要分析原因，這時候你就會發現，原因可能五花八門：

- 物料被生產部或供應商甚至是客戶「臨時借走」了
- 帳上沒有入庫，實物入庫了，或者相反
- 物料放錯地方了，沒有按照庫位、貨位堆放
- 來料短缺或者供應商多送了
- 錄入錯誤
- 莫名其妙地丟失了？被盜了？

第二呢，你們要查老李是否做到了FIFO（First in, First out, 先進先出）。大多數的行業是要求做到先進先出的，如果你發現有一個物料沒有做到先進先出，為什麼？

- 人為原因？疏忽？

- 沒有及時正確地執行EC（Engineering Change, 設計變更）？有沒有呆滯產生？
- 生產部退料？為什麼？生產計畫改變？為什麼要改？客戶訂單減少嗎？為什麼？
- 有物料品質問題？生產半成品、成品有品質問題？有沒有及時做出MRB（Materials Review Board, 物料審查委員會）決定？
- 如果客戶訂單減少或產品出現品質問題，我們是否需要調整主生產計畫（MPS）？是否需重新跑MRP？計畫員是否知道？
- 設備出了問題？產能受影響？

這些問題不一定都是老李的人造成的，很有可能是我們的生產計畫員的問題，也可能是採購計畫的問題，總之，Lawrence、Simon你們從倉庫可能會發現你們自己的很多問題。

第三，看收貨。

收貨時間的長短似乎並不是一個關鍵的問題，關鍵問題是今天一共收了多少貨？是否都是按照PO要求的時間、數量到貨、收貨的？

- 有沒有早交貨的？急料？為什麼急？生產提前？客戶訂單 Pull In（提前交付）？還是供應商早交貨？採購員是否知道？
- 「早交貨」是否應該Push Out（延長交付），而沒有成功？為什麼？
- 有沒有今天該到（到期PO清單）而沒有到的？採購員、計畫員是否知道？生產是否已經排產？為什麼？是否影響近期的出貨？
- 供應商的貨為什麼沒有及時交付（OTD）？供應商的產能問題？品質問題？我們是否沒有及時給供應商預測或者PO？

這些問題可能與我們的採購員有關係，與供應商的交付績效有關係，小兵你們幾個需要特別注意。

第四，看出貨、發料。

按照生產計畫，今天總共應該發多少料到生產線（無論是Push還是Pull）？實際發了多少？是否有缺料？

- 生產計畫是否是批准的？成品、半成品還有多少？為什麼還要生產？

- 是否所有的料都應該發？（那些貴重物料）WIP（Work in Process,在製品）有多少（系統紀錄、實物）？已有的WIP能否滿足今天的生產計畫？為什麼還要申請？

- 物料短缺的原因是什麼？生產計畫提前？為什麼？供應商沒有OTD？為什麼？

- 短缺的物料，系統紀錄是多少？原材料庫位是多少？WIP是多少？是否有MRB？

「透過以上幾個方面的分析，大家可以看出，從分析、分解、觀察倉儲活動，你幾乎可以發現供應鏈管理的所有主要問題——從需求的管理，到排產、生產管理，再到採購、供應商的管理以及倉儲本身的管理，這些問題如果都能夠得到比較圓滿的解決，庫存及交付問題基本也是可以解決了。」

「原來我那裡還有這麼大的學問啊，老闆？」老李撓撓頭說。

「我為什麼一直講，倉庫是個藏汙納垢的地方？」成銘說，「我還發現，倉庫有多大，庫存就有多高！你們信不信？」

Lawrence說：「老闆，為什麼會這樣呢？理論上來講，一個企業的庫存控制水平的高低應該是與倉庫物理面積的大小沒有必然的關係。」

成銘說：「你只說對了一半，還有一半你不懂，那就是供應鏈管理，一半是技術，一半是藝術。我很早就發現，在製造業有一個很奇怪的現象：似乎你有多大的倉庫，你的倉庫就會堆滿多少庫存；你有多少個倉庫（庫位），你的每個倉庫裡面就會全是庫存！倉庫有多大，庫存就會有多高！如同我們居家過日子一樣，再大的房子，時間長了也覺得擠得很！Lucy你跟Lily同不同意我的觀點？」

「確實是這樣，」Lily說：「我們幾年前剛買新房子的時候覺得寬敞得

不知道怎麼辦才好，現在感覺是越住越小！」

成銘說：「你老公有錢，乾脆就買個別墅嘛！」

Lily笑笑沒吭聲。

Lucy就說：「這可能是與人們的心理有關係，房子大嘛，東西可以隨便買，買了隨便放，結果等時間一長，該買的，不該買的，常用的，不常用的，買了永遠沒用的，到處都是！於是房子就會顯得越來越小。」

成銘說：「很對，尤其是女人買衣服！Lawrence說得很對，從理論上來講，一個企業，庫存控制水平的高低應該是與倉庫面積大小沒有必然的關係，但實際情況卻不是這樣，2000年時我在IBM剛剛籌建北京工廠的時候，倉庫面積大約800平方米，那個時候我們的倉庫經理整天喊著原材料、成品沒地方放，抱怨採購買多了物料，抱怨生產的成品太多，有的時候還直接把多餘的物料寄存到車間甚至是物流服務商那裡去。等到2002年我們搬家的時候，由於車間擴大，而廠房總面積一定，只好把倉庫縮小到500平方米還不到。剛開始的時候，物料實在是多得沒地方放，倉儲經理還是抱怨了一段時間，結果大約過了半年，物料不但沒有被寄存到物流服務商那裡，車間裡面由於採用了PSMS系統（Production Supply Management System, 我們自己開發的物料配送系統，可根據生產計畫的變化，自動由倉庫把物料直接配送到生產線的各個工位），車間的貨架也都撤銷了，倉庫還是有地方放物料，而且比以前整齊多了！產品的種類、獨立編碼的物料種類、銷售量增加了將近50%，但我們的年平均庫存周轉率卻由2000年的20次左右提高到了2002年的30多次！」

27

供應鏈管理，一半是技術，
一半是藝術

成銘繼續說道：「這是為什麼呢？這幾年我一直在總結、反思這個問題，我發現原因大概有幾個方面。」

第一，製造業的採購與生產控制當然比居家過日子採購要理性得多，特別是那些應用 ERP 比較成功的企業。但問題的關鍵在於，無論 ERP 怎麼計畫、統籌，計畫是由人去執行的，ERP 告訴你在 3 月 10 日進 50 台電機，採購員就有可能以種種理由在 3 月 5 日就把貨給進來了！而且還可能多進！本來計畫好只生產 5000 件成品，可能最終生產 6000 件甚至更多，為什麼？早採購，多採購，多生產，對大家來講就多一些安全，反正有地方放嘛！銷售方面可能也沒有太大的壓力，有東西賣不出去沒關係，有了客戶需求，沒東西賣才是最令人頭痛的！

第二，倉庫越大，管理難度越大。

剛才我們說了，倉庫管理的一個關鍵問題就是如何保證庫存數據的準確性。倉庫面積大，定置管理（編按：源於日本，為 5S 管理中「整頓」的實施方法。主要是根據物流運動的規律性，按照人的生理、心理、效率、安全的需求，對生產現場中的人、物、場所三者之間的關係進行科學研究，使之達到最佳結合狀態的一門科學管理方法）可能就『沒有必要』做得那麼好，反正有的是地方，結果

182

就可能導致庫存數據的混亂，而庫存數據的混亂就完全可能導致MRP計畫出現問題，最終就是該來的不來，不該來的都來了，庫存越來越大，物料短缺的情況卻是越來越多，生產無計畫停產的次數就會越來越多，該發出的成品發不出去也就成了惡性循環。於是，庫存膨脹就成為必然！

第三，倉庫越大，劃分的庫位可能越多。

正由於倉庫面積足夠大，人人都把倉庫當成唐僧肉，特別是那些比較大的製造廠，部門、機構比較多，大家分工不一致，誰都想擁有自己的倉庫區域（庫位），甚至連人事和行政也要在倉庫占有一席之地。於是，就會發現，每家的庫位裡面都有東西，即使僅僅體現在生產用料上：設計研發部門的庫位裡面會有很多誰也不知道能不能用的亂七八糟的新材料，而且誰也不敢隨便處理掉它們；IOC（Incoming Quality Check, 進貨檢驗）部門會有很多永遠也檢不完的待檢物料；MRB（物料審查委員會）會堆積越來越多永遠也下不了結論的而且是不能用的原材料、成品、半成品；採購部門說把要退給供應商的貨先在倉庫裡放一放吧，反正是我們欠供應商的錢，而不是相反；生產說你有那麼大的倉庫，我多生產一點成品、半成品放在你那裡應該不算過分吧？而倉庫管理本身呢，由於倉庫比較大，也懶得去做什麼先進先出，早來的晚到的，管它的！

「反之，如果倉庫的實際面積很小呢？至少把該暴露的問題在客觀上可以暴露出來。倉庫本身沒有錯，錯的是人，對不對啊，Lucy？還記得老李要把你的原材料直接放到你的辦公桌上的事情吧？」

Lucy就又很不好意思地低下了頭。

老李嘿嘿笑道：「老闆，怎麼又提這事？」

成銘說：「該提的還是得提，我們做供應鏈管理的，必須要牢記，我們的工作，一半是技術，一半是藝術。大家都知道我即使來了偉康公司做供應鏈總監，沒事我還在外面講課，這也是吳總允許的。在我唯一的課程《製造業庫存控制技術與策略》裡，從2004年到現在，我一直保留著一個

趣味討論，一直不捨得刪掉，那就是『一個企業的庫存周轉率高低（庫存控制水平）與企業倉庫面積大小到底有沒有關係？』往往很多學員都說沒有關係，因為這不符合MRP的基本邏輯。但也有學員說『有關係』，這些學員往往是那些有一定的管人經驗的人，他們的觀點大致跟我相同，認為企業的庫存控制不僅僅是個技術問題，也是個管理問題，而管理問題則往往是個藝術問題，尤其是『管人』的藝術。關於這二者之間到底是怎麼個關係，我已經在不同的文章裡面有所論述，大家感興趣可以在網上查一下。我在這裡重點要講的是，整個供應鏈管理，都自始至終存在著『一半是技術，一半是藝術』的問題。」

「記得我剛到東莞某公司做供應鏈總監的時候，當時有很多人不服我，包括我的美籍印度老闆、美籍華裔銷售們，還有幾個我的手下，他們總覺得我是做代工（Electronic Manufacturing Service, EMS; 電子製造服務業）供應鏈出身，不懂ODM（Original Design Manufacturer, 原始設計製造商）供應鏈；後來還聽說，我過去的一個女手下，在東莞聽說我要調過去，我還沒到任，她就開始『代表我』到處跟別人談話，到處承諾，其實是胡攪蠻纏。我當時不知道這個情況，到後來才有兄弟跟我講，他們因為這個事情差點造我的反。我那裡幹了不到半年，但經歷的幾件事，我印象很深。

第一件事是，那家公司在歷史上從來沒有突破US$20M（兩千萬美元）的月銷售，我去了之後在第三個月就做到了，不是我賣了多少貨，而是我們減少了缺貨，減少了停線的機會，因而支撐了銷售。從那以後，我當時的老闆及銷售們，基本上都閉嘴了，儘管還是有抱怨、投訴，但少多了，人也變得客氣不少。

透過這件事情，我感觸最深的就是，作為供應鏈管理的老大，你首先要懂點技術，拿出點成績來，先鎮住那幫烏鴉嘴，讓他們少點聒噪，先把這把『保護傘』撐起來，給自己的手下創造一個相對乾淨輕鬆的環境，保護著自己手下的兄弟姐妹們往前衝。

第二件事，其實是幾乎同時發生的幾件事情，都與人有關，所以在我看來是同一件事。

當時出了這麼幾個Case（案例），我處理得比較成功，得到了兄弟姐妹們的真正認可。

一個是當時我有個女計畫經理，她在我去之前跟那個美籍印度老闆關係不錯，我剛去那公司不到幾天，她就去找我說，讓我給她升職、漲工資，不漲她就辭職，還說我的老闆也同意了。

我後來不但沒有給她漲一分錢的工資，我還告訴她，如果她要走，我就請她吃飯，送她上路。

與之相反的另外兩個經理，一個也是個女生，也是管計畫的，還有一個小伙子，是當時我的四個採購經理之一。我主動給他們走特殊審批管道漲了工資，因為當HR（人力資源）把他們的工資單發給我的時候，我發現他們的工資明顯低於同級別的人，而且我感覺他們幹得還不錯。事後我才知道，我的那個前任，過去幾年一直是只給他的親信漲工資，而他們兩個明顯不屬於那個派系。

接下來是我的一個採購員，我在深圳開會的時候聽說她被生產部的一個經理給罵哭了，那個人說她拿回扣，而其實那個採購員是我去了之後剛面試進來的，怎麼可能拿回扣？我打電話給那個生產經理，讓他給她道歉，他不幹；我打電話給他老闆，那個管營運的台灣籍VP（Vice President, 副總裁），竟然說我是小題大做！我就直接把他們給捅到全球HR及我的、他們的老闆的老闆那裡了，他們最後不但道歉了，還請我的採購員們一起去吃了一頓西餐。

從那之後，我們的整個部門在那公司算是直起腰來了，儘管還沒有做到像模像樣，但那個時候，我的一個小計畫員都可以去鳥那些生產經理、甚至是總監們，那個團隊總算是有點進步了，只可惜後來因為種種原因，我不久就離開那個公司了。」

成銘喝了一口茶，接著說：「我要表達的意思是，供應鏈管理因為客

觀上是個鏈條管理，你不可避免地要跟很多人打交道，如果你『管』不好他們，你再懂ERP，再懂流程，可能也不會產生根本性的改善效果。這裡的『管』人，包括前面，我都加了引號，作為供應鏈管理的老大，你不僅僅要管好自己的人，你還要管好其他人，尤其是企業內部與供應鏈管理有直接接觸的銷售、生產、工程、品質等，還有你的老闆，否則，他們就很有可能掐死你和你的供應鏈管理團隊，而這，就是藝術的部分。」

「看來我們離老闆的要求還差得遠啊。」Simon說。

成銘說：「我這幾個月發現，你們這些當經理的，嚴格來講的確還差一截，你們做事還馬馬虎虎，但管人的部分明顯還有待提升。Simon你還記得嗎？那次停線，你讓我師兄王杰換線，他就是不換，對不對？」

「記得啊，老闆，以前這種事情經常發生的，」Simon說，「每次幾乎都鬧到吳總那裡去，您來了之後，我們就再也沒有麻煩過吳總。」

成銘說：「不僅僅是吳總，也不需要到我這裡，甚至都不需要到你跟Lawrence那裡，我的要求是，你們手下的生產計畫員就要能夠搞定那個老黑！還有那個銷售總監陳強！」

Lawrence說：「老闆，老黑真有點怕您了，他手下的王杰、老田也都比較服您，但銷售那個陳總不好搞啊！他是公司的元老，連吳總都讓他三分呢。」

成銘說：「沒關係，我的下一個目標就是徹底打服老陳！但你們要給我爭氣啊！」

Lawrence說：「老闆，您放心，我們是您堅強的後盾！」

老李說：「Lawrence這小子就是沒腦子啊，你是老闆的後盾？老闆才是我們的後盾嘛！」

成銘哈哈一笑：「老李就是會說話，散會！」然後成銘告訴Lily：「你告訴小孫，一是以後這個會需要加上小佟跟Lillian，二是這個會以後要縮短到兩個小時以內，以後週三下午你們就自由了。」

28
終於過了實習期

下午剛上班，成銘就接到 HR 經理 Susan 的電話，說是下午看他什麼時候有空，能否到她辦公室去一下？

成銘說：「Susan，你開會要有計畫，我這本來是每個週三都是一天的供應鏈管理務虛會，今天剛取消了下午的會，你就找上門來了？」

Susan 就在電話裡咯咯地笑道：「你愛來不來！不來你可別後悔！」

成銘說：「有這麼嚴重啊？那我一會兒就去你那裡吧。」

成銘走到 B 棟樓下，剛點上一根菸，就碰到 HR 管薪酬的小宋。

小宋老遠就喊：「成總，您得請客啊！」

成銘就莫名其妙：「請客？請啥客？你請我啊？」

「我請你也行啊，成總。」小宋說。

小宋是個小美女，笑起來模樣很好看，成銘有心想逗逗她，說：「真的？你請我？那咱倆現在就走唄？」

小宋說：「現在不能走啊，走了就耽誤您老的好事了。」

成銘一聽「好事」兩個字就有點想入非非，但想想人家小宋是這麼天真的小姑娘，自己肯定是想多了，於是就笑嘻嘻地問：「我的好事？什麼好事？」

小宋揚了揚手中的資料夾說：「就是這個！Susan 讓我去找吳總簽字，您的轉正申請表！」

成銘就明白 Susan 找他是啥意思了，不過心裡還是罵了一句，應該早

點給我結束實習期才對嘛！

　　但他還是對小宋笑笑說：「那你趕緊去吧，抽空我帶你泡吧去！」

　　小宋笑嘻嘻地伸出一根雪白的小手指：「真的啊，成總？勾勾手！」

　　成銘把菸一扔，說：「勾什麼勾啊？我去找 Susan 了。」說完扭頭就進辦公樓了。

　　Susan 見成銘來了，忙讓成銘坐。

　　成銘說：「我不坐著那我還站著啊？」說著自己就坐下了。

　　Susan 就說：「你這人，真是的！怪不得別人說你不知道好歹呢！」

　　成銘說：「誰說的？我打斷他的狗腿！」

　　Susan 說：「你看看，張口就罵人，還總說自己是個有禮貌的人呢！」

　　成銘就說：「大妹子，我忙著呢，你找我到底啥事？」

　　Susan 說：「明知故問！我剛才可看見你跟小宋嘻嘻哈哈地，好像還要勾勾手什麼的。」

　　成銘嘿嘿一笑，說：「就是聊聊，也沒什麼。」

　　Susan 就說：「那你還想繼續做嗎？」

　　成銘說：「有沒有給我漲一點啊？」

　　Susan 說：「漲了！我們 HR 建議給你漲 15%，結果咱們 CFO Johnson 建議吳總給你漲 30%！你這下滿意了吧？」

　　成銘說：「那你們 HR 要是當初建議給我漲 25%，那現在不就是 50% 了?!」

　　Susan 就嘴一撇：「想得美！」

　　成銘說：「看到你，我就美！」

　　兩人正說著，小宋敲門進來了，說吳總已經簽字了，然後就問成銘什麼時候兌現？

　　成銘拿過新的工資單一看，的確是漲了 30%，心裡還是比較高興的，但嘴上說：「兌現什麼？」

　　「請我們泡吧啊，成總，你不是剛才還在外面跟我講好了的嘛！」小

宋就拽著成銘的手臂一邊使勁地搖，一邊嘟囔著，「您怎麼這麼健忘啊！」

成銘就說：「好吧好吧！抽空我把你們HR的美女們一鍋端！」

說完，拿著工資單就走了。

29
遇到麻煩了

　　回辦公室的路上，成銘接到銷售總監陳強的電話，成銘問：「老陳，什麼事啊？」

　　陳強聽起來火氣很大，問成銘：「你在哪裡？怎麼不在辦公室？」

　　成銘說：「您老是吃錯藥了吧？我在不在辦公室還需要跟你匯報啊？」

　　陳強說：「你小子先別跟我踐！你有麻煩了！趕緊回來吧，我在你辦公室等著呢。」

　　成銘一聽這事還挺嚴重，但走到辦公樓下，轉念一想，他老陳能有啥事？還不又是催貨？不管他！先抽根菸再說。

　　剛點上，電話又響了，成銘一看還是老陳的，直接就掛斷了。

　　電話又響，成銘以為還是陳強，心想煩不煩啊？連根菸也不讓人好好抽？剛想對著電話罵，結果一看，吳總打來的，成銘就深呼吸了一口氣，平靜下來說：「吳總，您找我有事？」

　　吳總說：「成銘你在哪裡？Susan說你已經從她辦公室走了？」

　　成銘說：「是啊，老闆，我這不是剛從Susan那裡拿了您給批的新工資條，正要打個電話謝謝您呢。」

　　吳總說：「成銘啊，你也不用謝我了，我得謝謝你才是啊！」

　　成銘說：「老闆，您怎麼那麼客氣呢？我做好工作是應該的嘛！呵呵！」

　　吳總說：「你趕緊回辦公室吧，老陳在那等著你呢，你要是把這件事給我擺平了，我真要請你好好喝一頓！」

　　說完，吳總也不等成銘回答，就把電話掛了，搞得成銘有點莫名其妙，這吳總是不是也吃錯藥了？什麼事驚得他老人家這麼緊張兮兮的？

　　但成銘還是堅持把菸抽完，然後慢慢走上樓，剛邁上幾個台階，就聽見小孫在樓上喊他：「老闆！您可回來了！快點上來吧！」

　　成銘就跟小孫開玩笑說：「怎麼了？辦公室失火了？」

　　小孫緊張地說：「那倒沒有，就是陳總在你辦公室裡面發火呢，正在罵Lawrence他們呢！」

　　成銘笑嘻嘻地說：「又不是罵你，看你嚇成這樣！」

　　小孫說：「哎呀老闆啊，那個陳總發火很可怕的！整個辦公樓都能聽見！」

　　成銘說：「走吧，沒事，估計是昨晚跟他老婆吵架了。」

　　小孫說：「老闆，您還有心思開玩笑。」

　　成銘就說：「不就是個陳強嘛?!」

　　果然，成銘的辦公室關著門，但陳強罵人的聲音還是從裡面源源不絕地傳了出來。

　　成銘心裡火也上來了，心想，你跑到老子這裡罵人！這是你罵人的地方嗎？

　　小孫把門一推就閃人了，成銘看見Lawrence、Simon、王小兵三個坐在那裡老老實實的，而陳強則在他辦公室的白板上一邊寫，一邊敲得牆噔噔地響，嘴裡還在大聲地說著什麼。看見成銘進來了，Lawrence他們趕緊站起來，陳強也不搭理成銘，還要繼續講，成銘就說：「老陳，你跑到我這裡發什麼飆啊？」

　　陳強就說：「我問你，是誰讓你把客戶的預測砍掉三分之一的？」

　　成銘到自己椅子上坐下，不疾不徐地問：「你說哪個客戶的哪個預測？」

> Sales & Operations Planning（銷售與營運計畫）

> 連接市場、客戶需求與供應、財務

> 一個數字流（one number flow）、一個目標（one objective）、一個組織

S & OP——前看看（S：銷售），後看看（O：營運、供應鏈），中間做判斷

　　Lawrence 說：「老闆，就是美國那個客戶的新產品 VIC，上週您跟我們開 S & OP（Sales & Operations Planning, 銷售與營運計畫）會議的時候，不是說要我們把近兩個月的預測砍掉三分之一跑 MRP 嗎？現在客戶從供應商那裡得到這個消息，他們投訴到吳總那裡了。」

　　成銘說：「噢，我想起來了，對啊，有什麼問題嗎？」

　　陳強說：「成銘你是真傻還是假傻啊？」

　　成銘說：「老陳，你別給臉不要臉！有話好好說，跑我這裡發什麼火？再說了，我的手下，輪得到你罵嗎？」

　　陳強用手指著成銘說：「算你狠！現在客戶都投訴到吳總那裡去了，我看你怎麼給客戶解釋！」

　　成銘說：「我解釋啥啊？那客戶是吃飽了撐著沒事幹吧？幹嘛要投訴我？這不是存心想讓我過不了實習期嘛！」

　　「哈哈哈！」陳強反而讓成銘給氣樂了，竟然哈哈大笑起來，說：「成

銘啊成銘，就你這德性，你還想過實習期啊？做夢去吧，你！」

成銘嘿嘿一笑，說：「老陳，還真讓你給說中了！我這實習期還過了！」說完，成銘把那張工資單往桌上啪地一拍，「不信你自己看啊？」

又一想，不成！那工資要保密啊！趕緊去抓，沒想到陳強的手比成銘更快，一把就把工資單給抓過去了！陳強快速地掃了一眼，又扔給成銘，然後就又哈哈大笑！

大家都被陳強給笑得莫名其妙，陳強就說：「吳總這麼聰明的人，也有看走眼的時候啊。」

成銘知道他說的意思，也不生氣，就對陳強說：「老陳啊，做人一定要厚道！」

陳強說：「是個人就比你這流氓厚道！」

成銘說：「做人一定要有禮貌，像你這樣的人也就配做個三陪啊，呵呵！」

陳強說：「說正事！你還沒有回答我的問題呢！」

成銘裝作不解：「啥正事啊？」

「你給客戶砍單啊！」陳強又恢復了怒氣，「你知不知道，對這個產品，我們吳總跟客戶的CEO可是立下軍令狀的，絕對不允許缺貨！你把人家每週400K（40萬）的預測給砍到了250K，你不是找死嗎?!」

成銘說：「老陳，我告訴你，第一，預測不是訂單，所以，不存在所謂砍單的問題；第二，這個產品的NPI（新產品導入）階段剛結束，貨也剛開始小批量地出，到目前為止你看到我給客戶出不去貨了嗎？」

陳強說：「那倒是沒有，但你將來會出問題的。」

成銘說：「咦！老陳，你又不是神仙，你怎麼這麼肯定我將來會出問題？」

陳強說：「你不要嘴硬！這個產品我們雙方都是很看好的，在市場上一定會紅的！」

S & OP 判斷的信心

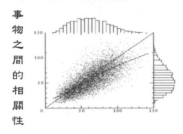

事物之間的相關性

是人就不是狗

前提：平常不做作常不行

最終：不做決定，就不要吃這碗飯

不歸我管。

職能部門

看你啦！爸爸

　　成銘說：「你看你老陳，我剛說了你不是神仙，怎麼又把自己當神仙了？我親自分析過你過去幾年的預測及歷史出貨情況，你好像沒看走眼的時候很少？」

　　陳強說：「那都是過去式了，眼前這個產品我們看得絕對準！」

　　成銘說：「那我問你，你兒子跟你長得像不像？」

　　陳強說：「你扯什麼啊！怎麼又扯到我兒子身上了？」

　　成銘說：「你看這樣行不行？你今晚回家再仔細端詳一下你兒子，明天告訴我你兒子到底哪個地方跟你像。譬如，他是否也長著一雙跟你一樣的賊眉鼠眼？還是嘴巴長得像你，跟個大喇叭似的！」

　　陳強指著成銘對 Lawrence 他們說：「你們跟了這麼個老闆！從來就沒個樣子！」

　　王小兵他們都憋著不敢笑。

　　成銘就很認真地說：「老陳，其實我是在告訴你一個真理，那就是關於預測判斷，預測管理學上有個錯誤的假設，那就是將來要發生的事情，

跟過去已經發生的事情，它是有一定的連續性的，我仔細地研究過這個客戶的歷史，你們說的每週400K，我告訴你，那種可能性幾乎為零！」

陳強的口氣就有些軟了，說：「成銘，我告訴你，那萬一發生了呢？」

成銘就說：「老陳啊，您老的意思是您兒子跟您一點都不像？」

30
高庫存永遠伴隨著高缺貨

「我沒那麼說！」陳強有點心虛地看著成銘。

成銘說：「我沒見過你兒子，但他跟你一點都不像的可能性也是存在的。」

陳強指著成銘對王小兵他們搖搖頭。

成銘說：「實際上這種可能性應該不是很大，只要你兒子確實是你兒子，呵呵。但針對你說的400K，我甚至都後悔讓他們連續8週放250K的主生產計畫，但是，我不想改了，目的是讓供應商均衡生產。」

陳強說：「你跑250K每週的MRP，但如果客戶在某一週甚至是連續幾週都是400K，你怎麼辦？」

成銘說：「我跟你解釋你也不會懂，不過看在你還算謙虛的份上，再加上我的手下都在，我跟你講一下什麼叫『高庫存永遠伴隨高缺貨』。」

喝了一口茶成銘接著說：「高庫存永遠伴隨著高缺貨，這是毫無疑問的。具體表現在，越是庫存周轉率低（庫存越高）的企業，客戶服務水準，也就是給客戶的及時出貨率越低，給客戶的訂單反應周期也越長，客戶也就越不高興。老陳你仔細想想，我們過去的庫存周轉率那麼低，庫存是很高的，但我們的承諾及時交貨率（OTDC, On-time Delivery to Commitment）呢？只有90%不到，對不對？」

陳強說：「這個我知道，OTDD（On-time Delivery to Demand, 針對客戶原始需求的達成率）只有40%還不到。」

成銘說：「你腦子還算管用，但你知道為什麼會出現這種奇怪的現象嗎？道理其實很簡單，因為你們過去不懂得庫存控制。」

陳強說：「過去我們不控制庫存，還出不去貨呢，你現在一控制，那不是更完蛋？」

成銘說：「錯！大錯特錯！首先，及時出貨與庫存水準是矛盾的，而矛盾的意思就是『對立統一』。你要及時出貨，你就必須持有合理的庫存結構；你要降低庫存，如果你不能及時出貨，你整天缺料，你怎麼可能降低庫存呢？所以，及時出貨與庫存是既對立，又統一的，二者相輔相成，結果就是你高庫存，伴隨著高缺貨；高缺貨，導致高庫存。」

陳強一咂嘴，說：「嗯，似乎有些道理，我也一直在琢磨這件事。」

成銘說：「就你這腦子，想破了頭，你也琢磨不明白！」

陳強說：「你繼續說。」

成銘說：「平衡這個矛盾的根本手段就是庫存控制，這也是整個需求與供應鏈管理的根本任務——既要保證及時出貨，又要降低庫存，持有合理的庫存水準。而要達到這種境界，沒有別的捷徑，只能透過梳理需求與供應鏈管理流程（P1rocess），設計合理的供應鏈管理組織架構（P2eople），確定需求與供應鏈管理的指標體系（P3erformance），最終透過優化供應鏈庫存結構，並將其固化到 ERP 及相關資訊系統（IT）來實現。」

王小兵對陳強說：「的確是這樣的，陳總，我們成總這幾個月一直在忙於梳理流程，並安排 Lawrence 他們開始設計新的組織架構，尤其是計畫部門，我們老闆一直認為，計畫是供應鏈管理的核心。」

「是的，」Lawrence 說，「研究過我們老闆的書，我們初步準備把計畫分成需求計畫、生產計畫、採購計畫及庫存計畫四個大的部分。」

「需求計畫？」陳強好像很敏感，「需求是我們銷售在管啊！」

成銘嘿嘿一笑，說：「陳強同志，你根本就不懂什麼叫需求管理。」

陳強說：「成銘，我幹了半輩子銷售，我怎麼不懂需求管理？客戶的訂單、預測不都是我們拿回來的？」

成銘說：「是你拿回來的，這沒錯，但那不是需求管理，最關鍵的問題是你不該改客戶的需求，我是指原始需求，」成銘頓了一下說，「尤其是在客戶預測的基礎上加加減減的，搞什麼內部銷售訂單！我現在要做的第一件事就是成立我們自己的OM（訂單管理）部門！」

「成銘，你們這不是要取代我們的工作嗎？」

成銘說：「不是！你放心，你們的銷售工作，我不感興趣，銷售商務問題我一概不碰，我所說的是必須要有供應鏈自己專門的需求管理部門，主要是從時間、數量角度，它是與你們銷售的接口。說白了，我們不能被動地接單，我們需要主動出擊，第一時間接觸客戶原始的訂單、預測，並經過我們自己的數據分析、挖掘（我搞的PLC分析，產品生命周期管理分析模型），然後跟你們共同制訂主生產計畫（MPS），也就是供應計畫，目的就是要盡可能地做到『以不變，應幾變』，減少生產、採購、物流計畫的改變次數與幅度，在提高庫存周轉率的同時，提高客戶服務水準。」

陳強說：「那不是多此一舉嗎？你的前任、甚至是前任的前任都是按照我們給的預測、訂單跑MRP的。」

成銘說：「我知道，這就是他們為什麼讓客戶，包括你們銷售都不滿意的地方，我至少聽說，我的前任就是讓你們給逼走的？」

陳強說：「話不能這麼講嘛！」

成銘說：「是的，事兒就是這麼個事兒，話不能這麼講。但我有句話，那就是，不管需求，你還做什麼供應鏈管理？因為業界似乎一直有一種誤解，那就是供應鏈好像只管『供應』的事情，至於需求，那是銷售要去管理的事情。需求天天變，客戶或者銷售的預測就是扯淡的，訂單也可以改，於是，很多做供應鏈管理的就找到了藉口，這是銷售要解決的問題，與我無關。」

「對！」陳強說，「你的前任一旦出不了貨，就抱怨我的預測不準確，好不容易把貨發出去了，就說這是你們供應鏈努力的結果。」

成銘說：「如果是這樣的話，他走就是應該的了，包括這個供應鏈管

理部也可以取消了。」

「為什麼？」陳強很認真地問。

成銘說：「傳統的供應是指採購，然後再加上生產，甚至是物流。然後隨著概念的深入，人們把過去的供應部、處，都改成了供應鏈管理部，好像一下子就與時俱進了。這其實是對供應鏈管理的一種侮辱，因為，真正的供應鏈管理，是從需求的管理開始的，沒有需求的管理，就沒有供應鏈管理。」

陳強說：「願聞其詳。」

成銘說：「你知道S & OP（銷售與營運計畫）這個流程嗎？」

陳強說：「好像聽說過。」

成銘說：「這個所謂的S & OP流程，講的就是如何透過這個流程把銷售與供應鏈串起來，而且事實證明，那些實施S & OP成功的企業，基本上都是由供應鏈管理部門來主導這個流程的。當年我在IBM的時候，他們把供應鏈叫作ISC（Integrated Supply Chain, 集成供應鏈管理），體現的一個重要思想也在這裡，需求與供應的集成。後來IBM把我們賣給一家芬蘭公司，我們那個供應鏈總監是個學院派，人稱Professor（教授），他老人家有很多先進的供應鏈管理理念，我們基本上都聽不懂，也無法落地，但他給我們取了名字叫D-SCM（Demand-Supply Chain Management），需求與供應鏈管理，也算是有點東西落了地，至少我們的名片是這麼印的，儘管主生產計畫還是在各個產品線的客服那裡糊裡糊塗地做。」

「有點意思。」陳強說。

「預測永遠是錯的，客戶的訂單也是可以修改的，」成銘說，「儘管我們說，計畫永遠沒有變化快，但這不是頻繁地修改作業計畫的理由，這其實是個供應鏈計畫管理的水準問題。沒有人敢保證自己的計畫永遠不變，但關鍵是看你怎麼變，需求一有風吹草動，你的計畫就跟著變，那就不叫計畫了，那是馬後炮。所以我說，『儘管預測永遠是錯誤的，但這並不排除你可以做出一個相對正確的判斷』。而恰恰這個判斷，是很多公司的供

應鏈管理部門所缺乏的一種能力，因為這需要跟銷售、客戶、生產、採購、供應商的整體協同，這是需要做大量的數據分析、基礎管理工作的。」

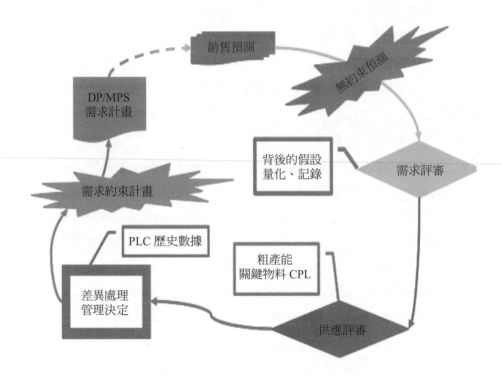

陳強說：「那你能不能講的再具體一點？譬如說給我們個竅門或者具體的方法之類的，讓我們很快就學會？」

成銘說：「老陳，第一，做供應鏈管理，投機取巧是不成的，這種想法很有害；第二，供應鏈管理，一半是技術，一半是管理。即使我寫的書《製造業庫存控制技巧》，也不是純技巧，而是需求與供應鏈管理一連串流程控制點的集合。這兩年服裝業的庫存問題一直很多，典型的如美邦、凡客誠品、李寧等，我在不同場合參加過很多討論。他們上了很多 IT 系統，應該說在供應鏈管理方面投入很大，包括提高需求的透明度，但為什麼庫存還是居高不下？說白了，那還是一個需求與供應不匹配的問題，也是一個供應鏈管理的判斷與決策能力問題。都說最終的業績來自於流程、

組織、IT 的輸出，但其實流程、IT 很簡單，隨隨便便找個管理諮詢公司就可以照貓畫虎，搞起來不難，就那麼點破事兒，但供應鏈組織的決策與判斷能力，那才是最關鍵的，說白了，那還是人的問題。」

陳強有些不屑地說：「那您的意思是您的水準比別人高？吹吧你！」

成銘說：「那是你說我水準高，我自己向來是很謙虛的。」

哈哈哈！陳強大笑：「見過無恥的，沒見過像你們老闆這麼無恥的！對不對，小兵？」

王小兵笑笑，沒敢吭聲。

成銘也不生氣，繼續說道：「供應鏈管理是從需求的管理開始的，這個管理，其實不是別的，就是對整個需求與供應的決策與判斷力。而決策與判斷，其實也是一種預測，是預測就會錯，但這沒有關係，關鍵的問題是你敢不敢去犯錯誤，是不是善於犯錯誤，錯了多少，錯在哪裡，一個不敢犯錯的供應鏈管理組織是沒有存在價值的。」

陳強說：「成銘，你講的好像有點道理，但問題是，在客戶這個主打產品上你如果犯了錯誤，那你就滾蛋好了！」

成銘說：「老陳，我算過了，我滾蛋的機率低於2%。」

陳強說：「咦？你連這個都能算出來？」

成銘說：「是的，甚至不到2%。」

陳強就很好奇了：「怎麼說？」

成銘說：「我知道這個客戶是我們的大客戶，也知道這個產品他們自己很看好，這沒有問題。但是，我親自做了大量的數據分析、判斷，你們過去給這個客戶的OTDC只做到了95%左右，我基本可以確定，除非出現嚴重的品質或工藝問題，否則，我們OTDC做到98%左右，OTDD在70%以上，應該問題不大。」

陳強說：「如果你們真能做到這種程度，客戶一定會閉嘴的。」

成銘說：「你怎麼敢罵客戶？」

陳強說：「我的意思是他們肯定會很高興！」

成銘說：「你回去告訴客戶，做不到，老子辭職！」

陳強說：「你辭職也沒用！公司的損失可就大了！你到現在也沒有告訴我你怎麼能做到你說的？」

成銘說：「我跟你說了你也不懂，你還是沒事研究一下我的《製造業庫存控制技巧》。但有一點我可以告訴你，經過我的研究分析，我發現這個客戶的最大好處是，各個產品的需求儘管波動很大，但基本上是連續的，這就好辦！我們已經針對這個產品的專用物料設置了不同的緩衝庫存策略，並修改了幾顆料的採購模式，從VMI（Vendor Managed Inventory，供應商管理庫存）改為PO採購，就是怕他們在關鍵的時候掉鏈子。同時，對於關鍵物料清單（CPL, Critical Parts List），我也親自跟相關的供應商做過反覆的產能類比，交付彈性問題不大。」

王小兵說：「老闆安排我親自盯著那幾家關鍵的供應商，陳總你就放心吧！」

陳強說：「你們這麼說我還真有點放心了。」

成銘說：「你可以把我說的告訴客戶，如果需要，我親自做兩頁PPT發給你，你轉給他們，除非客戶對供應鏈管理狗屁不通，否則，他們會接受的，他們最終要的不是我怎麼跑MRP，他們要的是及時交付！況且，如果我們真的產生了大量的呆滯死庫存，他們能逃得了嗎？」

陳強說：「那是，羊毛出在羊身上嘛！」

成銘說：「老陳，你比我想像的要聰明一些。」

陳強說：「那就看你們的表現了，走，下去抽根菸吧，」然後對王小兵他們說，「對不起啊，兄弟們，我剛才失態了，請兄弟們原諒。」

成銘說：「客氣就免了，要不你晚上請我們喝頓大酒，給兄弟們壓壓驚？」

陳強說：「也行！你小子來了這麼長時間，我還沒請過你呢。」

31
第一泡尿很重要

晚上陳強又喊了幾個銷售經理，成銘則是帶著王小兵、Lawrence、Simon、老李等人一起去喝酒。

到了飯店一坐下，陳強就說：「成銘，聽說你喝啤酒很厲害？」

成銘說：「產能一般。」

陳強說：「這樣，我們打個賭，你看怎麼樣？」

成銘說：「有屁你就放！」

陳強說：「咱們從現在開始喝酒，就喝啤的，我跟你打賭，他們都不算，咱們也不論杯，也不論瓶，就看誰先去撒第一泡尿，你說怎麼樣？」

成銘說：「先憋不住的就埋單嗎？」

陳強說：「聰明！」

成銘說：「那今晚的單你埋定了！」然後告訴服務員，青島啤酒，一上一打，要冰的！

菜還沒上來幾道，成銘跟陳強就一人差不多五瓶了。

陳強好像有點坐不住了，但還是裝作很沉穩的樣子，自個兒點上一根菸，問成銘：「你還憋得住？」

成銘也點上一根說：「老陳啊，我告訴你吧，喝啤酒啊，第一泡尿很重要！非常重要！我一般是喝到7瓶左右才撒第一泡尿，然後輸入、產出就比較均衡，基本上就是一瓶啤酒一泡尿了，呵呵。」

說完，成銘拿起啤酒又喝了一大口。

陳強說：「不可能吧？7瓶？小兵你是老實人，你老闆說的是真的嗎？」

王小兵就嘿嘿笑，Simon就說：「真的，陳總，我們幾乎每次跟老闆喝啤酒，他都是這樣的。」

陳強一聽，說：「看來我必須埋單了！我是憋不住了！」說完抬腿就往廁所跑。

成銘就對陳強手下幾個銷售經理說：「都說你們陳總很能喝，就這水準也能幹銷售？」

其中一個銷售經理就笑著說：「成總，您老真是海量啊！不愧是青島農民！來我敬您一杯！」

成銘哈哈大笑，說：「回來喝，回來喝！我早就憋不住了！」說完也往廁所跑了。

成銘剛一拉門，陳強就從廁所出來了，就問成銘：「你幹嘛去？」

成銘說：「跟你一樣，快閃開！」

一屋子人大笑不止，陳強就罵了句：「還真是流氓！」

成銘回來後，就問陳強：「還喝？」

陳強說：「繼續！」

成銘說：「好吧，反正是你埋單。」然後告訴Lawrence，「去！下去弄個龍蝦刺身上來嘗嘗！」

Lawrence笑嘻嘻地看著陳強，陳強說：「龍蝦太貴，不實惠！弄個三文魚刺身下酒就可以了。」

Lawrence起身要下去，成銘就說：「Lawrence，誰是你老闆啊？」

Lawrence站在那裡尷尬地摸著頭。

成銘說：「你小子還真不靈啊！Simon！你倆一起去！就是龍蝦！我來的時候就看到缸子裡有那種大個兒的澳洲龍蝦，快去！」

陳強就搖搖頭說：「我這不是沒事找事嘛！去吧！去吧！來！咱們接著喝！」

成銘就說：「老陳啊，我早就聽說你們這些銷售啊，沒事天天陪著客戶吃龍蝦，都吃膩了，是吧？」

陳強說：「你以為我願意吃那玩意兒啊？那還不是為了替你們供應鏈擦屁股！」

成銘就說：「你啊，身在福中不知福！不過呢，我跟你說，你以後啊，沒事就多請我吃龍蝦吧，我願意吃！而且你跟我吃飯，輕鬆啊，你跟客戶吃呢？多說一句，少說一句的，多沒勁啊，是不是？」

陳強說：「你只要給我保證及時交付，我就天天請你吃龍蝦！」

成銘就說：「大伙兒都聽見了吧？保證我談不上，但OTDC達到98%以上，這個我不出半年，絕對做到！你也不用天天請我，我還要陪老婆孩子呢！以後你就一週請我一次吧！」

陳強說：「老成，你如果做到了98%，我也敢保證每週請你吃一次龍蝦刺身！」

成銘說：「就這麼說定了！兄弟們，乾！」

陳強就點上一根菸說：「你還真別說，成銘，我發現你小子跟你前幾任供應鏈總監還真不一樣。」

成銘就問：「怎麼不一樣？」

陳強說：「就憑你前一陣群發的那個『開會不及時一定有問題』的郵件，我就感覺出你小子跟別人不一樣！甚至吳總都有點佩服你，有一次開玩笑跟我說，你小子那個郵件就是罵他的！」

成銘說：「我這是習慣，給你講個故事你就知道我的個性了，當然，也可能是我的職業病。有一次，一個朋友約我喝酒，說好了晚上6點，我訂的地方。結果我晚上5點55分準時到的，還沒坐下，他就給我發短信，問我這裡有地鐵站嗎？我直接回電話，問他到哪了？他說他還在華強北！我心悲涼，但還是告訴他怎麼走。結果，我自己喝了3瓶啤酒，已經7點多了，他還沒到，我發短信給他讓他直接回家去吧！我們沒有必要再見面了！他回電話說，他錯了向我道歉，他還沒到XX站呢！我告訴他，向別

人道歉實際上就是侮辱別人！連吃飯、喝酒都不能及時到達，他這種人還可信嗎？」

「連跟朋友吃飯都不能及時赴約的人，怎麼可能做到給客戶On-time Delivery（及時交付）呢？您跟我道歉？對不起，我不接受啊！道歉有『神馬』用?!您還是供應鏈總監呢！滾回家去種地吧！當農民都當不好的！」

「我當時就把這個朋友納入黑名單了！」

陳強就說：「需要這樣嗎？你是不是有點小題大做了？這朋友，說斷交就斷交了？」

成銘說：「是的，兄弟。儘管我交朋友從來不挑剔，只要哥們兒看得起我，我三教九流，什麼朋友都交，什麼朋友都有。但問題是，我對朋友有個淘汰機制，不是看他（她）是否有錢，有多高的社會地位，也不管他對我的生意、職業是否有用，我只看一個東西，那就是人品。」

「哥哥啊，吃飯來晚了，那就是『人品有問題』啊？有，有那麼嚴重嗎？」陳強有點結巴了。

成銘說：「這很嚴重。往小處說，這是個禮貌問題，對別人的尊重問題；往大處說，這是會影響個人行為的問題——我自己有很深的體會，跟這樣的人吃了幾次飯，幾乎每次他都遲到，時間長了，我也想遲到了！還好，我一直堅持不遲到！但長此以往，難保不會受其影響。這是一件很可怕的事情，所以，我決定跟他斷交。而且我敢斷定，雇他當供應鏈總監的那家企業一定也是不怎麼樣！」

陳強說：「哎哎，你還真說對了！你那幾個前任就這德行！每次我們一起坐班車回家，總是他們幾個遲到！有時候還裝模作樣地一手提著電腦包，一手端著一台筆電上車，好像多忙似的！」

成銘說：「那是瞎忙啊！忙來忙去，庫存一團糟，交付還做不好。」

陳強說：「有道理！我有點信你了！」

成銘說：「你慢慢地信吧！以後別沒事就跑到我們那裡去催貨，多花

點時間了解一下客戶的真實需求比什麼都強。」

陳強說：「那不是被你們逼的嗎？」

成銘說：「可不是我逼你，是你自己逼自己，你們那是惡性循環，你越是把精力放在催貨上，你就越沒時間去了解客戶的需求，你越不了解客戶的需求，我們供應鏈管理就越被動，貨就越出不去。」

「還真是這麼個道理。」陳強喝了一口酒說。

「譬如我們打的這個賭，」成銘吸了一口菸說，「我說7瓶之後撒第一泡尿，還好，你不信，你問小兵，人家小兵是老實人，光笑，不吭聲，結果Simon說是真的，你就信了！你見過哪個中國人能喝七瓶啤酒不上廁所的？」

32
不要相信道聽塗說

陳強說：「還真是的！光聽說你能喝，就想當然地認為你說的是沒有問題了。」

「這就是問題所在！」成銘說，「你們幹銷售的人，不動腦子的多。2008年我在某外企做供應鏈管理總監，有一天，老闆突然打電話讓我去他辦公室。我很生氣，我平生最討厭的就是這種 Unplanned Meeting（無計畫的會議），但是沒有辦法，誰讓他是我老闆呢。我當時正在開會，問他我可以晚點過去嗎？他說越快越好，我就認為是急事。開完我的會，我就趕緊過去了。一到那裡，我就問他老闆什麼事啊，這麼著急？他說，聽說我們有一顆料有問題？我說您是指哪顆料啊？他說聽說有幾條產線都要停產了，你這個做供應鏈總監的怎麼還不知道啊？我說沒有人說要停產啊？他是聽誰說的？哪條線要停啊？他說我應該知道啊？我告訴他我真不知道，請他有話直說，我差點說他有屁就放啊！」

陳強說：「你小子就這毛病，瞧不起老闆！」

成銘說：「你聽我說！我那老闆說他聽說 A 項目後天要停產，有一個 MRT 的電阻有問題。我總算是聽明白了，我說是啊，但那是前天的事情了，問題已經解決了，我們找了第三家供應商搞定了啊！MRT 是我們的 Primary Supplier（優先供應商），近期出了點品質問題，我們的 Secondary Supplier（第二供應商）也沒有庫存，但我們的第三家供應商有貨啊，而且已經發過來了，不會影響我們後天的生產啊。我就問他到底是怎麼了？

他恍然大悟的樣子：『哦，原來是這樣啊？』我說：『老闆到底是怎麼了？您這麼勞師動眾的把我喊來，不會就是為這事吧？』『沒事了，沒事了。』我老闆就有點不好意思了。」

成銘點了根菸說：「我當時還是抓住不放，問他到底是什麼事。他說是那個叫Linda的銷售助理跑到他辦公室跟他說，後天要停產了，她負責的那個A項目可能出不了貨，所以來找他。」

我當時在心裡就罵了一句，這叫什麼事啊！

我問他您就是為這事兒急急忙忙地找我啊？

「是啊，」他說。

我說：「他這簡直是在侮辱自己跟我的智商啊！」

他說：「話怎麼可以這麼說呢？」

我最後是這樣告訴他的：

(1) 物料供應有問題是正常的，而且這種問題天天存在，否則，要我在這裡幹嘛？

(2) 如果這個Linda有什麼關於物料的問題，她應該直接去找我，或者找我的手下，而不應該直接過來找他！

(3) 如果我確實有解決不了的物料問題，我會第一時間讓她知道，這是我的職責。但是，我能解決的問題，我絕對不會麻煩她去做，否則，我就是失職。

(4) Linda作為銷售，她的主要工作應該是了解客戶的真實需求，進而幫助我做出更正確的MPS（主生產計畫）判斷，而不是擔心我的工作有什麼問題。

(5) 她直接過來向老闆『匯報』物料問題，既浪費了老闆的時間，也浪費了我的時間，同時也浪費了她自己的時間——她的時間可能不值錢，但老闆的時間值錢啊？對不對？我的時間呢？處理物料問題本身就是我的日常工作，但她一找您，我就得跟您解釋，物料問題本身就是我正常工作

範圍內的事，我憑什麼需要到處解釋呢？她浪費自己的時間無所謂，但她在浪費自己時間的同時，浪費了我們的時間，這可是個巨大的浪費啊！這就是精實生產所講的，浪費本身產生其他的浪費（Waste Itself Generates the Other Wastes）啊！

（6）如果我們這個龐大的組織裡面僅僅有一個Linda這樣做，也就罷了，大不了，我們幹掉她就是了，可問題是，她的這種行為會帶來巨大的不良影響啊！您想想，如果每個人或者很多人都這樣做，自己不務正業，有事沒事總喜歡跑到您這裡越級打小報告，這還得了？我們這些人，還怎麼工作呢？整天光去解釋都解釋不了了，還怎麼帶團隊？怎麼去打仗？

我老闆說，人家Linda也是好心嘛！提醒一下也不是不可以吧？偉人不是說過嘛，「有則改之，無則加勉」嘛！

我告訴他這是兩回事啊！有時候，無事生非跟「提醒」確實是難以區分！但是，這就是他為什麼是個「領導」啊！領導的職責是什麼？「遠小人近君子」！我們這些老百姓其實對他的要求不高，因為種種原因，他成了我們的老闆，他只要不是太糊塗就可以了，我們一直把他當佛給供著呢！也沒有人敢讓他老人家做什麼啊？他要是喜歡沒事找事，那這個公司不就亂了套嗎？

「你真敢講！」陳強有點佩服地看著成銘說。

「呵呵，」成銘笑道，「然後我那老闆就問我，他應該怎麼辦？」

「我說很簡單啊，以後再有人跑到他這裡胡說八道，他一槍把人斃了，不就完了嘛！」

「太厲害了！」幾個銷售經理同時舉杯說，「來，成總！我們共同敬您！」

成銘端起杯說：「兄弟們，我可不是含沙射影地說你們，不過你們也確實需要多動動腦子，別動不動地就拿著客戶嚇唬人。」

陳強說：「也是，有些客戶啊，芝麻大小的事也要捅到吳總那裡去，

搞得我們也很煩。」

成銘說：「什麼叫『客戶』？誰是客戶？一個看起來很簡單、愚蠢的問題，是吧？

其實不然！誰是我們的客戶？IBM的程先生？王小姐？

No！他們都是為IBM工作的。

程先生、王小姐的老闆Johnson Elbert？

No！他老人家也是受雇的，儘管他來自美國，來自IBM的故鄉。」

「那麼，按照你的理解，客戶是誰呢？」有個銷售經理問成銘。

「很簡單，」成銘說，「所謂的客戶就是一張紙！」

成銘喝了口酒說：「是我們與IBM之間的Agreement/Contract（協議與合約）。現實的問題是，我們很多人甚至大多數人真的是搞不清楚客戶是誰。我們經常聽到的話就是，『這是客戶說的！』『客戶要求我們這麼做，我們敢不這麼做嗎？』等等。」

「我的問題是，『客戶』讓你去死，你就去死嗎？客戶不是人，客戶就是一張紙。」

陳強豎起大拇指說：「千真萬確！客戶就是一張紙！來！為了這張紙，喝酒！」

成銘直接把杯中酒乾了，然後接著說：「我曾經在〈供應鏈管理，最怕的就是一窩子傻蛋！〉這篇文章裡提到一個真實的故事：按照協議，我們跟一個做塑膠的供應商約定：

- 採購提前期80個工作日；
- PO模式採購；
- 按訂單生產（Build to Order, BTO）；
- 預測只是為未來準備產能做參考。

結果等到產品EOL（End of Life, 產品生命周期結束）的時候，按照我們的算法，我們應該承擔大約3百萬美元的責任，結果供應商報給我們一千八百萬美元的呆滯責任，問供應商為什麼會買那麼多的原材料，做那

麼多的半成品，他們找出一個郵件說，是我們的採購員寫郵件讓他們按照預測提前備料的！

　　問題是，不用說那個採購員也已經離開公司了，即使沒有離開，我們又怎麼可能承擔這個責任呢？你就是打官司也沒用啊！這就是典型的例子，他們搞不清楚不知道誰是客戶！」

　　「嗯，」陳強對那幾個銷售經理說，「成銘說的很有道理，你們別整天東跑西跑的瞎忙，沒事要多研究一下咱們跟客戶的合約，遇到問題，首先要看合約怎麼說，而不是一味聽客戶講來講去的。」

　　「有進步，」成銘說，「當然，現實情況是，無論如何，這個『客戶』＝合約、協議，也是由自然人如程先生、王小姐等來代表的，這個生意也是由他們或他們的老闆來決定的。從這個意義來講，在不違背合約的前提下，聽他們的話，讓他們高興，伺候他們吃好、喝好、玩好，也就是應該的了，這就是你們銷售為什麼被人家笑稱為『三陪』的原因了。」

　　陳強喝了一口酒說：「是這麼回事。」

33

供應鏈管理的ASCK模型

第二天早上，成銘起床有點晚，沒趕上班車，但因為上午十點還約了Lawrence談話，所以胡亂吃了點東西，搭計程車去公司。

自從來到偉康公司之後，成銘已經陸陸續續單獨約談了供應鏈管理部主管以上的幾乎所有人，對於這個Lawrence，成銘一直覺得此人太浮，做事情總是飄在表面，而且一直想討好所有的人，見了誰都嘻嘻哈哈的。這怎麼行？Lawrence負責的是PCBA的計畫，這是供應鏈管理的一個要害部門，他下面有十幾個計畫員，俗話說，兵熊熊一個，將熊熊一窩，Lawrence要是熊蛋，那不僅僅是害了這十幾個計畫員的問題，而且害了整個供應鏈管理部的上百個人，甚至是整個公司。成銘一直想跟這小子好好聊聊。

回到辦公室，祕書小孫進來說：「吳總的祕書小林打電話問您今晚是否有時間，吳總想請您跟銷售總監陳強、CFO Johnson一起吃個飯。」

成銘說：「喝酒哪能沒時間？」

小孫說：「問題是經常有人約您喝酒啊，嘻嘻，您不是經常說您的產能是有限的嗎？」

「嗯，」成銘說，「看來小孫你進步很大，確實有些時候排不過來，我只好透過加班、趕場來增加產能，哈哈，你告訴小林，沒有問題，老闆的訂單要優先排產嘛。」

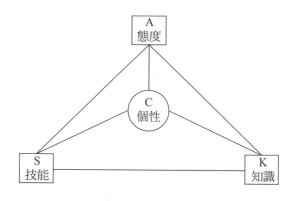

ASCK模型　＠版權所有：程曉華

　　小孫一出去，Lawrence就進來了，問成銘：「老闆，怎麼這麼高興？」

　　成銘說：「坐吧，Lawrence，我見到你就高興，今天找你來就是閒聊，想聽聽你對我的一些意見和看法。」

　　Lawrence說：「老闆，我對您沒有意見。」

　　成銘說：「你這小子，不是我說你，就喜歡做老好人。」

　　Lawrence笑了笑沒有吭聲。

　　成銘說：「Lawrence，你真的對我一點意見都沒有？」

　　「沒有，真的沒有，老闆，跟著您學了不少東西。」

　　成銘說：「你不說，我說。你知道有個ASCK（Attitude, Skill, Character, Knowledge, 態度，技能，性格，知識）供應鏈管理能力模型嗎？」

　　Lawrence說：「沒聽說過。」

　　成銘說：「當年IBM把我們賣給一家芬蘭公司，整合期間，這個芬蘭公司的CEO讓我負責在北京的兩家工廠的供應鏈管理工作。有一次我跟他們的HRD（Human Resource Director, 人力資源總監）吃飯，那傢伙說我供應鏈管理能力有欠缺。我問他依據是什麼，他就給我現場畫了一個三角形，並寫了三個字母，叫所謂的ASK，A是Attitude態度，S是Skill技能，K是Knowledge知識。」

「原來 ASK 是這個意思啊，老闆。」Lawrence 說道。

成銘說：「你先聽我講完。那個 HRD 跟我說，他早就看過我寫的關於供應鏈管理方面的文章，他說我應該不缺供應鏈管理知識，我的經驗跟技能也應該不錯，此前也在機械行業做了多年，又在 IBM 混了幾年，做到高級物料經理，這個也沒問題；問題是出在我的態度上。我就問他，我的態度怎麼了？

他說，我的兩個老闆（一個是工廠總經理，一個是亞太區供應鏈總監）都說我不聽話，他也有感覺，我太倔。」

Lawrence 說：「呵呵，老闆，還真有點，不過你們山東人都倔。」

我當時就跟 HRD 說：「所以你的模型還是有問題，應該在 ASK 上再插入個 C。」

他說：「C 是什麼？」

我說：「是 Character，就是性格、特性，或者說個性，合起來叫 ASCK。」

他說他搞 HR 這麼多年，就不知道這個模型。

我說：「這是我個人的總結，而且 ASCK 可能不只適用於供應鏈管理領域。」

他說：「願聞其詳。」

我說：「ASK 說的都不錯，搞供應鏈管理的人的確需要這三樣東西，沒有知識，只有經驗，那叫瞎幹；只有知識不去實踐，那是扯淡；有知識，有經驗，但只是態度好也沒有用，那叫不負責任。」

他問我最後那句是什麼意思？

我說：「這就是為什麼你們認為我『態度不好』，因為我是一個有性格的人，而且個性很強，所以，我們的瑞典老闆，一個從來都不做決定的總經理，還有我們的那個亞太供應鏈總監，一個『教授級』的芬蘭人，他們都不會喜歡我的。」

我說：「譬如您，我們親愛的 HRD，您整天笑嘻嘻的，見了誰都打招

呼，看起來從來不得罪人，但據我了解，您是一個典型的笑面虎，背後整人向來是心狠手辣的。」

「哈哈哈！老闆您從來就不怕得罪人。」Lawrence 笑道。

「那個 HRD 就說我，說話也太直了點吧。」

我進一步舉例子：「整合期間，您老人家整了我們多少老 IBM 的人？」

「他說那不是他本人的意思。」

「他其實不需要謙虛，這恰恰說明他的性格決定了他是個做 HR 的好手。」

「他就問我，他是什麼性格？」

我說：「您老『陰』啊！」

「後來的事實也證明了我的判斷，他做到那個芬蘭公司負責全球人力資源的 SVP（高級副總裁），這在土生土長的大陸人裡面是鳳毛麟角的。」

「那是很厲害。」Lawrence 說。

成銘說：「他講課，也出書了，說明他的 ASCK 各個方面都不錯。」

「嗯，他跟您差不多，都是有經驗、有理論。」Lawrence 奉承說。

「但是，」成銘說，「我接著對他說，做供應鏈管理跟他做 HR 最大的不同點就是，我們可能必須得罪人，因為我們需要勇往直前，為了實現公司現金快速有效地周轉，我們需要跟公司內外各方面的人打交道，內部的就不用說了，從銷售到生產、財務、人事、IT、老闆們都要牽涉其中；外部則是客戶、供應商、第三方物流服務商等，整個流程是端到端的。如果說財務是整個公司的看門狗，那麼，我們供應鏈管理就是財務的打手。狗這個東西說是人類的朋友，但是包括我在內的很多人都討厭狗，所以，您可以想像，做狗的打手，那豈不是更讓人不順眼？」

他認為，有道理，看來大家都誤解我了。

我說：「無所謂，要吃供應鏈管理這行飯，就得幹這得罪人的事，個性必須是直來直往的。」

如果說，
財務是董事會的看門狗
.... $$$$$$$$ ....
那麼，
供應鏈則是財務的看門狗

「呵呵，老闆，您這觀點讓人耳目一新。」Lawrence 又奉承了一句。

成銘說：「Lawrence，你知道我為什麼講這個故事給你聽嗎？」

Lawrence 說：「老闆，請指教。」

成銘說：「指教談不上，但是，我的確發現用我這個所謂 ASCK 模型套在你身上比較合適。」

「從 A 態度的角度，你看起來不錯，但是 A 與 C 性格結合起來看，你似乎是有些問題的。」

成銘故意停頓了一下，看著 Lawrence 不說話，Lawrence 心裡就有點發毛，但還是不說話。

成銘說：「你不用不好意思，我這人說話，向來直截了當，從來不會藏著什麼，咱們是同事，必須坦誠相待。你的最大問題就是不得罪人，或者叫不敢得罪人，但你想想，Lawrence，我們吃這行飯，怎麼可能不得罪人？甚至有時候還不得不得罪客戶，對不對？」

Lawrence 說：「是的，老闆，我有時候原則性差一些。」

成銘說：「你自己知道就好，但你要繼續幹這個計畫經理的職位，必須堅持原則，該得罪的人，必須去得罪！」

Lawrence 說：「我一定改，老闆，也希望您能不斷地提醒、督促我，這是對我好。」

成銘說：「我說了嘛！你的態度很好，但性格方面還是需要適當地強硬一些。另外，我還發現你一個問題。」

Lawrence 說：「您儘管說，老闆。」

成銘說：「你聽說過馬克斯‧普朗克（Max Planck）這個人嗎？」

Lawrence 說：「不知道。」

　成銘說：「回頭你可以百度一下，有個叫查理‧蒙格（Charles Munger）的人在美國南加州大學畢業典禮上的演講，他認為，世界上的知識分為兩種，一種是普朗克知識，一種是司機知識。他講了這樣的一個故事。」

　　馬克斯‧普朗克獲得諾貝爾獎之後，到德國各地做演講，每次講的內容大同小異，都是關於新的量子力學理論的，時間久了，他的司機記住了講座的內容。司機說：「普朗克教授，我們老這樣也挺無聊的，不如這樣吧，到慕尼黑讓我來講，你戴著我的司機帽坐在前排，你說呢？」普朗克說：「好啊。」於是司機走上講台，就量子力學發表了一通長篇大論。後來有個物理學教授站起來，提了一個非常難的問題。演講者說：「哇，我真沒想到，我會在慕尼黑這麼先進的城市遇到這麼簡單的問題。我想請我的司機來回答。」聽眾大笑。

　　查理接著說，我講這個故事呢，並不是為了表揚主角很機靈。我認為這個世界的知識可以分為兩種：一種是普朗克知識，它屬於那種真正懂的人。他們付出了努力，擁有真實的能力。另一種是司機知識，他們掌握了鸚鵡學舌的技巧；他們可能有漂亮的頭髮；他們的聲音通常很動聽；他們給人留下深刻的印象，但其實他們擁有的是偽裝成真實知識的司機知識。

　　Lawrence 說：「查理講得很有道理。」

　　成銘接著說：「我個人也認為，知識分兩種，『書本知識』和『自己的知識』；書本知識也可以說是別人的知識，或者叫間接經驗；讀了別人的書，有了書本知識，可以稱為『知道』；知道了，又實踐下去，那可能會得到一些所謂的『經驗』；有了經驗，能夠再去提煉一下，變成自己的

『自圓其說』，然後能夠再去指導別人，那才叫有『自己的知識』。」

「很對，老闆，自己的知識才是普朗克知識。」Lawrence 似乎有些明白了。

成銘說：「有些人有知識，但那些知識其實都是別人的，所以自己還是一無所有，啥也不是，所以容易犯『教條主義』的錯誤，這就是『只有知識的人』。這種人往往是什麼都知道，別人一說，自己馬上就『明白』。這種人在供應鏈管理領域很多，因為供應鏈管理沒有什麼高科技的東西，其實都是很多簡單的知識點的集合，『知道』很容易，但『做到』很難。」

「嗯，那就是所謂的司機知識了。」Lawrence 說。

成銘說：「是的，由此引申，『知識無價』是扯淡的，其實，知識是有價的，買本書也就是幾百塊，買個專利也可以論斤稱兩，況且現在是知識大爆炸、人數據時代，百度、谷歌可以告訴你，知識確實是沒有價格的，也就是不值錢的，至少談不上『無價』的問題。」

Lawrence 就問：「老闆，您那本《製造業庫存控制技巧》都出第 4 版了，賺了不少錢吧？」

「出書不賺錢，」成銘說，「也就是為了個名。」

成銘接著說：「有些人有經驗，但因為連別人的知識都沒有，所以就容易犯所謂『經驗主義』的錯誤，用現在的話講，叫『農民』，這就是『只有經驗的人』。」

「只有經驗的人往往很倔，認死理，因為『我過去一直是這麼做的』，其實他不知道他過去可能一直在做錯誤的事情，所謂『井底之蛙』，見識有限，但因為一直『坐井觀天』，從來就沒想到過天外還有天，所以這種人往往很可憐，如同狼孩兒，是個人，但不會說人話。在供應鏈管理領域，這種人我們可以稱為『歪嘴兒和尚』，而歪嘴兒和尚念出來的其實不是『經』，是胡說八道。」

「哈哈！有意思，老闆！」Lawrence 笑道。

　　成銘說：「你不要笑，Lawrence，『只有經驗的人』跟『只有知識的人』的最大區別是，前者往往是倔強要強，但還算是有點性格，而後者則往往是沒有骨氣的人，比較容易見風轉舵，人云亦云。有些人則是既有知識，又有經驗，但從來都是知識就是知識，經驗就是經驗，兩者向來是井水不犯河水，驢頭不對馬嘴，這叫『有知識的農民』，如同現在的很多『企業家』去讀了某某大學的EMBA，之後大概就是如此了。」

　　「真的，老闆，我認識的幾家供應商的CEO、董事長，他們都花了幾十萬在啥黃河商學院讀的EMBA，他們跟過去比啊，好像也就是多知道了幾個流行詞語，其他方面看不出有什麼進步。」

　　成銘說：「嗯，那種教育就跟往石頭上潑水一樣。」

　　「怎麼說，老闆？」Lawrence不解。

　　成銘說：「太陽一出來，潑在石頭上那點水立刻就乾了，哈哈哈！」

　　成銘接著說：「我也見過很多搞供應鏈的小伙子，做了幾天計畫員、採購員，然後就哭著喊著，借錢也要去讀MBA。讀完了就絕對不再去當『員』了，一定要去應聘個總監甚至VP什麼的，連經理的職位都看不上了，為什麼呢？因為自己有知識了啊，讓知識給憋壞了！一心想趕緊收回投資（讀MBA的錢以及幾年的誤工費）！」

　　「是啊，老闆，現在的年輕人都是太浮躁，」Lawrence說，「前一陣子走的那個剛畢業的大學生不就這樣？」

　　成銘說：「她的情況還不太一樣，不過也差不多，我記得她應該是西北某大學國際貿易專業的，當時分配在執行採購部做助理採購員，不到兩個月就跟小兵一起到我辦公室說，她想調到另外一個事業部去做專案管理。我當時問她為什麼，她說這個採購員的工作太簡單了，就是下個PO，追個料什麼的，跟她想像的差太遠了。我問她是怎麼『想像』專案管理這份工作的？她說那邊的老闆說了，她過去後可以參與『國際談判』，那才是學有所用，人盡其才。我說，好吧，那您就去吧！結果後來聽說，她去了不長時間就辭職走了。」

「這樣浮躁的心態是做不了供應鏈管理的，」成銘接著說，「你還記得前陣子那個美國哈佛大學過來的博導（編按：指導博士生的教授）嗎？」

「記得，」Lawrence 說，「他不是還給我們做過一個關於供應鏈管理風險的演講嗎？」

成銘說：「對，他當時帶著幾個博士生到我們偉康公司搞調研，做一些管理學方面的研究，我跟他聊過後才知道，原來他是我 IBM 的老前輩！人家在 IBM 做過亞太區的 VP（副總裁）之類的職位，後來又讀了博士，然後就去哈佛教書了，這種人應該叫作『有經驗的教授』了。」

「確實是這樣，老闆，人家不像我們國內的教授，只有知識，沒有經驗，哎，老闆，」Lawrence 說，「您也可以到大學當個客座教授什麼的啊？」

成銘說：「我不行，沒有博士學位，只是偶爾到大學做個演講之類的。」

Lawrence 說：「其實大學裡供應鏈與物流管理專業的學生的確需要像您這樣既有經驗，又有理論的人來帶帶他們。」

成銘說：「請不請我去，那是他們的事情，我要跟你講的是，供應鏈管理區別於其他專業的特點就是，『不知道』不行，『光知道』也不行，『知道了』、『做了』然後才『知道行不行』。」

Lawrence 說：「很對，老闆，我們都要向您學習。」

成銘說：「我發現你的問題就在於，知道的不少，但做得不夠深入，導致你做事情就有點浮。」

Lawrence 有點不好意思，連聲說：「是，是，老闆，我一定改。」

成銘接著說：「Lawrence，我今天跟你說這麼多，不是我不看好你，而是說，你的缺點是很明顯的，一定要改，要沉下去！多關注一下細節，我在 IBM 的時候，我老闆送我一句話，Pay More Attention to the Details（多關注細節）！這句話我也送給你。」

人參（人生）的形成……紅、黃、綠、藍、紫

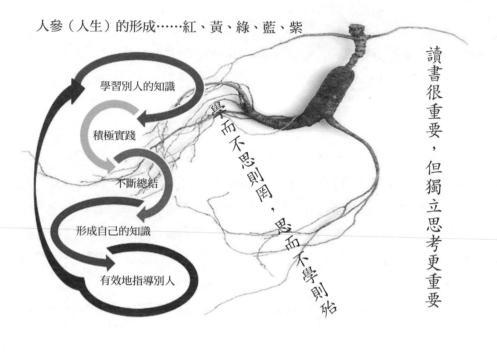

學習別人的知識

積極實踐

不斷總結

形成自己的知識

有效地指導別人

學而不思則罔，思而不學則殆

讀書很重要，但獨立思考更重要

34
彈性交付不是犧牲供應商的庫存

　　下午一上班，成銘習慣性地看了一下工作日曆，也沒啥事，就準備去車間走走，剛要出門，Lily跟王小兵進來了。

　　「什麼事？」成銘問。

　　Lily說：「老闆，你不是一直讓我跟小兵弄新的KPI體系嗎？我們弄得差不多了，但關於小兵這一塊，您說採購部的重點是供應商的彈性交付，我們好像不是太明白。」

　　「怎麼個不明白法？」成銘問。

　　王小兵說：「彈性交付是不是看供應商要給我們備多少庫存？我們設計的一個指標是供應商手中的庫存除以我們發給他的未交付訂單的數量，您看行不行？」

　　「你說具體一點。」成銘說。

　　王小兵說：「譬如，A這個物料，我們在供應商那裡還有500K在途訂單沒有交付，而這個時候供應商那裡有100K的成品庫存，我們就認為他的交付彈性是20%（100/500×100%）？」

　　「那如果供應商那裡有500K庫存，你就認為他的交付彈性是100%？」成銘說。

　　Lily說：「是這樣設計的，老闆。」

　　成銘說：「你倆這個腦子看來有很大的問題啊，我首先要告訴你們的是，交付彈性不是透過犧牲供應商的庫存來實現的。」

「那怎麼做？」Lily跟王小兵幾乎異口同聲地問道。

成銘說：「很多人一提到交付彈性（Delivery Flexibility），首先想到的就是讓供應商備庫存，然後自己再在成品、半成品方面弄點緩衝或者安全庫存，以為這樣就可以實現所謂的交付彈性了。

這是對交付彈性的誤解，因為交付彈性不是透過犧牲庫存來實現的，至少不完全是，因為現實中我們看到的情形是，庫存越高（周轉率越差）的企業，其客戶服務水準（彈性交付）也越差。

所謂交付彈性，又稱交付靈活度，簡單說就是指供應商對於客戶不斷變化（Demand Change）、波動（Demand Fluctuation）的需求能夠靈活應對的能力；說大一點，就是如何以供需鏈核心企業為主，建構集成的敏捷供應鏈（Agile Supply Chain）管理體系。」

「老闆，」王小兵說，「這個題目太大，專家學者們搞了太多理論性的東西，大家都覺得很難實現。」

成銘說：「專家學者的研究也不要小看，其實是他們給我們指明了實踐的方向，當然，我們在企業是不去研究那麼大的東西的，我們要更加專注於交付彈性的具體操作。」

「交付與庫存控制，庫存與交付控制，從來都是同一個問題，所以交付彈性離不開庫存，因此，有人又馬上想到了VMI（供應商管理庫存），說是透過VMI，這個問題不就解決了嗎？所以我以前有個諮詢客戶，他們的新任供應鏈總監跟我說，搞什麼『全面庫存管理』？還搞了那麼多的流程，做了那麼多的數據分析，有什麼用？讓他們所有的供應商都給他們做VMI不就完事了嗎？」

「我對他說，他對供應鏈管理其實是通了『九竅』，還有『一竅』不通。」

「任何理論、做法都有其一定的適用範圍或局限性，VMI也不例外，並不是所有的物料、所有的供應商都能做VMI的。」

VMI（供應商管理庫存）不是隨便玩的！

「嗯，」Lily說，「所以您來了之後就把很多供應商的VMI模式都給改成PO採購了。」

成銘說：「是的，因為VMI做不好的結果就是，搞死供應商，搞死你自己，搞死你的客戶，整條鏈就會崩潰，但現實中確實有很多企業是『被VMI』了，或者把好好的VMI做得不倫不類，用我的話講，那叫『偽VMI』。當然，這是他們的『商業模式』問題，我們不去多談。」

「老闆，什麼叫『偽VMI』？」Lily好奇地問。

成銘說：「舉個例子，你是我的VMI供應商，但你卻沒有主動補貨的權力，我讓你怎麼補貨你就只能怎麼補，但是，我產線停了，我就罰你款，庫存多了，長時間不用，我讓你無條件地拉回去！」

「這對供應商是不公平的，老闆。」Lily說。

「這就是我說的『偽VMI』或者是『被VMI』了。」成銘說，「現實中哪有那麼多的公平？我們想盡可能地公平，所以，我個人的經驗總結是，想要提高交付彈性，主要是要先搞好自己的兩種能力。」

第一個能力是流程能力（Process Capability）。

我講的流程能力不是指生產流程，而是指企業供需鏈管理流程。

我總結了10個供需鏈管理的關鍵流程，這是我給製造業客戶做全面庫存管理審核、優化設計，乃至第三階段「重複檢討、持續改善」的基礎。

在長期的全面庫存管理審核實踐中，我發現，很多企業，其實不需要刻意地去搞什麼「彈性交付」，只要他們把這10個流程的關鍵控制點抓住了，穩固了，彈性交付就基本上不是個問題，提高交付彈性就是自然而然的事情。

譬如最簡單的「庫存數據準確性」，這個在很多企業是做不好的，這與執行循環盤點的流程有關，也與MRB（Materials Review Board）物料審查流程有關（如物料狀態懸而未決，不知道可用不可用），也與我總結的第七個流程——生產計畫與控制的流程有關（如倒沖，MRP Back Flush）。

庫存數據不準確，跑出來的MRP結果沒人敢信，即使是做VMI/JIT，供應商也不相信你發布的預測，你哪來的彈性交付？

保證庫存數據的準確性是供應鏈管理的最起碼、最根本的能力要求，這個你都做不到，其他的都是扯淡。

再譬如我提到的第五個流程—— T&C ——合作夥伴（客戶、供應商）合約與執行。

在有些客戶那裡審核，我就發現，他們跟供應商簽的T&C（Terms & Conditions, 合約、協議條款）不清不楚，尤其是庫存呆滯責任方面。你硬性規定供應商必須備多少庫存，一方面，你的目的是「彈性交付」；另一方面，你又沒有在合約裡規定你自己必須承擔的責任，你怎麼可能實現呢？供應商聽你的，是因為他怕你，但你要知道，買的永遠沒有賣的精，你看得過去嗎？

「我們也考慮到這種情況了，老闆，」王小兵說，「如果硬要這麼考核供應商，那他們報給我們的庫存數據可能就是假的。」

「你能考慮到這一步，我很高興，但也客觀上證明了你們設計的KPI是不現實的，對不對，小兵？」成銘說，「我先講完。再譬如S & OP流程，你連起碼的PLC（Product Life Cycle, 產品生命周期）分析、管控都沒有，你的MPS（Master Production Scheduling, 主生產計畫）都不知道是怎

麼來的，『大概、可能』是銷售讓你怎麼弄，你就怎麼弄，你完全是個『被動供應鏈』，你怎麼實現給你客戶的彈性交付？你又如何讓你的供應商給你彈性交付？」

「確實是這樣，老闆，」王小兵說，「我們過去天天追料，就是因為在主計畫方面太過被動。」

成銘說：「除了流程問題，剩下的就是第二個能力，也就是所謂的組織能力（People/Organizational Capability），這個主要是體現在我提到的第一個流程審核中，即ORG——組織結構設計與優化、關鍵流程審批矩陣與ERP系統安全。」

「在審核客戶的組織架構過程中，我發現存在著五花八門的問題，其中比較典型的問題就是：

(1) 個體職責規定大而空泛，讓人無所適從，譬如有個客戶在對物料計畫員的職責描述中，幾乎每一行都提到『確保』、『保證』、『必須』……聽說這還是國內某著名諮詢公司制定的，簡直是可笑！這是要求，不是職責！所以我跟客戶開玩笑講，不管你們信不信，我是信了，如果我是這個物料計畫員，我是『確保』不了什麼東西的。

(2) 責、權、利不一致，一個簡單的例子就是，我是庫存計畫員，但我沒有（在ERP系統）看價格、成本的權力。

(3) 不同崗位之間的職責、許可權沒有有機地串起來，各自為戰，沒有形成供應鏈。

凡此種種，導致企業的供應鏈管理做不到『令行禁止』、『聞風而動』，客戶需求稍有風吹草動，整個團隊立即亂成一團，什麼彈性交付啊？能以巨大的加班追料、加點生產為代價，把貨發出去就不錯了。

這是組織能力問題，但組織能力問題往往是流程能力有問題。

所謂的組織能力還牽扯到組織內部的個體能力（Individual's Capability）問題，如供應鏈的主管們、計畫員、採購員們，他們個人的經驗、理論水準等，但這不是決定性因素，道理很簡單，如果一個企業的供需鏈管理組

織、流程能力都有了，剩下的事情，只要肯學、肯做，都好辦，這就是如何『重複檢討、持續提升』的問題了——供應鏈管理不是什麼高科技的東西，難的是怎麼樣透過流程、組織、IT等，把各個節點、節點上的人和事串起來，形成一個集成的體系。」

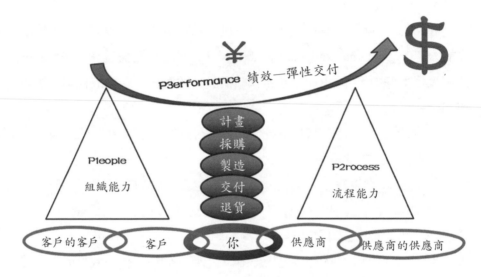

實現彈性交付所必須具備的能力

王小兵和Lily不斷地點頭，看起來似懂非懂。

「至於專家學者們在『敏捷供應鏈管理』裡面提到的在合作夥伴之間建立所謂的『虛擬組織、動態聯盟』之類的事情，那簡直是天方夜譚，要當世界警察，先把自己家的事情管好。」成銘喝了一口水接著說，「彈性交付是一種理想，零庫存只是個境界，彈性不可能無限大，絕對的零庫存也是不存在的，但是，你的流程、組織卻是可以不斷地優化、改善。」

「所謂改善無止境，交付彈性也是這樣。」

「聽您這麼一說，老闆，這個事情很大啊？」王小兵有點擔心了。

「你不要怕，小兵，」成銘說，「KPI本身不是目的，我講過很多次了，採購部的關鍵是學會輔導、培養我們的供應商，提升他們的整體供應

鏈管理水準，交付彈性問題就會自然而然地解決了。」

「那這個KPI指標怎麼設呢，老闆？」Lily問道。

「看我的書，就是那個MRP重新計畫的成功率，」成銘說，「但那只是個指標，關鍵的是前面講到的兩個能力——幫助供應商梳理他們的供需鏈管理流程，提升他們的組織技能，這才是關鍵。」

TIM全面庫存管理審核的10個流程：

(1) ORG——組織結構設計與優化、關鍵流程審批矩陣與ERP系統安全

(2) S & OP——需求管理—PLC、預測處理與MPS決定

(3) MRP——物料計畫、CTB、MRP運算與行動結果處理

(4) NPI——新產品導入與供應商開發、採購提升管理

(5) T&C——合作夥伴（客戶、供應商）合約與執行

(6) OTD——採購與交付、物料短缺處理

(7) OTD——生產計畫與控制

(8) ITO、E&O——產品EOL—生命周期管理與呆滯預防、監控

(9) MRB——物料審查

(10) RIC——循環盤點

「這幾天我也在研究您書裡面講到的這個指標，數據資料提取好像有些困難。」王小兵說。

成銘說：「這好辦！找小佟幫忙，她搞不定，叫她去找集團的IT部，就這樣吧，我得去車間走一走了。」

35
加班是一種職業病

下午不到5點，吳總的祕書小林給成銘打電話，請他準備下樓，馬上出發。

成銘收拾好電腦提著包下來了，看吳總的車子還沒有到，成銘就點上一根菸，心想，這吳總遲到的習慣怎麼還沒改啊？

一會兒工夫，班車都到了，吳總的車還是沒有到，這時候已經陸陸續續有員工出來坐班車了，不斷地有人跟成銘打招呼，工程部那個測試主管Star（星星）也過來了，看起來有點萎靡不振的樣子。

成銘笑嘻嘻地問Star：「哎，星星啊，你啥時候請我喝酒啊？」

Star就說：「老闆，我辭職了。」

成銘有點誇張地說：「你幹得好好的，幹嘛要辭職啊？」

Star說：「哎呀，老闆啊，您是不是早就知道我沒有升職啊？」

成銘點點頭，沒有吭聲。

Star說：「這就是我辭職的原因。我天天辛辛苦苦地幹活，幾乎沒有一天不加班的，整天累得跟狗一樣，到頭來我老闆還是不看好我，您說我還待在這裡幹嘛呢？」

成銘說：「可憐的星星啊，你的問題就出在這裡啊！」

Star說：「老闆，您教教我？」

成銘說：「加班本身是一種毛病，哈哈！你知道的，關於辦公室人員的加班問題，自古以來在職場上就有很多種不同的看法。有人認為這是工

作努力的一種表現，是敬業；有人說加班是一種無奈，『企業文化』嘛；有人認為這是一種毛病，職業病，是工作效率低下的一種表現，是工作中的一種無能。」

「那您是怎麼看加班這個問題的？」Star很謙虛地問道。

成銘說：「我先給你講個故事吧！我年輕的時候曾經在韓國的大宇重工業煙台公司做過一年的生產計畫員，那時我剛大學畢業兩年，從山溝的國營工廠剛調回到煙台市，能進入像大宇這樣的公司，連在那裡開車的司機都感到很自豪。結果去了沒有多久，就發現自豪不起來啦。」

「為什麼？」Star問。」

成銘說：「韓國人（坐在辦公室的最後面）不走，你就不能走！你要是第一個先離開辦公室走了，第二天包準有小鞋兒穿！而且是韓國人跟其他不懷好意的一起給你穿，保證你難受好幾天！沒辦法啊，那時候，我們幾個都是年輕的單身漢啊，晚上總要出去喝喝酒什麼的吧？那怎麼辦呢？抽籤吧！趁著每天難得的放風時間（抽菸時間）抽籤，誰抽到誰倒楣！為了晚上這頓酒啊，總要有人很悲壯地、堅定地、義無反顧地，第一個走出辦公室，其他的人則是按照預演的規劃，趁著韓國人上廁所、倒茶水、抽菸的機會，迅速撤離辦公室！」

「哈哈哈，有點意思，」Star笑著說，「那不是跟做賊似的？」

成銘說：「誰說不是啊！所以，我在那裡幹了一年，實在是受不了，就撤啦。從此之後我就對加班恨之入骨，每每有人提起加班，往往是義憤填膺，對喜歡加班的人更是不喜歡，第一感覺就是『此人有病』！」

「哦？」Star說，「怪不得我發現你們幾個大幹部都不加班呢。」

「再到後來，」成銘說，「我當了幹部，開始管人啦，而且管的人越來越多。閒來無事，對很多喜歡加班的手下、同事做過觀察、研究，大有收穫，而且頗覺有趣，我就總結了幾種類型：

一是喜歡開會型，導致加班——仔細觀察，你就會發現，在很多公司裡，有很多人特別喜歡開會，無論這個會議跟他有沒有關係，只要是收到

邀請，他就會去參加。為什麼喜歡開會呢？道理很簡單：

．開會讓別人覺得你很忙，你對公司很重要，『我很忙啊，天天開會啊』，時間長了，你就會得到很多『羨慕的眼光』，特別是從你那農民爹娘那裡，我兒子在公司裡面天天開會，忙啊！

．開會是幹什麼呢？其實就是玩！就是休閒！很多會議，一開就是兩三個小時，甚至一天兩天的，大家都在幹什麼呢？玩啊！扯淡啊！既然是玩、扯淡，又有免費的午餐，甚至是晚餐、啤酒，又可以白拿錢，誰不喜歡呢？」

Star說：「我們老闆Davis就沒事喜歡開會，而且我們不去還不行！但他自己卻是很少加班。」

成銘說：「這就對了嘛！他那是白天讓你們陪著玩，晚上回家陪老婆玩！」

「哈哈哈！」Star大笑不止，「您總結得太對了！」

成銘說：「這第二種人呢，就是工作盲目、愚蠢型，導致加班。我在以前的公司有個營運總監，是個外國朋友，那大哥每天晚上都要工作到十點多，到後來我才發現為什麼。有一次，我們的一個管物料的VP問他要個手機樣品看看，他老人家竟然親自跑到車間去，然後親自跑手續（出庫、出廠等），然後親自給那VP送過來啦！有必要嗎？一個文員就可以完成的工作，為什麼需要一個總監去做？即使要拍VP的馬屁，有最後一道手續（送上手機）不就可以了嗎？問題是，他把手機送完了，還不走，又陪著VP閒聊了大概半個小時，然後又一起抽了好幾根菸，才算完事。」

「這種人好像跟我們老闆Davis有點像。」Star若有所思地說。

「那是你說的，哈哈，」成銘說，「還有一種人呢，就是上班無聊、下班混時間型的，我曾經仔細觀察過幾個單身沒有結婚的年輕人，他們幾乎天天加班，但上班時間幾乎從來不幹什麼事。為什麼這麼說呢？因為我是他們老闆的老闆，我發的郵件他們往往看上半天，我發完郵件去上廁所的時候，看到他們在看我的郵件，我心裡很高興，你看，畢竟我是他們的大

老闆呢，他們很重視我的郵件呢！結果，我回到辦公室的路上，看到他們還在看！而且是翻來覆去地看，看樣子很仔細的，似乎在體會什麼『偉大的精神』。我覺得有點不對勁，但畢竟是手下嘛，估計是在理解領導的精神吧！我沒有多想。再到後來，我去抽菸回來，發現這幾個小伙子還在看我的郵件！我就火大了！我說你們看懂我的郵件了嗎？『看懂了，看懂了，老闆。』『那為什麼還在看呢？都看了一個多小時了吧？』『嘿嘿，老闆，沒事做啊！』『那為什麼我發現你們還天天加班呢？』『老闆啊，您老是真的不明白我們這些年輕人的生活還是故意逗我們玩呢？』『啥意思啊？』我問，他們就嘿嘿嘿地笑著說：『回去也沒事做啊，老闆。』」

「我手下也有很多這樣的年輕人。」Star說。

成銘剛要說些什麼，這時，吳總的別克商務車過來了，祕書小林老遠就從車窗探出頭招呼成銘上車，成銘就對Star說：「再聊，兄弟！多保重啊！」

36
慈不掌兵

　　上了車，吳總就對成銘說：「不好意思，有個駐廠的客戶臨時過來有點事情，就耽誤了。」

　　成銘說：「老闆嘛，遲到也是可以理解的。」

　　陳強坐在後面笑，Johnson說：「您看，吳總，成銘這小子看起來倒像是您的老闆，也太不知道天高地厚了！」

　　成銘說：「你趕緊閉嘴吧！你就是沒事找事！」

　　吳總說：「成銘啊，你還別說，你還真挺像我老闆的，我都不敢罵Johnson，你就敢罵他！」

　　成銘說：「吳總，那是我看得起這老傢伙！」

　　車子很快就到了飯店，還是上次陳強請成銘他們喝酒的那一家海鮮餐廳。

　　吳總讓大家先點完菜再上去。

　　成銘就問：「吳總，今晚誰請客？」

　　小林說：「當然是吳總埋單了！」

　　成銘說：「那就算了。」

　　吳總就很奇怪：「啥就算了，成銘？」

　　成銘說：「如果是陳強請客，我是準備點隻龍蝦吃吃的。」

　　吳總說：「沒事，你點吧，吃刺身喝啤酒，不錯的，我也好這口。」

　　成銘說：「呵呵，還是老闆大方！」

點完菜，到了房間，服務生已經把冰啤酒給準備好了，還是青島啤酒。

吳總就問服務生：「你怎麼知道我們要喝這種啤酒？」

服務生忍不住就笑了，陳強趕緊說：「吳總您如果不願意喝青島啤酒，我們就換別的牌子？」

吳總說：「幹嘛要換啊，青島啤酒好喝啊，這不是成銘的家鄉酒嗎。」

陳強說：「是，是，這個啤酒好。」

成銘跟Johnson一人點上一根菸，陳強看看吳總，沒敢點，小林趕緊跑去開窗戶，嘴裡還嘟囔著大菸鬼之類的話，吳總看著陳強說：「你怎麼不抽？」

陳強嘿嘿一笑：「這不是有女士在嗎？」

小林一屁股坐下，對吳總說：「老闆，您對這幾個老菸鬼也太仁慈了吧？他們一點禮貌都沒有，每次跟他們一起吃飯，從來沒有先問一下在場的女士是否同意他們抽菸。」

吳總說：「是是是，來，先喝點。」

成銘喝了一口酒說：「老闆，其實呢，您可能確實是太仁慈了點，我是說過去。」

吳總說：「怎麼說，成銘？你的意思是要我不讓你們抽菸？」

成銘說：「那倒不是，我先給大家講幾個故事吧，這是關於管理的『仁慈主義』與庫存控制的故事。」

吳總說：「你小子是三句話不離本行，好！說說，給大伙兒都聽聽。」

成銘說：「謝謝老闆，我們其實都知道，作為製造業，誰都不願意擁有大量的庫存，從財務與管理層的角度講，最好是擁有『零庫存』。然而實際情況往往不是那麼理想。H公司當年計提了11億的庫存壞帳（貶值、報廢等），媒體上說倪先生作為當時的總裁是要負責任的。這裡面說明了一個道理：高額庫存的形成是與管理的『仁慈主義』有關係的。」

吳總就問：「那成銘你的意思是庫存這麼高，我作為CEO是有責任

的？」

　　成銘說：「那當然了！」

　　「那你告訴我，什麼叫管理的『仁慈主義』呢？」吳總問道。

　　成銘說：「我給大家講兩個故事就明白了。你們都知道，我即使現在在咱們偉康公司，吳總也是允許我有空就出去講講課的。」

　　吳總說：「這個我們都知道啊，誰讓你是業界名人呢。」

　　成銘說：「吳總抬舉了，我只是想做好這份工作的同時，幫助更多的中國製造業做出一點貢獻，我這裡有兩個小故事講給大家聽聽。」

　　一個是發生在我的一家做安防設備的客戶那裡。我去給他們講庫存控制的課的時候，正好碰上他們在搭建一個臨時倉庫。我問他們老總，為什麼還要建倉庫？回答是東西（物料）太多了，原有的倉庫放不下了，只好再臨時建一個倉庫，總不能把物料露天存放吧？南方雨水多，怕淋濕了。我說如果不建這個倉庫會怎麼樣呢？他說那肯定是非建不可的，總得有地方放東西嘛！

　　我說如果是這樣的話，那我沒辦法幫助他們降低庫存。不用說單單講兩天課，他就是讓我們幫他們做庫存控制項目，我也不敢做。他說我是庫存控制專家啊，辦法總是有的吧？我說，辦法是有的，但面對他的「仁慈」，我們也無計可施。他就問為什麼？什麼叫「仁慈」？我說，如果他當初不批准增加這個臨時倉庫，東西肯定還會有地方放的。為什麼呢？道理很簡單：倉庫越大，庫存就會越多，庫存越多，倉庫就會越來越大；反之倉庫小了，搞物料的人自然而然就會想辦法降低庫存了！庫存如同海綿裡的水，肯定可以擠壓的──誰敢說我倉庫裡面的庫存都是合理的？都是該來的？可能性幾乎是「零」嘛！而他又批准去增加一個臨時倉庫？明顯是在縱容庫存的增長嘛！在他「仁慈的管理」下，我們怎麼幫助他呢？H公司的11億是怎麼壞掉的？70億的存貨是怎麼形成的？我們不知道H公司有幾個倉庫，也不知道他們的倉庫面積有多大，但有一點我們可以肯

定：H公司的倉庫一定很多，面積一定很大！是先有雞還是先有蛋？我們搞不清楚，但我們可以確定一點：有倉庫就一定會有庫存，有多大的倉庫就一定會有多大的庫存！作為老總，他可能控制不了日常的計畫、採購，但他至少可以控制倉庫的擴建吧？遺憾的是，我們的企業家們很少有時間去考慮這個「小問題」……

吳總說：「我也幹過這事，是被你的前任逼的。」

成銘說：「正常。」

另外一個故事也是我親身經歷的，那還是我在一家外資企業做物料經理的時候發生的事情：我們的庫存計畫員發現有一個物料的庫存突然被調（帳）掉了將近100萬元的價值，查來查去發現，是車間的一個物料員由於發現了差異，在沒有經過任何審批的情況下，私自調的帳。我建議當時的生產線經理（是個老外），這個人必須炒掉！這還得了？100萬元的東西，說調掉就調掉了？也太大方了一點吧！老外的回答差點讓我吐血，他說那個車間物料員也是好心嘛！他也是為公司考慮嘛！只是方法有點問題而已……「多好的老外啊……」我只能歎氣：等到庫存（數據）被搞亂了，他們也是「好心」嗎？沒有原則的（管理）仁慈只會導致公司的毀滅！

Johnson說：「成銘講這個故事我是深有體會的，所以我到我們公司之後，第一件事就是調整了財務部的審批矩陣，其中就有庫存盤點差異的審批項，凡是超過50萬元以上的差異調整，我必須親自簽字，當然，成銘得先簽，呵呵。」

吳總說：「這樣很好。」然後問成銘，「我們目前每個月的大盤點差異情況怎麼樣？」

成銘說：「一直在改善，我沒事就在車間、倉庫裡面轉轉，生產部的

主管以上人員也都做了 ERP 方面的培訓，他們已經自己可以查詢自己負責的庫位庫存了，只是 B 棟的情況還是不盡如人意，尤其是王杰負責的組裝線，包材隨意報廢、不走 MRB（Materials Review Board, 物料審查委員會）流程的事情還是經常發生。前一陣子就因為一個小黃點標籤差點出了大亂子。」

吳總問：「什麼問題？」

成銘說：「那個小黃點比黃豆粒大不了多少，一直以來盤虧在 10% 以上，我們根據歷次盤點的統計資料，為這個料專門設置了所謂的安全庫存，比例在 15% 左右，但還是不夠他們浪費，上次一個平板 EOL（End of Life, 產品生命周期結束），這個小黃點缺了幾萬個，差點出不了貨。我把我師兄王杰狠狠地給罵了一頓。」

「哦？王杰是你師兄？」吳總很好奇。

「是的，」成銘說，「他是我們學校一系的，我是二系的，我也是來公司之後才知道的。」

「那個王杰還可以吧？態度比較好。」陳強說。

成銘瞅了一眼陳強說：「光態度好有個屁用！」

Johnson 哈哈大笑，對吳總說：「成銘這小子有點料，就是態度有問題！」

吳總呵呵一笑：「來！喝酒！」

37
酒吧也有個供需鏈管理問題

在飯店裡喝得差不多了，陳強就問吳總，要不要去酒吧街再喝點？

吳總說：「你們去吧，我一會兒還得去趕個場，一個老同學，也是我們的客戶，從上海過來開會，約我一起聊聊。」

陳強就問成銘：「去不去？」

成銘說：「你請客我就去。」

Johnson說：「走吧，我們一起去！就陳強請客了！」

小林就對吳總說：「老闆，你看，這幾個老流氓一點也不知道尊重女性，連問都不問我一下？」

陳強說：「林妹妹，吳總在這，我們哪敢問啊？」

吳總呵呵一笑：「你們帶著小林一起去吧，明天讓小林把發票帶到辦公室就好了，你們去吧，我也得走了。」

送走了吳總，成銘他們幾個攔了一輛車直奔酒吧街。

還是陳強的老地方，一個叫西洋會的露天酒吧，坐在大榕樹下喝酒，海風吹著，很是舒服。

西洋會的老闆跟陳強、成銘都很熟，見是老朋友來了，趕緊招呼服務生過來，也不問喝什麼酒，就直接送來一桶洋啤酒，幾樣小吃。

陳強他們也不客氣，坐下就開始吃喝，還讓老闆再多加幾個羊肉串，說是喝酒喝餓了。

幾杯酒下肚，Johnson憋不住了，問陳強：「洗手間在哪裡？」

陳強一指對面路邊：「去那解決吧！」

Johnson說：「那是哪啊？好像沒有廁所啊？」

成銘說：「你這個大老爺，露天撒個尿還害羞啊？聽說你平常不都是西裝革履的，憋急了就對著電線桿子幹嘛？」

Johnson說：「那是你！不過，不過，廁所遠嗎？」

小林說：「是挺遠的，要不我帶你去？」

成銘就跟陳強說：「喔！那可不行！萬一這……」

Johnson有些不好意思了，說：「算了，算了，我就到對面去解決吧。」

不一會兒，Johnson回來了，說：「你說怪不怪，西洋會的生意這麼好，你看稍遠一點，前面那幾家就不行，好像沒有幾個人在那兒喝酒？」

成銘說：「你這個老東西，你剛才不是體會到了嗎？」

Johnson不解：「什麼啊？」

成銘說：「這個地方『出貨』比較方便。」說著，成銘就點了一根中華菸，故意不吭聲。

陳強跟小林忍不住笑了。

Johnson不解地問：「啥？出貨？這地方出什麼貨啊？」

成銘說：「你剛才不是去出貨了嗎？」

Johnson罵了一句。

成銘說：「真的，你想想，咱們每個人，一晚上怎麼著也得喝個七八瓶啤酒吧？你肚子的那點Capacity（產能、容量）能承受得了嗎？你得及時去出貨啊！而前面那幾家呢？對面是條大馬路，那路燈明晃晃的，而且人來人往、熙熙攘攘的，你怎麼好意思當眾『出貨』啊？就是讓你出，你也出不來啊！而這裡呢？對面就是那個當官的住的什麼花園，路邊綠化得多好啊，灌木叢叢，影影綽綽的，你剛才出貨是不是感覺爽得很啊？哈哈！」

Johnson說：「這個地方怎麼連個廁所都沒有？」

陳強說：「有啊，只是遠了點。」

Johnson 說：「就憑這一點，西洋會的生意就比別人的強？」說著就伸手問成銘要菸，「我沒菸了，給我一根。」

成銘說：「我也抽完了，陳強你還有菸嗎？」

陳強說：「也抽完了，」然後對小林說，「林妹妹，幫個忙？」

小林就笑笑說：「你們這幫酒鬼、菸鬼！」

成銘說：「Johnson，你看，經常出來泡吧的都是些什麼人呢？大多數跟我們一樣啊，泡吧的目的是為了喝酒，而喝酒的目的則是為了吹牛，而自古『菸、酒、吹牛不分家』，對吧？尤其是大夏天的，咱們這兒，又熱又悶的，像咱哥們兒幾個，喝著冰啤酒，抽著小菸，吹著牛兒，多爽的事啊！這旁邊就有個菸草專賣店，而且賣的菸如中華、芙蓉王之類的，也假不到哪裡去，尤其喝多了酒，根本品不出真假來！這多省事呢！出貨、買菸、吹牛、嘮嗑兒（編按：閒談、聊天），一點兒都不耽誤！而前面那幾家呢？買菸要跑很遠的地方，對吧？這正吹的高興呢，沒菸了！這怎麼行呢？誰願意跑大老遠地去買包菸呢？而這裡就不同了！你看，說句話的工夫，小林妹妹不就買回菸來了？」

Johnson 說：「還真的是啊，你小子觀察的還挺仔細的。」

成銘說：「你只能佩服這家酒吧的老闆，他還是懂供應鏈管理的！供應及時，出貨方便，這兩樣他都做到了。」

當晚幾個人喝得酩酊大醉，成銘本來說好要送小林回家的，結果自己怎麼回家的都忘記了，徹底斷片了，就更不知道小林是怎麼回去的。

38
再談KPI

　　轉眼又到了每個週三的供應鏈管理務虛會，還是上午十點準時開，這次會議的主題是討論並確定供應鏈管理的幾個KPI。

　　人一到齊，成銘就說：「Lily，你把你們想的幾個KPI給大家介紹介紹，看看大家有什麼意見。」

　　Lily說：「好的，老闆，按照您的要求，同時參考了您的專著《製造業庫存控制技巧》，我們設計了兩級KPI體系。」

　　第一個KPI是OTD及時交貨率。

　　顧名思義，就是給客戶及時交貨的比率。這個指標實際上又分為兩個子指標，一個叫OTDD（On-time Delivery to Demand, 針對客戶原始需求的及時交付率），一個叫OTDC（On-time Delivery to Commitment, 承諾的及時交付率）。為什麼呢？道理很簡單，如果我是客戶，我這一週的原始需求是100，你只承諾我出貨80，而且也最終做到了80的出貨，那麼你的及時交貨率是多少呢？80/80 × 100% = 100%？80/100 × 100% = 80%？都對！100%是指OTDC，80%是指OTDD。OTDC 100%表示，你承諾了，你完全做到了；OTDD 80%表示你只是滿足了客戶80%的原始需求。這兩個指標，一個是考核你供應鏈管理的可靠性（OTDC），一個是考核你的靈活度，或者叫供應鏈管理的柔性（OTDD）。」

　　成銘說：「這個指標看似簡單，但數據提取其實很麻煩，尤其是OTDD，要管理這個指標，前提是我們必須要在CRM（Customer

Relationship Management, 客戶關係管理）系統裡面管好客戶的原始訂單。」

Lily 說：「是的，老闆，我們已經安排銷售跟小佟他們在 CRM 裡面做測試了，應該可以做到。」

成銘說：「很好！你們儘快測試，如果沒有問題，儘快把這個指標監控起來，這是我們競爭的利器。」

Lily 說：「好的，老闆，我們爭取在兩週之內搞定這件事。我們設定的第二個 KPI 是 ITO 庫存周轉率，這個指標原先就有，我們只是跟財務重新統一了公式、數據提取及報告頻率。」

成銘說：「很好！」然後問 Lily，「你們是怎麼理解庫存周轉率的意義的？」

Lily 說：「老闆，我們以前光知道有這個指標，也知道它很重要，但一直沒有明白它到底有多重要。」

成銘說：「你們這叫只知其一，不知其二，其實啊，顧名思義，庫存周轉率是指庫存周轉的效率或者次數，其實是財務管理學的概念，其標準公式為：庫存周轉率＝銷售的物料成本／財務期末的平均庫存。庫存周轉率越高，說明庫存管理水準越高，庫存周轉越快，營運資金占用就越少。」

說著，成銘在旁邊的小白板上寫了個公式，庫存周轉率與現金流之間的關係如下：

$$C2C = ARD + (365/ITO) - APD$$

其中：C2C（Cash to Cash）是指現金周轉周期，ARD（Account Receivable Days）則是應收帳款加權平均帳期，APD（Account Payable Days）則是應付帳款加權平均帳期，365/ITO = DOS（Days of Supply），相當於庫存持有天數。

通常情況下，ARD 與 APD 的周期相對固定，可變的是 ITO，ITO 越

高，庫存周轉越快，現金周期越短，經營所需的現金流就越低。

「是不是那個叫NWC的東西？」Lawrence問。

「你知道的還挺多，」成銘笑著說，「就是那個Net Working Capital，淨營運現金流。」

「另外，」成銘說，「對於庫存周轉率，一個比較有意思的現象是，當你的產值比較大，物料銷售成本比較高的時候，庫存周轉率會有放大的現象。理論上講是不應該的，因為庫存周轉率本身是個係數，分子是銷售的物料成本，分母是平均庫存，銷售越大，庫存越高，反之亦然，也就是說在整個供應鏈管理水準一定的情況下，庫存周轉率應該是相對穩定的。但實際情況是，庫存周轉率確實存在一個放大效應，也就是說在供應鏈管理水準差不多的前提下，銷售物料成本增加，庫存周轉率會得到一定程度的增加。」

「為什麼會這樣呢？」老李問道。

成銘說：「我仔細研究過這種現象，這個放大效應其實有一定道理。

一是與呆滯庫存有關。我們說庫存如同池子裡面的水，庫存高了，很多問題，如呆滯庫存也就被掩蓋了，特別是銷售物料成本比較高的時候，總體庫存水準較高，相對地呆滯物料庫存比率可能會相對減少，導致『有效庫存』比率相對提高，ITO可能放大；

二是由於在銷售比較高的時候，各種物料的需求量比較大，MRP Re-scheduling（MRP重新計畫）的機會以及成功率應該是比較高，也會導致ITO實際上比較高。」

「有道理！」老李點點頭說，「我們還以為這個月比上個月高出那麼零點幾個點是我們的庫存控制水準提高了呢。」

成銘說：「正常情況下，5.0的庫存周轉率跟5.1應該沒有太大的區別，畢竟分子、分母不可能是齊步走的嘛。」

然後成銘問Lily：「按照財務的統計，我們現在的庫存周轉率是多

少？」

Lily 說：「截至 5 月底，我們的庫存周轉率是 7.5，達到歷史最高！」

成銘說：「很好，說明我們的工作還是有進展的。」

Edison 就吃吃地笑。

成銘就問：「你傻笑什麼？」

Edison 說：「老闆，您剛才不是還提到銷售對庫存周轉率的放大效應嗎？」

一幫人都在笑，成銘也笑了，指著 Edison 說：「你就是狗嘴裡吐不出象牙來！你知不知道我已經過了實習期了？」

Edison 說：「知道，知道，老闆，您這麼優秀，還能過不了實習期嗎？」

成銘說：「你知道這對你們，尤其是對你 Edison 這種人來講，意味著什麼嗎？」

Edison 說：「明白，老闆，這樣您幹掉我的話，別人就不會說您自己實習期還沒過，就把手下人開了！」

成銘說：「聰明！你這小子給我小心點！Lily，你繼續講。」

Lily 說：「我們設計的第三個一級 KPI 就是所謂的 E&O（Excess & Obsolete, 呆滯庫存）的比率。

這個指標我們過去理解有誤，我們過去一直用所謂的 Slow Moving（消耗緩慢的庫存），看了老闆的書，我們現在用 MPS（主生產計畫）來計算現有的呆滯庫存比例。」

成銘說：「那個所謂的 Slow Moving 是一個自欺欺人的指標，消耗快慢跟呆滯有什麼關係？消耗得再快，你庫存更高，那還不是有呆滯？」

「呆滯庫存顧名思義就是或『呆』或『滯』的庫存，是指暫時不用或者永遠沒有機會使用的具有風險的庫存。」

「不同的行業對呆滯的理解與定義是不太一樣的。在我們電子行業，通常以 90 天的需求為界限來定義 E&O。譬如一顆物料，現有庫存為 100K，

按照MPS主生產計畫，未來90天對這顆料的需求為90K，那麼這顆料的Excess（滯庫存）為100K – 90K = 10K；如果未來90天內對這顆料壓根兒就沒有需求，這100K就是Obsolete（呆死庫存）。」

「老闆，」老李舉手說，「我們還有個帳齡庫存（Aging Inventory）的指標，這個不就是呆滯庫存嗎？」

「這個也保留了，但是作為二級指標。」Lily接過話說。

「但帳齡庫存不一定是呆滯庫存，」成銘說：「我們剛才所說的呆滯庫存（E&O）是指往前看，也就是說現有在手庫存或在途庫存滿足未來需求的情況，而帳齡庫存則是指這些庫存在我們倉庫裡待了多長時間了，這是往後看。」

「不大懂，」老李嘟囔說。

成銘說：「就這麼理解吧，呆滯庫存不一定有帳齡，有帳齡的庫存不一定是呆滯庫存。」

「呵呵，老闆，更不懂了，」老李笑著說，「能不能舉個例子。」

成銘說：「這簡單，例如，今天剛到一批電阻，假設是500K，這500K電阻的帳齡是零吧？」

「對呀！」很多人在下面回應道。

「但可能它一來，甚至還沒來，就已經是呆滯庫存了。」成銘說。

「我明白了，」Bruce說，「譬如有些料，發生了EC（設計變更），但由於種種原因，供應商還是把貨給我們送來了，但其實我們已經不用這顆料了，我的理解對不對，老闆？」

成銘一蹺大拇指，「對！」

「反之呢，有些料由於種種原因，它可能在我們這裡待了一年多了，帳齡夠長的吧？」成銘說，「按照我們的主生產計畫，我們可能還要用到它，那它就可能既不是呆，也不是滯，對不對？」

很多人似懂非懂地點點頭。

成銘說：「衡量E&O占總庫存的比率，其目的就是看，我們現有的庫

經濟新潮社

官網

FACEBOOK

BLOG

暢銷30年策略經典
首度出版繁體中文版

時基競爭

COMPETING AGAINST TIME

How Time-Based Competition is Reshaping Global Markets

蘋果執行長
提姆・庫克
推薦員工必讀

速度是競爭的本質，學會和時間賽跑，
你就是後疫情時代的大贏家！

向編輯學思考：

激發自我才能、學習用新角度看世界，精準企畫的10種武器

作者｜安藤昭子　譯者｜許郁文

定價｜450元

博客來、誠品 5 月選書

網路時代的創新，每一件都與「編輯」的概念有關。

所有需要拆解、重組或整合情報的人，必讀的一本書。

你做了編輯，全世界的事你都可以做。

——詹宏志（作家）

有了編輯歷練，等同於修得「精準和美學」兩個學分，終身受益。

——蔡惠卿（上銀科技總經理）

提到「編輯」，你想到什麼？或許你想到的，多半都是和職業有關的技能。

事實上，編輯不是職稱，而是思考方式。

本書所指的編輯，是從新角度、新方法觀看世界和面對資訊與情報，藉此引出每個人與生俱來的潛能。

本書作者安藤昭子師承日本著名的編輯教父松岡正剛，安藤將松岡傳授的編輯手法，濃縮為10種編輯常用的思考思法、以實例、練習和解說，幫助我們找到學習觀看世界的新角度。

〈後疫情時代的數位轉型〉

科技選擇：
如何善用新科技提升人類，
而不是淘汰人類？

作者	費維克・華德瓦、
	亞歷克斯・沙基佛
譯者	譚天
定價	380元

Metadata後設資料：
精準搜尋、一找就中，
數據就是資產！
教你活用「描述資料的資料」，
加強資訊的連結和流通

作者	傑福瑞・彭蒙藍茲
譯者	戴至中
定價	420元

完全圖解物聯網：
實戰・案例・獲利模式
從技術到商機、從感測器到
系統建構的數位轉型指南

作者	八子知礼等著
譯者	翁碧惠
定價	450元

自駕車革命：
改變人類生活、顛覆社會樣貌的科技創新

作者	霍德・利普森、
	梅爾芭・柯曼
譯者	徐立妍
定價	480元

時基競爭：
快商務如何重塑全球市場

作者｜喬治・史托克、
湯瑪斯・郝特

譯者｜李田樹

定價｜480元

解決問題：
克服困境、突破關卡的
思考法和工作術

作者｜高田貴久、岩澤智之

譯者｜許郁文

定價｜450元

策略選擇：
掌握解決問題的過程，
面對複雜多變的挑戰

作者｜馬丁・瑞夫斯等著

譯者｜王喆、韓陽

定價｜480元

黑天鵝經營學：
顛覆常識，破解商業世界的
異常成功個案

作者｜井上達彥

譯者｜陳世英

定價｜420元

存裡面，有多少是有風險的庫存，從物料管理角度是看庫存的管理水準；從財務角度是看庫存作為流動資產，其不良資產的比例，而用帳齡庫存的比例則很難起到這個衡量作用。」

Lily 說：「是的，老闆，我們的 CFO Johnson 也同意您的觀點。」

成銘說：「他懂啥？其他的二級指標呢？」

Lily 說：「老闆，二級指標我們主要設計了供應商及時交貨率跟生產的達成率。」

成銘說：「我知道，這個問題實際上是比較複雜的，因為沒有任何一個下一層次的 KPI 是單獨為哪個第一層次的三個 KPI 服務的，也就是說，下層 KPI 實現了，並不能直接導致 OTD、ITO 的增加或者 E&O 的減少，它必須是幾個二級或三級 KPI 共同作用的結果。」

Bruce 問：「老闆，能否給我們詳細講解一下呢？」

成銘說：「OK！大家想想，為了提高 OTD（對客戶的及時交貨率），我們需要做些什麼呢？

(1) 你的庫存數據必須是準確的吧？── IDA（Inventory Data Accuracy）

(2) 你的系統主數據必須是準確的吧？── MDA（Master Data Accuracy）

(3) 你的供應商應該給你及時交貨吧？── SOTD（Suppliers On-time Delivery）

(4) 你的供應商應該具有一定的交貨靈活度吧？── SFLEX（Suppliers Delivery Flexibility）

(5) 你最好是 100% VMI（供應商管理庫存）吧？── VMI%

(6) 你的生產計畫應該被及時達成吧？── POTD（Production On-time Delivery）

(7) 你最好擁有一定比例的成品、半成品庫存吧？── FG/Semi-FG%

以上 7 個問題都是與 OTD（及時交貨）有關的，有的是直接的關係，

如供應商對你的及時交貨等，有的則不是很明顯的關係，如系統數據準確性等，但所有這些問題都成為制約OTD的關鍵因素，也就是可以成為支持OTD的二級KPI了。」

「其實以上這7個二級KPI除了與OTD有關外，它們同時也支援ITO（庫存周轉率）的提高以及E&O（呆滯庫存）的降低。你們可以再想像一下：

(1) IDA——如果你的庫存數據不準確，你連自己有多少庫存都不知道，你如何降低庫存以提高庫存周轉率？經常發生的事情就是『該來的不來，不該來的都來了』，因為你可能『重複採購』或者『漏掉採購』，那怎麼會不產生呆滯呢？

(2) MDA——主數據也是同樣的道理，譬如說你的採購提前期維護得不準確，你如何保證不缺料？無計畫的物料短缺就會導致庫存居高不下，呆滯自然而然的產生。

(3) SOTD/SFLEX——供應商能夠給你及時交貨，而且你什麼時間要，要多少，它都可以滿足你，『該來的來了，不該來的沒來』，你的庫存怎麼可能高呢？你的ITO怎麼可能不提高呢？呆滯又怎麼可能產生呢？

(4) VMI%——供應商管理庫存就更容易理解了，誰不希望100%的VMI呢？它無論是對你的OTD，還是ITO都是有巨大的好處的，因為你可以做到『零庫存』了。至於對E&O呆滯的減少，VMI是把雙刃劍，尤其是發生EC（Engineering Change, 設計變更）或者EOL產品生命周期結束的時候，要特別小心，否則也容易產生呆滯庫存責任。VMI對於採購方來說是個好東西，但一定要注意，有利就有弊，VMI容易麻木採購方的神經，使物料管理水準止步不前。

(5) POTD——生產計畫的及時達成，就會帶來OTD的及時發生，OTD了，庫存就會減少，ITO就會提高。

(6) FG/Semi-FG%——持有一定量的成品或半成品庫存有利於保證OTD，對於提高ITO也會起到一定的作用；對於E&O的減少也是有益的

——只要原材料被及時消耗了，E&O產生的可能性就會降低。

所以以上7個二級指標實際上對OTD、ITO、E&O都是起作用的，這從另外一個層面印證了為什麼我們說，各個KPI之間是對立統一的。

你們根據我說的，回去再研究一下，抓取幾個關鍵的二三級指標，把它們標準化一下，然後我們就正式宣布我們自己的KPI體系。大家還有什麼問題？」

負責進出口及物流的Gavin就問，「老闆，怎麼沒有我們的KPI啊？」

成銘說：「你不是有個什麼Freight In Cost（進項物流成本）嗎？」

Gavin說：「是的，老闆，但我認為這個KPI是有點爭議的。」

成銘說：「你說說看。」

Gavin說：「這個指標原本是指原材料運輸成本比例。這個KPI的定義很簡單，用當月發生的原材料相關的運輸成本除以當月銷售的物料成本。但之所以說它有爭議是因為：

第一，這樣衡量是否合理？因為當月運輸的原材料可能是為下個月準備使用的，這樣可能人為地縮小這個比例。

第二，通常情況下，運輸成本的增加意味著運輸次數的增加，也就是原材料交貨頻率（Delivery Frequency）的加大，而交貨頻率的加大就意味著交貨批量的減小，那麼理論上就意味著庫存（持有成本）的減少。這就是所謂的供應鏈的一個『二律背反』現象，即有付出就要有回報，這也是EOQ（經濟採購批量）存在的一個重要的理論基礎。反之，也就是說，如果你要降低庫存，提高庫存周轉率，理論上你可以透過犧牲運輸成本來達到目的。」

「但實際情況是否這樣呢？」Gavin說，「答案是否定的，至少是不一定的。」

成銘說：「你能想到這一點，說明你還是有些腦子的。EOQ一個錯誤的假設就是供應商的靈活度是100%，也就是說你想要貨，就有貨，你不想要，你就可以不要。而實際情況是，供應商的交付靈活度是有一定限度

的，有的是100%，如賣標準件的或者與你做VMI的供應商；但大多數供應商是有一個所謂重新計畫窗口的，進入這個窗口的訂單，你作為買方是要也得要，不要也得要啊，儘管你可能因為你的客戶的訂單變化而不需要這些物料了。所以，實際上，庫存持有成本與運輸成本之間，並不是一個簡單的二律背反關係，但它確實存在一定的背反關係，所以從『平衡計分卡』的角度來講，原材料運輸成本的比率這個KPI還是需要存在的。」

Gavin點點頭說：「對，老闆，那我們暫時還用這個KPI？」

成銘說：「先保留吧，直到你跟Lily想出更好的指標來。」

Lily說：「老闆，財務要求我們必須定義一個供應鏈管理總成本的指標，我們想來想去也沒有什麼更好的辦法，按照您的經驗，您覺得應該怎麼定義呢？」

成銘說：「財務的要求看似合理，但是有很大的問題。供應鏈管理總成本是一個很模糊的概念，界定成本範圍也是非常困難的，因為供應鏈管理幾乎無所不包。通常情況下，我們可以考慮人工成本、差旅成本、庫存持有成本、物流成本、倉儲設備折舊、ERP等軟體使用成本等，但即使這樣，在實際工作中也是非常麻煩的一件事情，數據收集量比較大，而且難以界定。但沒有一個衡量指標似乎又不太合適，管理同樣的供應商數量、物料種類以及銷售額，你用100個人，我用80個人，產生相關成本，至少人力成本是不一樣的吧？所以，我認為，用供應鏈管理的人力成本除以銷售額，或許是一個至少可以參考的指標？」

Lily說：「這個簡單，應該可以。」

成銘說：「你們幾個再跟財務聊聊，不行就暫時用這個。」

Lily說：「好的，老闆，我們再整理一下，到時候您幫我們再看看，差不多了就正式實施。」

成銘說：「很好！Lily你跟小兵的工作做得不錯，繼續努力！」

39
供應商要學會智慧補貨

　　「另外，」成銘接著說，「我的實習期也結束了，咱們算是正式的同事了，如果你們晚上沒事，我可以請你們喝個酒？不好意思，我沒有提前跟大家講，大家可以自由參加，不勉強。」

　　大家都說：「好，老闆請客，哪能不去？」

　　老李說：「老闆，是不是嫂子又給你批了點經費？」

　　成銘說：「你要是不去，我還可以省一點！散會！」

　　KPI體系很快在下週發布了，執行到6月底，成銘決定從7月開始，每週召開一次供應鏈管理KPI分析會，由Lily主持，他要親自參加，時間還是每週三上午10:00～12:00，以後這個務虛會就變成KPI例會了，務虛慢慢變成務實了。

　　第一次開KPI例會，在看到有一個包材的呆滯庫存的時候，成銘很好奇，就問：「一個說明書有50多萬元人民幣的呆滯庫存，這是怎麼回事？」

　　Edison說：「這是您剛上任的時候，第一個來找您的包材供應商王總的。王總一直在跟我們做VMI，我們要求備Min./Max.（最低／最高）庫存是2～4週的，因為這個料的需求波動很大，實際情況往往是，要麼庫存長時間沒有消耗，要麼就是突然需求很大，備的VMI庫存不夠，結果就是：他們有些物料放在我們的VMI Hub（物流中心）裡面大半年了，我們也沒有用，供應商有大量庫存資金積壓；有些物料則是因為VMI庫存備

貨不足導致停線好幾次，又被我們罰款，去年一年，王總在我們這裡的銷售額總共大約2000萬元人民幣，按毛利率15%計算，王總去年一年在我們這裡賺取毛利300萬元，結果被我們罰款80多萬元……庫存積壓350多萬元，吸收呆滯庫存責任35萬元，這個50多萬元，按照Simon他們做的瀑布分析（Waterfall Analysis，一種呆滯庫存責任分析方法）是需要我們承擔的。」

成銘說：「那他還賺什麼錢？」

「就是不賺錢啊，老闆，」Edison說，「王總都不想跟我們合作了。」

成銘說：「這個問題很明顯的，就是王總他們作為我們的供應商自己不懂得怎麼補貨，但我們也有責任輔導他們。作為我們的VMI供應商，他們自己必須學會智慧補貨。」

「什麼是智慧補貨？老闆？」Bruce跟Lucy同時問道，「我們也有很多這種情況，供應商在被罰款的同時，還要承擔大量的呆滯責任。」

Lawrence說：「這個我懂，所謂的智慧補貨，不就是『依靠軟體自動生成補貨單，而不再人工製作補貨單的補貨方式就叫作智慧補貨』嗎？」

成銘說：「這是百度百科上的概念，或者是那些『不懂供應鏈管理的人』編寫的所謂『供應鏈管理軟體』的概念。」

Simon就在那兒偷笑。

成銘說：「Simon你笑什麼？」

Simon說：「我前幾天剛看到《科技訊》上有篇文章，說『京東智慧補貨：以技術創新驅動業務高速發展』，說京東自2015年5月，『應用智慧補貨系統，可根據SKU的實際庫存，參考銷量預測、備貨週期、送貨時長、安全庫存甚至供應商的倉庫支援關係，自動計算出京東各個倉庫的建議補貨量，並可實現一鍵下採購單或共享給供應商，由供應商完成自動下單並管理其在京東的庫存。』

我不知道京東這個所謂的『智慧補貨』，是不是個真正的智慧補貨，但綜觀全文，這似乎也就是個『軟體代替手工』的解決方案，智慧的成分

到底有多少,我們不得而知。」

成銘說:「這就是你比Lawrence強的地方,至少你知道懷疑,而且往往還懷疑的比較合理,但Lawrence就不知道這樣做,他的知識還是那個所謂的『司機知識』。」

Lawrence有些尷尬地笑笑,沒吭聲。

「那麼,什麼是真正的智慧補貨呢?」成銘接著說,「按照我個人的經驗,真正的智慧補貨系統應該主要包括以下幾個方面,我稱為IRS(Intelligent Replenishment System)之六條。」

(1) 產品生命周期分析——從新產品導入(NPI)到產品生命周期結束(EOL),不同階段的生產與庫存策略應該有不同的規劃;

(2) 商品分類管理——根據不同的品類,設置不同的生產與庫存策略;

(3) 銷售預測——透過執行S & OP(銷售與營運計畫)流程,對不同的商品決定不同的銷售、補貨、庫存持有策略;

(4) 庫存與補貨決策——補貨目標與補貨頻率、數量、時間、地點等因素的確定;

(5) 均衡生產與MPS(主生產計畫)判斷——成品、半成品生產與庫存策略;

(6) 原材料採購模式與補貨策略——與供應商的供應商的業務模式檢討。

「相關資料,大家可以參考我的專著《製造業庫存控制技巧》第4版,尤其是第9章〈庫存控制與銷售管理,預測處理流程〉的論述及我的公開資料,『全面庫存管理審核10個流程』。」

「那我們可要好好研究一下,」Lucy說,「然後我們就安排對供應商進行培訓。」

王小兵說：「老闆，我們再研究一下，做個教材，然後對我們的VMI供應商進行分批培訓，你看行嗎？」

成銘說：「很好，小兵的流程思考能力（Process Thinking Capability）一直是我很欣賞的，做供應鏈管理就需要多點流程思考。」

老李就說：「看，小兵又遭到老闆的表揚了。」

成銘接著說：「供應商智慧補貨可以帶來的好處是顯而易見的：

(1) 提高及時交付率，增加客戶忠誠度（Customers Loyalty）；

(2) 降低客戶庫存，幫助客戶提高庫存周轉率（ITO）；

(3) 降低供應商自有庫存，減少呆滯風險（E&O）。

但是，需要大家注意的是：

第一，智慧補貨與『軟體代替手工』不是同一回事，或者說，軟體可以代替手工的部分工作，但無法代替人的思想；

第二，智慧補貨更是一套體系，或者是一套方法論，它需要基本的軟體支援，如ERP、SRM、CRM等，但目前市場上並沒有真正的專門的智慧補貨軟體存在；

第三，智慧補貨是企業整個需求與供應鏈管理體系不可分割的一部分，沒有一個整體良好循環的供應鏈管理基礎，實現智慧補貨是不可能的。

我個人更願意相信，IRS如同Lean一樣，是一種精益求精的庫存控制思想，而不是一種工具。那種企圖用一個軟體，一個方法，或者一場運動，就把庫存問題解決了的想法，是可悲、可笑的。」

「在您來之前，我們已經搞了無數次運動了，」Bruce說，「結果呢，那庫存就跟房價一樣，越搞越高。」

「嗯，」成銘說，「運動只是害人害己，不能解決任何問題。大家都知道的CPFR（Collaborative Planning, Forecasting, Replenishment, 協同計畫、預測與補貨）為什麼在實踐中難以奏效？看過我的文章就知道，既不是那些純粹的理論派或那些半生不熟的所謂經驗人士所講的『供應鏈的不信任

問題』，也不是什麼『預測不準確的問題』，歸根結底，還是最後那個『R』的問題，也就是補貨問題——預測即使再準確，你玩不好那個『R』，那還是死！」

「那麼，那個『R』到底該怎麼玩呢？」Lawrence問道。

成銘說：「第一，我剛才講的『IRS之六條』，你逐一思考一下，看你是否真的明白是什麼意思；第二，到供應商那裡看一下，幫他們反覆檢討、審核他們的供需鏈管理流程，看有哪些還需要改善；第三，進入實際業務場景，反覆實踐，最終應該會有突破。如果還是不懂，你再來問我。」

成銘接著說：「目前國內供應鏈管理的一個明顯問題就是，一方面龍頭企業『對呆滯庫存不負責任』，另一方面作為元器件廠商又不得不跟他們做生意，作為供應商，他們應該如何盡可能地保護自己的利益？輔導供應商提高品質保證水準、降低成本等，這可能在今天已不是什麼大問題，關鍵的問題是幫助供應商，或者讓供應商學會『智慧補貨體系』，這是供應商保護自己利益的有力手段，同時也是給作為客戶的主機廠增值的有力工具。」

成銘又指著王小兵說：「小兵，你的想法很好，儘快把教材做出來我看看，然後通知供應商分批實施，但要先培訓我們自己的物料計畫員、採購員，讓他們搞清楚智慧補貨的基本精神和做法。」

王小兵說：「好的，老闆，我們儘快做，爭取在這個月底全面展開。」

成銘說：「不錯！同時我們做採購的一定要弄清楚，供應商管理，靠的不是罰，而是『管』，當然，管的前提是，你自己（作為客戶）得要懂，你不懂，那就只能靠『罰』了，而『以罰代管』，就是一種典型的無恥的、不負責任的『變相搶劫』！」

「完全同意，老闆，」Bruce說，「中國物流運輸的超載問題為什麼一直解決不了？前一陣子有個深圳女司機不到半年違規占用應急車道23次，最後還不是一罰（六萬九千塊人民幣）了之?!」

「這不僅僅是『搶劫』，更涉嫌『謀財害命』！」

「是的！」老李憤憤不平地說，「那個女司機固然可惡，但是交警呢？為什麼非法占道23次才找到她？員警要找個人有那麼難？但那個女人每次非法占用應急車道的時候，理論上都有可能導致有人在高速公路上因為得不到及時救治而喪失寶貴的生命，對不對？」

「在這件事上，交警客觀上就是在『謀財害命』！」

「以罰代管的性質就是這麼惡劣！這麼無恥！」

Simon說：「我早就跟Edison他們說，我們光知道罰人家供應商，這本來就是很無恥的，他們還不信，說我跟供應商有關係。」

成銘說：「天下人誰不知道Edison卑鄙無恥？這還需要說嗎？」

Edison說：「老闆，我冤枉啊，您來之前，沒有人這麼說過我啊！」

成銘說：「那是因為他們不敢當著你的面說，但我敢啊，呵呵。」

Lily說：「還有老闆您不敢幹的事嗎？」

成銘說：「我是嚴肅的，我的理想一直就是『為中國製造業之崛起而奮鬥』，目前你們看我們消費電子品行業，大家都說所謂的冬天到了，甚至有人說是整個『中國製造業的冬天』，但這到底是由誰造成的？」

「我個人認為：

與『經濟大環境不景氣』沒有關係；

與『市場不好』沒有關係；

與『技術更新不及時』沒有關係；

與『人力資源成本上升』沒有關係；

與這些企業家、大小老闆們是否讀過EMBA沒有關係……

我的看法是，這些問題，都是由那些所謂『龍頭企業』造成的：

- 給供應商的應付款周期越來越長，導致供應商的現金流越來越緊張；
- 逼著供應商做所謂的VMI、寄售，但對呆滯庫存的責任卻是一點都不承擔，導致供應商的利潤越來越薄……」

「什麼是企業的社會責任？

既不是企業賺錢了，給那些窮人們發幾個麵包的事情，也不是有錢了，大把地捐款給國外的大學，更不是跑到美國去，給『美國窮人』發錢……

企業的社會責任，尤其是龍頭企業的社會責任就是，透過扶持、輔導你的供應商，乃至供應商的供應商，打造真正具有合作夥伴精神的產業鏈，為國家、民族的經濟發展做出貢獻。在這一點上，我們必須學習日本人，否則，將來被動挨打的，還是我們中國人。」

老李說：「你們看，我們老闆的民族情懷是多麼的強烈！我們都應該向您好好學習。」

成銘說：「老李，這個問題說大了牽扯我們整個中華民族的生死存亡問題。譬如W公司吧，這是一家受人尊重的企業，它的掌舵人任先生更是一個令人尊重的真正的企業家，比那些二道販子（編按：非法地買賣商品以獲利的商販）強的多，它們也花了大把的錢用在供應鏈管理諮詢上，但這並不能說明，W公司在供應商管理上就沒有問題，它們不是也經常罰供應商的款嗎？問題可能是出在它們的供應鏈管理體系上，也可能是其某個部門的個體問題，但我個人認為，這終究是個問題。還有人說那是供應商咎由自取，可憐之人必有可恨之處，有道理也沒道理──羊都死了，狼還吃什麼？」

王小兵說：「老闆分析得很對，前一陣子您剛來的時候不是讓我安排審查供應商風險嗎？我們跟財務一起對我們的整個供應基做了分析，我們發現，其中至少三分之一的供應商有現金流問題，不賺錢的占一半以上，原因很大程度上是來自客戶的罰款，這個結果連我們的CFO Johnson都很吃驚。」

成銘說：「是的，我看過你們的報告了，我準備跟吳總還有那個台灣佬商量一下，搞一個供應商輔導計畫，尤其是那些占我們的份額比較大的供應商，必須拿出整改措施；同時，以後對供應商的罰款問題，必須經過

我本人簽字，我們的原則就是，能不罰款的，就不要罰，關鍵是看他們的態度及整改措施是否到位，畢竟，我們不再是個小公司了，要考慮長期的合作關係，而這種關係不是僅僅口頭上說的，更重要的是看我們作為『鏈主企業』該怎麼去做。」

王小兵說：「老闆，我完全同意您的意見。」

40
「渾蛋」現象

接著成銘又看到一個50萬美元的呆滯責任，是顆電子料，成銘就問Lawrence這是怎麼回事。

Lawrence說：「這個供應商是一家在東莞的台資廠，很流氓的。從2011年至2013年，我們對這個料的需求一直在300K/週左右，但是到了2014年，由於市場原因，產品升級換代，導致需求減少，並最終在2014年年底EOL。這個料走的是VMI模式，供應商以前完全按照我們給的需求預測備料並保持2週的緩衝庫存在我們Hub裡，2014年開始我們的需求就每週減少20K～50K，後來保持在100K左右，直到沒有了需求，在這期間我們的計畫員每週都會給採購員發最新需求，採購員再發送給供應商的銷售代表人員通知需求變動。」

「當沒有需求時，計畫員發送郵件給採購員和供應商的銷售代表人員詢問呆滯庫存責任問題，供應商沒有回覆，採購員也沒有追蹤（人員變動），計畫員就當呆滯責任是零，也沒有申報E&O。結果，大半年過去了，這個供應商突然發現自己還有很多呆滯庫存，就找到我們要求索賠付款，要不然就停止其他物料出貨來威脅我們。」

成銘對王小兵說：「在我們的流程裡面，有沒有關於物料或者供應商EOL的時候，我們需要如何跟供應商清理呆滯責任的條款？譬如雙方簽署個呆滯責任清理完畢協議之類的東西？」

王小兵說：「我查過，沒有正式的規定。」

　　成銘說：「很簡單，修改流程，把這一條加上，同時設計個協議格式，把這個漏洞給補上，同時讓你們的採購員群發郵件給所有供應商，看看還有沒有這種情況？」

　　王小兵說：「沒問題，老闆，我們下週搞定這件事，但對這個供應商這50萬美元怎麼處理？」

　　成銘說：「你跟Lily一起看看，這個供應商現在供給我們的所有物料是否在AVL（Approved Vendor List, 認可的供應商清單）裡面都有第二甚至第三供應商？如果有，很簡單，查一下其他供應商的產能情況，並逐步降低這個供應商的配額（Market Split），你們擬一個計畫，用一到兩個月的時間，廢掉這家供應商！」

　　Lily說：「老闆，我查過了，他們現在一共有5顆料供給我們，都有第二供應商，他們的產能也都沒有問題，但聽說這個供應商的董事長跟我們CEO吳總關係不錯，不大好弄啊。」

　　成銘說：「這個你不用管！我絕對不接受任何威脅！」

　　Lily說：「沒問題，老闆，他們的銷售幾乎天天跑到小兵那裡要錢，是吧，小兵？」

　　王小兵說：「是啊，有的時候還打著吳總的旗號。」

　　成銘說：「讓他滾蛋！給臉不要臉的東西！」

　　然後成銘指著一個IC（半導體）問Lawrence：「這個兩萬美元是怎麼回事？」

　　Lawrence說：「老闆，這個是我們的責任，還是在您來之前，有一個EC（Engineering Change, 設計變更）生效，計畫員手工下的單，下重了，多買了25K老料。」

　　成銘眉頭一皺：「下重了？手工下單？」

　　Lawrence說：「是的，老闆。」

　　「手工下單不需要審批嗎？」成銘問。

　　「沒有這個規定。」Lawrence說。

「那就在物料計畫流程裡面加上這一條，手工計畫必須審批，而且我要親自審批，」成銘對 Lily 說，「你把那個供應鏈管理審批矩陣（SCM Approval Matrix）更新一下，重新發布給大家。」

Lily 說：「好的，老闆，不過這個傢伙的確是有些問題，經常幹這種事。」

「什麼事？」成銘問。

「他經常『說了不做，做了不說』，」Lily 說，「明明就是有流程，或者老闆告訴他應該怎麼做，他就是不照著做，非得獨創一套自己的東西不可。」

成銘哈哈一笑：「這就是我總結的供應鏈管理中的『渾蛋現象』。」

成銘說：「在這些人看來，流程只是寫給老闆、客戶或第三方審核機構看的，你去審核他的時候，他講得很漂亮，PPT 也做得很好，但當你去驗證他的實際做法的時候，他做的跟說的往往就是不一樣。」

「是這樣的，」Lily 說，「其實我們團隊裡這種人還不少。」

成銘說：「這種人到處都有，這種渾蛋的好處是，他往往明確地告訴你，某某流程是沒有用的，他是如何如何做的，他之所以這麼做，理由是什麼，他能給出個一二三，然後你按照他說的邏輯去驗證他的實際做法，往往是一致的。至於他這麼做，從整個供需鏈角度，是否真的有道理，那就要看審核者或者老闆的程度了，這種渾蛋往往是比較聰明的，至少其小腦是比較發達的。」

Lawrence 說：「這個小子就是典型的像您說的這種人。」

成銘說：「有流程，他不看，更不管現有的流程是否合理，他只管按照自己的想法悶著頭去做，做對了正好，做錯了，當老闆的倒楣。因為他到處給你埋地雷，他可能不是故意的，他之所以這麼做，純粹是出於一種本能。

還記得上週我們看 MPS（主生產計畫）的時候，你手下那個小趙嗎？我問他你這個 MPS 的制定依據是什麼？他說，我是怎麼怎麼做的。

我問他，你這麼做，你的依據是什麼？我讓他打開我們的MPS管理流程看看是不是依據這個做的。他竟然不知道有這麼個流程，因為我看他在一行一行地讀，對不對，Lawrence？」

Lawrence撓撓頭說：「老闆，這個怪我，我沒有培訓好他們。」

成銘瞅了一眼Lawrence說：「當時你看他那樣子，他好不容易讀完了，還搖搖頭說，我肯定不是按照這個（流程）做的。還記得嗎？我當時就問他，那你制定這個MPS的依據到底是什麼？」

Lawrence說：「他說他考慮得很周全的，說是考慮了客戶的庫存、產線產能、產品的顏色搭配等，然後做出這個MPS，但當老闆指著一個產品問他，在制定這版MPS的時候，具體的計算邏輯是什麼？能否證明給我們看看？他就撓頭了，哈哈。」

王小兵說：「搞到最後，他也沒有『按照他的邏輯』把那些數據『湊出來』，只是說了一句，『反正我一直就是這麼做的！也沒出過什麼事啊。』」

大家都在笑，成銘就問Lawrence：「我讓你把這個渾蛋立刻開除，你跟HR打招呼了嗎？」

Lawrence說：「還沒有，老闆，其實這個小趙就是不懂，能力還是蠻強的，執行力也很不錯。」

成銘一愣：「你說啥？『不懂』的話，哪來的『能力』可言？哪裡有所謂的『執行力』？你馬上百度一下，什麼叫渾蛋？」

成銘說：「所謂『渾蛋』，有人解釋為，原本指『散了黃的壞雞蛋』，就是『蛋黃跟蛋清混在一起了』，俗稱渾蛋，後來用於罵人，專門指那種『混淆是非』『含混不清』的人。我看你跟這個小趙差不多啊，Lawrence。」

Edison說：「老闆的意思就是說，Lawrence就是個渾蛋吧！哈哈！」

成銘說：「我看你倆差不多。你們都看過我的文章〈ASCK——供應鏈管理能力模型〉吧？我在這篇文章裡面也提到，所謂的能力，尤其是供應鏈管理的能力，包括態度（A）、技能（S）、性格（C）及知識（K），

四者缺一不可。沒有知識支撐的所謂經驗、技能，那就類似歪嘴和尚念的經，這種『能力』或『執行力』越大、越強，其對企業的破壞力可能也越大。」

大家都說看過了，成銘就問Lawrence，「你既然也看過了，為什麼還是不做？是不懂還是怎麼了？」

Lawrence說：「老闆，我還是想給小趙一個機會，我再好好教育他一下。」

成銘說：「我向來不主張用『換人』來解決問題，主要是要『換人的腦袋』，這才是關鍵，但如果這個人就是個死腦筋，該換掉還是得換掉。」

Lawrence說：「我再跟他好好談談，不行就開除他。」

成銘說：「你們都知道我是從IBM出來的，我原先也有上百個手下，但到目前為止，我一個原先的手下也沒有帶過來，是不是？我見過很多像我這樣從外企出來的所謂『空降兵』到偉康公司這種私企，很多『空降兵』之所以會死得很慘，就是因為『換人』了，空降兵自己把別人給『換』了還不算，還要帶著自己原先的一幫徒子徒孫，再換掉人家企業原先的一批老人，你說，他能不死嗎？」

大家都說：「是啊，老闆，您一個自己人也沒帶來。」

成銘說：「其實他們這種做法很傻，帶著所謂的自己人，看起來好像用起來很順手，其實客觀上導致了不公平，尤其是對你們原先這些老人，當然，原先的老人如果不聽話，那該幹掉還是得幹掉！」

王小兵說：「是的，老闆，工程部Davis手下那個朱波就是他從原先公司帶過來的，有啥升職加薪之類的好事都是朱波優先，結果搞得Star很鬱悶，就辭職走人了。」

成銘說：「原來是這樣啊，那個星星也怪可憐的，走之前還找過我，問我們是否要人，他自己說畢業後一直從事品質管理工作，到後來還搞過幾年的精實生產與六標準差，走之前是搞測試，他說他覺得轉行從事供應鏈管理應該很合適，但我沒有答應他。」

Lawrence 說：「老闆，Star 這個人還不錯，可以招到我這裡當個生產計畫主管之類的，他畢竟懂生產啊。」

成銘看了一眼 Lawrence，問他：「你們新的計畫組織架構弄得怎麼樣了？」

Lawrence 說：「下週二約老闆一起看看。」

成銘說：「你發邀請召集個會吧，下週二上午 10 點，還是這些人參加。」

41
重組計畫部

SCM 組織架構——3P 管理——計畫是供需鏈管理的核心

P1rocess 流程 + P2eople 人與組織 = P3erformance 績效

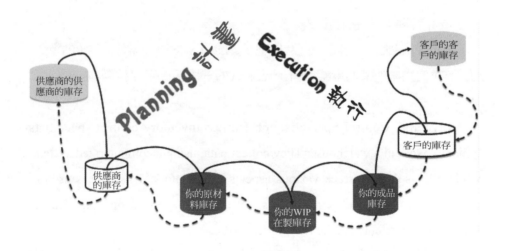

週二上午10點，人都到齊了，成銘說：「Lawrence，你跟Simon誰講？」

Lawrence說：「還是讓Simon講吧，老闆，您當時是指定他來負責這件事的，我只是輔助。」

Simon一邊連上投影機，一邊說：「老闆，我們考慮的可能不成熟，還請你多批評指正。」

成銘說：「那不是廢話嗎？趕緊報吧！」

Simon說：「老闆及各位，我們在做這個計畫組織架構的時候，基本上是按照老闆前一陣子給我們的指示，同時查了一些資料，包括參考了華為、聯想、IBM等企業的集成供應鏈管理經驗，最終把計畫確定為DP（Demand Planning, 需求計畫）、PP（Production Planning, 生產計畫）、MP（Materials Planning, 物料計畫）、IP（Inventory Planning, 庫存計畫）等幾個部分。」

Simon指著PPT說：「PP及MP的工作大家都沒有什麼爭議，因為我跟Lawrence一直在負責這個工作，只是把原先的以工藝為導向改為現在以客戶、產品為導向，這也是老闆的意思，但關於DP、IP，我們就有很多爭議。」

成銘就問：「爭議什麼？」

Lawrence說：「老闆，先說IP吧。」Lawrence指著另外一頁PPT說，「這是我們從國外某個專業教育網站下載的一段關於庫存控制員的職責描述：

Inventory Control Specialist Job Duties: Inventory control specialists typically work in a warehouse. They collect data, using a computerized system, while allows them to track various aspects of inventory. This data is used to calculate products and parts orders, to ensure that the proper amount of inventory is distributed at the right time.

大意是，這個職位『通常在倉庫裡工作』，『收集數據，並運用電腦系統追蹤庫存的不同變化』，『這些數據被用來計算產品與零部件訂單，以確保正確數量的庫存在正確的時間被派送』。

所以，我們認為，目前劉平的職位應該放在老李的倉庫，歸老李管。」

哈哈哈！成銘大笑不止：「都說中國人喜歡崇洋媚外，你們以為老外說的都對，估計這就是混亂的根源。按照他們這個狗屁說法，這個職位一

邊要做庫存分析，一邊還要跑MRP，下達採購與生產計畫，這哪是一個庫存控制員的職責？更可笑的是說這個職位『通常在倉庫裡工作』！這是什麼跟什麼啊？庫存控制跟倉庫有什麼關係啊？它其實是整個供應鏈管理中『計畫管理』的幾乎全部職責！」

成銘站起來說：「所以，劉平不但不能匯報給老李，也不能匯報到你們計畫部，而是必須匯報給我本人！」

「哦？老闆，我們一直認為這個所謂的IP類似『文員』（clerk）的職位啊？」Simon也不解地問。

成銘說：「那是你沒有搞清楚這個『庫存控制』到底是什麼意思，我希望我講完之後，你們不會再這麼想，否則，問題就大了。」

成銘接著說：「首先，庫存控制是指Inventory Control（IC），不是Inventory Management（IM），也不是Warehouse Management（WM），這個我早就寫了很多文章去澄清這個問題了。但在很多公司，還是把倉庫管理（WM）當成庫存控制（IC），他們認為倉庫管理就是庫存控制，甚至是授權倉庫可以拒收供應商的送貨，理由就是庫存太高了。這種公司的管理層往往是糊塗得不能再糊塗了，根本不值得一提。」

Bruce說：「老闆，以前老李就是這麼欺負我們的，您來了就把這個問題給解決了，是不是啊，老李？」

老李說：「你長點記性好不好？是成總來了之後要控制庫存，我才那麼做的，後來明白了，那不是我的事兒，所以不就改過來了？老是誣賴我！」

成銘說：「這個也不能全怪老李，有的ERP軟體就把IM或WM模組翻譯成庫存管理或庫存控制，其實就是個進銷存或簡單的庫存分析功能，也不是什麼真正的庫存控制，但這客觀上混淆了很多人的視聽。

其實，混淆視聽的還有如下幾個稱呼。

(1) Inventory Analyst（庫存分析員）

(2) Inventory Planner（庫存計畫員）

(3) Inventory Controller（庫存控制員）

那麼，他們之間的區別是什麼呢？

在很多公司，庫存分析員主要是在做文員的工作，這沒錯，譬如定期出個帳齡、呆滯報告之類的，出完報告，往外一發，然後就什麼也不管了，這種分析員是沒有價值的，這也是很多人誤以為庫存分析、庫存控制就是這麼回事的原因。

而庫存計畫員呢，他們的主要工作是與財務合作，跟供應鏈的負責人訂定庫存控制的目標，如庫存周轉率、呆滯庫存比例等，然後透過日常的分析、監控來保證目標的實施，如老IBM的庫存計畫員就是這樣，這也是我2000年加入IBM的時候，第一次知道，並認識到這個職位的重要性。這個職位其實要求很高，如對ERP及相關系統的熟知，對供應鏈管理流程的了解等。做好了，是供應鏈管理乃至整個公司的高級參謀，做不好呢，就容易做成文員的工作，出個報告就完事的那種，對不對啊，劉平？」

劉平摸摸腦袋說：「老闆，我一開始也認為這個工作很簡單，要不是當初您勸我，我早就辭職了。」

「那你現在感覺如何？」ERP支持的小佟笑嘻嘻地問劉平。

劉平說：「那還用說，很過癮呢！」

成銘接著說：「2007年我在F公司手機事業部做供應鏈總監，改革組織結構，設立的第一個職位就是庫存計畫員，當時很多人也不理解，時間長了，他們才發現這個職位的威力。當然，也是事在人為，當時做這個職位的人是我們從老IBM工廠挖過去的老部下，年齡比我小一點，一直做這個職位有十幾年了，經驗非常老到，很多職位比他高的人都怕他。」

Lucy笑著說：「銷售部的芳芳有一次說劉平什麼來頭？跟您是不是原先公司的同事，怎麼這麼跩？連她都敢罵？」

成銘說：「芳芳？那個老女人啊？罵她還罵輕了！」

成銘接著說：「關於庫存控制員，這個職位的功能更混亂。說白了，

這個職責描述是個理想化的，同時也是個思路混亂的綜合體。」

「真正的『庫存控制』，不是一個『員』級別的人可以幹得了的，不要說『文員』級別，就是『計畫員』（工程師級別）也沒這個能力！

為什麼呢？

道理很簡單，庫存控制是整個供應鏈管理要做的事情，甚至是整個公司的事情。當然，具體的負責人肯定是供應鏈的老大。

至於什麼是庫存控制，看過我的書《製造業庫存控制技巧》，或者聽過我的課的人都明白庫存控制其實牽扯銷售管理、計畫管理、生產管理、採購管理、物流與ERP等，是個系統工程，哪是個『員』可以玩得了的呢？」

「所以，」成銘說，

「(1) 庫存控制不是倉庫管理；

(2) 庫存控制不僅僅是庫存分析；

(3) 庫存控制也不僅僅是庫存計畫；

(4) 庫存控制是個全面的系統工程。

這個工作，只有誰能做？」成銘拍著胸脯問大家。

「當然只有老闆有這個能力了！」Edison笑呵呵地說。

「這馬屁拍的！有水準！」老李笑著說。

成銘就說：「Edison比我想像的還是要聰明一些。」

「然後呢，DP是怎麼回事？有啥可爭議的？」成銘問Simon。

Simon說：「我們在跟銷售總監陳強談這個S & OP到底誰負責的時候，陳強堅持說是他們銷售負責，我們只要照單執行就可以了。」

成銘說：「他還說了些什麼？」

「他說我們供應鏈的前任老闆也沒那麼多事，就老闆你事多！」Simon笑嘻嘻地說，「老闆，這可都是他的原話啊，不是我杜撰的。」

「扯淡！」成銘說，「銷售與營運計畫流程到底應該誰負責，或者說哪個部門負責會更合適一些？這個問題似乎是見仁見智，有的人想當然說是

銷售，S就是Sales嘛，有的則說應該是營運部門，O是Operations嘛，還有人說是財務，財務最終要對營運結果負責解釋嘛。但我個人的經驗是，供應鏈管理部門是S & OP運作流程的最佳負責人。」

「對！老闆，」王小兵說，「S & OP就應該由我們來最終負責！」

「你來說一下為什麼？」成銘問。

王小兵說：「我也是最近讀了老闆您的書，反覆看了幾遍才總結出來的，您看我的理解對不對：從SCOR（Supply Chain Operations Reference Model, 供應鏈運作參考模型）及整個供需鏈管理的關鍵角色與職責定位來看，供應鏈管理是把銷售、生產營運、財務營運等串起來的唯一選擇，這就是為什麼有些企業在S & OP裡面加了個I，Inventory（庫存）進去，叫所謂的SIOP，Sales, Inventory & Operations Planning，因為整個企業的需求與供應管理的最終結果就是體現在這個關鍵的庫存（I）上。庫存結構不合理，該有的沒有，不該有的到處都是，就會導致生產不順，貨銷售不出去，大量呆滯庫存產生，庫存周轉率偏低，最終導致財務現金流緊張，投資報酬率下降，這是我們供應鏈管理的責任。」

成銘拍拍王小兵的肩膀說：「有進步！小兵！」

42

不能被銷售牽著鼻子走

「陳強說過，老闆，」Simon插話說，「他說我們怎麼可能負得起這麼大的責任？」

成銘說：「我們當然負得起這個責任，否則我們為什麼還要做這個供應鏈管理呢？當然，供應鏈管理如果想『不作為』，那是很簡單的事情：

(1) 交付不及時，就抱怨銷售、客戶預測偏低，或者要貨太急；

(2) 呆滯庫存多、庫存周轉率上不去，就投訴銷售、客戶的預測太高或太不準確，天天改，或者是客戶難伺候，經常甩單。

總之，如果我們不想負責任，就可以把所有事情都推到銷售、客戶那裡，我們沒啥問題，逼急了還可以罵供應商一頓，因為理由也看似很充分，很多供應商要麼是客戶指定的，要麼跟我們老闆有關係，我們管不了。」

王小兵說：「老闆，我們以前的老闆就是這麼認為的。」

成銘說：「所以啊，我來了！作為供應鏈總監，要想有所作為，大膽地承擔起 S & OP 的責任，這是個關鍵。當然，我們供應鏈也需要他們的配合，銷售人員要成為『客戶的需求管理經理』，理解客戶的真實需求成為其關鍵職責之一，不要把自己定位為『我就是個賣貨、催貨的』。」

「我感覺我們的銷售除了催貨，其他什麼都不知道！」Lawrence 說。

成銘說：「你們計畫人員要挺直腰桿，真正地起到參謀、指揮的作用，放棄『文員、保姆心態』，不要總是銷售說啥就是啥。」

Simon說：「老闆，我們以前其實一直都是被銷售牽著鼻子走，甚至生產部的人也敢罵我們，他們也以老大自居。」

成銘說：「這是心態問題，也是人的經驗與素質問題。生產營運部門一定要放下過時的『生產是老大』的心態，老老實實地做供應鏈的『內部供應商』，Lawrence、Simon，你們倆必須要解決這個問題，要把生產部的人，尤其是老黑，還有我那個師兄王杰，把他們往死裡搞！要達到一個什麼效果呢？讓他們一見到你們的手下就要像老鼠見到貓一樣！」

Simon說：「對！老闆！跟著您做事，就是過癮！」

成銘剛要說什麼，老李說：「老闆你看，怪不得您老是不喜歡我呢，這幫小子就是會拍馬屁！」

成銘笑了笑，又指著王小兵說：「你們採購人員必須要把自己定位為『供應商的虛擬供應鏈管理經理』，不要總覺得『我就是個追料的』。」

Bruce說：「老闆，我們儘管年產值幾十億元，但在那些大佬供應商面前，我們還是個小公司，有些關鍵的物料，特別是我負責的一些電子物料，可能還需要您跟小兵老闆出面，否則，我們拿不到貨啊。」

成銘說：「你拿不到貨，那很有可能是個計畫問題，也就是Lawrence跟Simon的問題。」

「啊？」所有人都抬起頭來，很好奇地看著成銘。

Lawrence摸著腦袋說：「老闆，這怎麼又成了我們計畫的問題了？」

成銘說：「以前就有很多人問我說，他們是『小公司』，經常被那些『著名的供應商』如三星、英特爾、松下等邊緣化，下了訂單卻拿不到貨，怎麼解決這個問題？我說，其實，即使大如富士康、偉創力、華為、TCL等公司，在很多著名供應商那裡不也是『小公司』嗎？」

王小兵說：「老闆，那我們比起這些公司來不就更小了嗎？」

成銘說：「別急，小兵，這個問題很多人跟我探討過，結合我過去在F公司的經驗以及他們的實際情況，我發現，其實很多公司『拿不到貨』的原因，不是因為自己是『小公司』，也並非是他們的採購不努力，而是

他們的『計畫』有問題，你們都知道的，計畫是供應鏈管理的靈魂，是大腦。」

老李說：「老闆，您的意思是Lawrence、Simon的腦子都有毛病？」

成銘說：「那是老李你說的，我沒那麼說，但是，這也是很多公司實施ERP之後，在客戶服務水準、庫存周轉率方面，並沒有根本性提高的原因，他們所有的物料都採用『一個策略』來跑MRP、做採購計畫，自然會導致『該來的不來，不該來的都來了』的情形出現。」

老李說：「老闆，我們過去一直都是這樣的，一邊是我倉庫裡爆倉，一邊是王小兵這小子帶著他的一幫採購員在加班追料！聽說咱們CEO吳總都要服從他們的安排，今天去台灣，明天去日本，後天去泰國的，都是去給他們追料。您來之後就好多了，呵呵。」

成銘說：「你剛才還說他們會拍馬屁，我看你水準也不差嘛，哈哈！」

老李說：「這是事實，老闆。」

成銘說：「我相信，這種老闆『天天拼刺刀』的事情在很多公司裡都有，所謂CEO就是Chief Expedition Officer（首席追料官），而不是Chief Executive Officer（首席執行長），但我不想讓我們吳總也幹這種事情，我是想讓他該幹嘛就幹嘛去！」

「全面庫存管理」要達到的目的——老闆總是微笑在最後

CEO（Chief Executive Officer, 首席執行長）

CEO（Chief Expedition Officer, 首席追料官）

　　大家都笑了，成銘接著說：「大家知道，我們通常情況下把物料分為ABC來管理，還可以按照不同的屬性分為專用物料、公用物料、風險物料、戰略物料等；同時考慮物料的可得性（Availability）等因素，我們可能還會定義出所謂『超級A』（AAA）的物料。我估計很多人講的『拿不到貨』都屬於這個超級A的範疇。」

　　「對，」王小兵說，「我們過去安排吳總幫我們追的料大多數都是那種採購提前期長，可得性又差的物料，例如，今天又接到英飛凌的通知，幾顆料的採購提前期從過去的10週增加到15週，還督促我們趕緊下單，否則，到時候還是拿不到貨。」

　　成銘說：「這也是沒有辦法的事，誰讓我們自己做不出這些高端的半導體出來呢？全球就那麼幾家做，我們只好用他們的。但是，事在人為，如果你把超級A的物料計畫、補貨計畫跟其他物料都是同個玩法，那麼，你無論是從原廠拿貨，還是跟經銷商、代理商拿貨，十之八九都是有危險的，尤其隨著咱們傳統旺季七八九月份的來臨，這種情況會變得越來越嚴重。」

　　「那應該怎麼辦呢，老闆？」Simon問，「我們除了下Risk Order（風險訂單），似乎也沒有別的辦法？」

　　成銘說：「Simon，這就是我為什麼說拿不到貨可能是個計畫問題的原因。傳統的MRP的補貨方法一般是所謂Iot for Iot，批對批，或者叫按需訂貨，其實就是『定期不定量』（Fixed Timing, Unfixed Quantity）的一種表現形式，這個適用於大多數普通物料；訂貨點法裡面還有幾種組合，如『不定期定量』、『定期定量』及混合狀態下的『不定期不定量』。我這裡要講的其實恰恰是那種被專家學者們認為『不好用』的『定期定量』法。

　　所謂的定期定量就是在固定的循環周期下，每次補充同樣數量的庫存。」

　　「就是均衡補貨？」Simon問。

「聰明！」成銘說，「專家學者們之所以認為此法『不好用』，是因為他們想當然認為這種方法只適用於物料需求穩定的情況下，而實際需求卻是波動的，所以他們認為這個方法適用範圍太小，不值得研究，當然更寫不出論文來，因為這無法應用那些令人眼花繚亂的、一般人看不懂的高等數學，而沒有這些東西，論文品質就是不高的。其實這是因為他們沒有實務經驗，實際的供應鏈問題看起來很複雜，但正如限制理論（TOC）的創始人高德拉特博士所說，事情本身都有其『固有的簡單性』（Inherent Simplicity）。超級A的問題看起來很複雜，解決方法其實很簡單，你只要解決一個『定期定量』補貨的問題就可以了。

因為你只要定期定量地給供應商下單，你的需求就是長期的、穩定的，對供應商來講，這是個天大的好事，因為它可以實現『均衡生產』（Balanced Production）。」

「對，對，對！老闆，我一直在思考這個問題，就是沒有現成的解決方案，」Simon說，「您這一講，我似乎是開竅了。」

成銘說：「開竅就好，當然，這種方法看起來很簡單，但其實還要考慮物料需求的具體情況，如需求的連續性、波動性、產品生命周期（PLC）等，從而決定補貨的周期、數量。同時，還要考慮你能夠承擔的庫存風險以及跟供應商的合作協定，最終做出判斷，並定期檢討。」

「另外，」成銘說，「從組織結構上，如果你的超級A物料數量比較多，總價值比較大，你需要專門的人去管理，並建立專門的管控流程。如我在F公司管手機供應鏈的時候，我親自從幾萬個物料編碼裡，選出並定義了大概30個AAA物料，日常平均庫存在一億人民幣左右，占我們總體庫存大約10%的比例。這些物料的日常庫存、下單、在途控制，我幾乎每天都要親自看一下，做些分析之類的工作，因為這些『黃金般貴重』的物料的管理是不可以有任何閃失的，供應商都是很『厲害』的，如TI/ST/NXP（編按：德州儀器/意法半導體/恩智浦半導體）等；採購周期往往都是上百天，一旦產生物料短缺，就不是停產幾天的事情，可能要幾週，甚至更長

的時間；但是一旦產生呆滯庫存，那也是災難性的，壓力之大可以想像，必須『謹小慎微』，『算計了再算計』。」

Lawrence 說：「老闆您的意思是在我們的計畫跟採購團隊裡也專門設這麼一個特殊小組來控制這些物料的計畫與採購？」

成銘說：「是的，據我了解，我們也有十幾顆這種所謂的超級 A，這也是我們今天要討論你們計畫部的組織架構的原因。」

「那我們還需要改一下。」Lawrence 說。

成銘說：「沒關係，你們按照我說的再改一下，把相關人員的職責分工做個調整，然後發給我看看，如果沒有問題就儘快這麼發布實施。但你們一定要搞清楚，供應鏈管理過程中的很多問題，看起來是採購、生產，甚至是銷售、客戶、供應商的問題，其實大多是個計畫問題。如同一個人一樣，大腦不靈，四肢再發達，又有什麼用呢？」

「大家還有其他問題嗎？」成銘問，「如果沒有問題我去抽根菸，一會兒跟小兵單獨談個話。」

Lawrence 撓撓頭說：「老闆，按照新的計畫組織架構，我跟 Simon 誰管誰啊？」

成銘說：「我管你們，散會！」

43
承諾品質問題

　　老李一邊跟著成銘往外走，一邊跟Lawrence說：「你還想管人家Simon?!」

　　抽完菸，王小兵跟著成銘一起回到辦公室。

　　成銘也不說話，只是瞅著王小兵笑，小兵就有點心裡發毛，問成銘：「老闆，您找我啥事啊？」

　　成銘笑嘻嘻地說：「也沒啥事，例行的One to One Talk（一對一談話），就是想了解一下你跟你的手下有沒有什麼對我不滿意的地方，儘管說，反正我們這一個小時就是專門用來閒聊的。」

　　王小兵趕緊說：「沒有，沒有，老闆，挺好的，您來了之後，我們的確是跟您學了不少東西。」

　　成銘說：「小兵啊，就我們倆在這裡關著門說話，放鬆點，閒聊我們都是不做會議記錄的，沒關係嘛，難道你們背後就沒有罵過我？」

　　小兵呵呵一樂，說：「老闆，的確背後有人罵你，但我沒有，昨天跟我幾個手下喝酒，Bruce他們還說呢，跟著您的確是長見識。」

　　成銘就笑嘻嘻地問：「誰背後罵我啊，啊？小兵你告訴我，我弄死他！」

　　小兵就嘿嘿一笑：「老闆，嘿嘿。」

　　成銘說：「你不說，我也知道，沒關係，我們今天不談這個問題，我主要是想跟你聊聊你自己的問題。」

王小兵說：「老闆，我有什麼問題您儘管批評，我一定虛心接受。」

成銘說：「哈哈，你小子這個態度不錯，這是你個人能力的一部分，我這點就不如你，對老闆一直態度有問題，那個Johnson，見到吳總就說我態度有問題。」

王小兵笑道：「其實我看您跟咱們的CFO合作得挺好，你罵他，他也經常罵你，但你倆合作得真不錯，老闆，我是發自內心的講這話，至少您來了之後，該付給供應商的款，人家財務都給付了。」

成銘說：「這一點嘛，這個台灣佬還是蠻專業的，不過我們也是說到做到嘛，哈哈，現在總體庫存馬上就要跌破三億，年化庫存周轉率估計在本月底可達到8次左右？」

王小兵說：「差不多，爭取到年底達到12次，老闆？」

成銘說：「這怎麼可能?!到年底，全年平均下來能達到10次就謝天謝地了。」

「哦，對，老闆，因為去年年底還有您來之前的幾個月月底的庫存都要算進去的。」

成銘說：「是啊，小兵，12次的目標實現不可能發生在今年，所以，我想用明年一年的時間突破12次，讓那個台灣佬徹底傻眼！你有沒有信心？」

「我？」王小兵有點摸不著頭腦了：「我們採購的作用有限啊，老闆。」

「No！」成銘說：「採購有採購的作用，你已經在跟供應商合作方面邁出了一大步，供應商交付彈性有所提高，這對我們降低庫存、提高及時交貨率已經有很大的幫助，這是個很大的改善，當然，還需要繼續努力，改善無止境嘛！」

「那都是在老闆您的指導下做出的一點成績。」王小兵很謙虛地說。

成銘說：「小兵，你也不要老是把成績往我身上推，沒有必要，我是你們的老闆，這是我職責所繫，沒啥可講的。但我計畫再給你三個月的時

間，也就是到今年9月底，你重點把供應商對我們的承諾品質問題搞定，逐步提高承諾品質的可信度，最終達到我們以前講的，有本事的採購員應該做到，誰去了（供應商那裡）都沒有用的程度。說白了就是，不但我作為供應鏈總監不能成為你們的所謂 Shortage Escalation Point（物料短缺逐級上報點），我們老闆吳總更不能做這個點！要不我們還要那麼多執行採購員、尋源工程師幹嘛？」

王小兵說：「老闆，我明白，到我這裡就到頭了！這是我的職責！」

成銘說：「對！小兵，我非常欣賞你的領悟能力，執行力也不錯。」

「過獎了，老闆，」王小兵說，「比起您來，我還差得遠。」

成銘說：「你不要謙虛，只是我還想提醒你一件事情。」

王小兵說：「老闆，您請講。」

成銘問：「你平常在亞馬遜上購物嗎？」

王小兵說：「經常在上面買些書什麼的，包括您的書，也是從亞馬遜買的。」

成銘說：「你知道他們有個所謂的『預承諾』嗎？」

「預承諾？沒有注意啊，老闆，什麼意思？」小兵問。

成銘說：「所謂預承諾，按照我的理解是，我先跟您打個招呼，我知道您的需求了，我也大概告訴你，沒有問題，但這並不是我的正式承諾。」

「好像是有這個東西，我還感到奇怪呢。」王小兵說。

成銘說：「我前一陣子在亞馬遜上買了個 Kindle 閱讀器，透過這次購物體驗，我感覺，亞馬遜是在玩『預承諾』這個東西。

我是去年11月1日晚8:28左右，在亞馬遜網上下單採購 kindle 閱讀器及保護套，9:32就收到他們的 auto-confirm（自動確認，也就是我認為的『預承諾』）的郵件，你看這個，我拷貝下來了，」說著成銘把電腦螢幕轉給王小兵看。

訂單匯總：

配送說明：您所訂購的商品將一次性送達

預計送達日期：20XX年11月2日

「亞馬遜【Kindle Paperwhite】真皮保護套，瑪瑙黑」

附帶品；￥288.00

現在有貨

賣家：<u>亞馬遜（亞馬遜）</u>

「Kindle Paperwhite電子書閱讀器」

消費電子；￥849.00

現在有貨

賣家：<u>亞馬遜（亞馬遜）</u>

　　此郵件僅確認我們已收到了您的訂單，但不代表我們接受您的訂單。只有當我們向您發出發貨確認的電子郵件，通知您我們已將您訂購的商品發出時，才構成我們對您的訂單的接受，我們和您之間的訂購合約才成立。

　　請注意：儘管您成功提交了訂單，訂單也註明了預計送達日期，但仍有可能由於商品缺貨等原因無法發貨。請見諒……

　　「這就有點無恥了。」王小兵說。

　　「對，」成銘說，「這個郵件是在我的訂單發出幾分鐘後回饋給我的，我得到的訊息和理解是：

　　(1) 這是一個『預承諾』；

　　(2) 他們的系統自動審核了我的訂單，時間、數量及商務條款基本沒有問題；

　　(3) 他們的庫存是齊套的，因為將『一次性』送達；

　　(4) 他們給出了初步到貨承諾：11月2日；

　　(5) 他們在等待人工審核……」

「應該是這樣，老闆。」王小兵說。

「然後在11月2日凌晨1:40，也就是在我收到他們的預承諾4小時零8分鐘後，我收到他們的發貨確認郵件：『感謝您在亞馬遜購物！我們很高興地通知您，您訂購的商品已經發貨。如果您需要……』」

「你看看，」成銘說，「再然後，我於11月2日上午大約11點30分，也就是在下單14小時後，收到實物。整個過程，看起來一氣呵成，如行雲流水般順暢！但從供應鏈專業角度，事情果真如此嗎？對亞馬遜來說，或許是，對我們作為客戶來說，絕對不是！」

「為什麼這麼說呢？」王小兵問。

「因為，亞馬遜自始至終對客戶的訂單並沒有任何真正的承諾（Commitment）！」成銘說，「對不對，小兵？他們的需求管理過程就是：接單→自動確認（自動確認或者預承諾，不承擔任何法律責任）→有貨，就發貨，並給你發貨郵件（類似ASN, Advanced Shipping Notice, 預先發貨通知）；沒貨，就告訴你沒貨！中間根本沒有任何真正的承諾！」

「是的，」王小兵說，「正常的訂單管理流程應該是：接單→確認收到→正式承諾→ASN（預先發貨通知）→出貨。」

成銘說：「沒錯，但亞馬遜這樣做的最大好處就是：幾分鐘之內，快速告訴客戶，你的訂單我收到了，基本上沒有問題，而且ETD（預計出貨時間）都確定了，這實際上給客戶一種『快速反應』（QR, Quick Response）的感覺，也是為了立即拴住客戶。這背後當然需要一個強大的供應鏈管理系統支援。」

王小兵說：「是啊，老闆，他們最起碼對你的需求有個反應啊。其實每年咱們生產旺季的時候，那些很大的供應商好像都是這麼做的，他們都是系統自動承諾，有時候能把承諾推到明年去！」

成銘說：「是的，這樣做，亞馬遜可以不承擔任何缺貨或違約方面的法律責任，因為它說了，『此郵件僅確認我們已收到了您的訂單，但不代表我們接受您的訂單。只有當我們向您發出發貨確認的電子郵件，通知您

我們已將您訂購的商品發出時，才構成我們對您的訂單的接受，我們和您之間的訂購合約才成立⋯⋯』，這是什麼意思呢？」

王小兵說：「我有貨，我給你發，我們的合約約束關係才成立，我沒貨的話，您的訂單就當沒發生！我一點責任都沒有！」

成銘說：「理解正確。其實，這或許是電商通行的做法，但很明顯，這在我們製造業是不可以的，我們要求供應商在24小時之內（國外供應商可以是48小時），必須給我們一個真正的承諾！否則，我們的物料計畫與生產計畫還怎麼做？你說是不是小兵？」

「明白了，老闆，」王小兵說，「我們絕對不允許我們自己的供應商這麼做。」

成銘說：「也不能完全這麼講，對於我們的大多數供應商是可以這麼要求的，但對於像NXP/TI/ST等這些大供應商，他們實際上就是這麼做的，我們其實是一點辦法都沒有，我們唯一能做的就是讓我們的採購員緊盯著他們的銷售不放，直到拿到令人可信的承諾為止，同時，根據我們剛才開會講的，要加強計畫的穩定性，尤其是在均衡下單及均衡補貨方面，我們還需要下不少功夫。」

44
快速反應是個能力問題

「知道了，老闆，」王小兵說，「這是我下一步的努力方向。」

成銘說：「剛才我們提到快速反應的問題，其實，一提到快速反應（QR, Quick Response），很多人會立刻想到EDI（電子資料交換）及資訊化系統，好像有了資訊化，企業的供應鏈快速反應能力馬上就提高了。」

王小兵說：「是的老闆，供應鏈管理的實務告訴我們，QR不是這麼簡單就可以實現的，譬如剛才談到的供應商的承諾品質問題，沒有高品質的供應商承諾，我們也無法對客戶的需求做出快速反應。」

成銘說：「很對，小兵。在我過去審核、諮詢過的製造業客戶中，不乏在資訊化建設方面投入極其奢侈者，ERP使用SAP或Oracle，兩頭是很高端的CRM/SRM（Customer Relationship Management/Suppliers Relationship Management, 客戶/供應商關係管理系統），中間有MES（Manufacturing Execution System, 製造執行系統）/OA（Office Automation, 辦公自動化軟體），還有APS（Advanced Planning System, 高級計畫系統），可謂武裝到牙齒，但是為什麼他們的供應鏈反應能力還是不盡如人意呢？」

王小兵說：「我記得曾經在網路上看到一篇轉自《環球企業家》的文章（作者劉泓君），在談到美特斯邦威應該向ZARA學什麼的時候，上海交大的董明教授就說，『不要簡單地從某個環節向ZARA學，要把整個供應鏈都學像，從全域的角度去協調和優化』，『在資訊的利用方面，不是

簡單地用庫存管理、倉庫管理系統等，我知道這個商品有多少貨，剩多少貨，這種資訊有意義，但是意義不是很大。真正要利用這些資訊，給出一些科學的決策，就像補貨量，我要綜合所有在店的某款衣服的實際銷售情況，利用這些資訊給出一個預估或者優化，給出一個建議的訂貨量，這是非常核心非常重要的也是中國企業非常缺乏的』。」

「老闆您是不是也是這個意思？」王小兵問。

成銘說：「所謂英雄所見略同，我不是英雄，但非常認可董明教授強調的如何利用資訊進行（補貨）決策，這是『非常核心非常重要的』，但這『也是中國企業非常缺乏』的能力。」

「嗯，」王小兵說，「這個道理其實很容易理解，因為資訊本身不會決策，決策最終是要靠人的，而人的這種決策能力，其實就是供應鏈的反應能力。」

王小兵繼續說：「老闆，去年我跟著銷售的陳總與幾個客戶的供應鏈管理、IT等的高管們座談，其中他們抱怨最大的就是給我們的訂單遲遲得不到承諾，即使是好不容易承諾了，最終可能還是出不了貨。」

成銘說：「這就是典型的供應鏈管理決策能力太差，對客戶需求的反應能力太薄弱。」

王小兵點點頭，問成銘：「老闆您認為我們公司的整個供應鏈管理應該如何快速提高這種反應能力？」

成銘說：「問題問得很好！我個人認為，供應鏈的快速反應能力具體體現在如下幾個方面。」

(1) 對客戶需求的快速承諾能力（Quick Commitment to Customer's Demand, QCCD），這是對供應鏈管理的基本要求。記得我在IBM給諾基亞代工的時候，一開始他們要求我們接到單後24小時之內承諾就可以了，後來就說必須在8小時之內，再後來是2小時，富士康到北京建廠開工後，諾基亞的要求是30分鐘，否則你就搶不到單！

　　(2) 承諾的保證能力（Capability to Keep Commitment, On-time Delivery to Commitment, OTDC），你承諾了，你就要做到，否則，你的承諾還有什麼用？真正做過供應鏈管理的人都知道，我們從來沒有 Guarantee（100% 確保）這一說，但你大概要確保98% 以上吧？即使你達不到98%，你至少有個持續提高承諾達成率的趨勢吧？這其實是個承諾品質及其保證的問題。

　　(3) 不斷縮短出貨時間的能力（On-time Delivery to Demand, OTDD），你承諾了，你做到了，這其實是供應鏈管理的基本功，關鍵問題是為了提高企業的競爭力，你還需要持續提升滿足客戶越來越「不講道理的需求」的能力，也就是滿足客戶今天下單，明天就要貨的能力。

　　「嗯，老闆，您提到的第一個快速承諾能力，我們目前在新的KPI裡面好像還沒有設置？」

　　「聰明！小兵，暫時不設置不代表以後不設置，我們目前還處於打基礎階段，」成銘說，「我們需要先提升幾種基本能力。供應鏈管理既沒有絕招，也沒有捷徑，我們唯一能做的還是要圍繞3個P去做。」

供應鏈管理能力提升路線圖

　　(1) P1rocess（流程），從接單到出貨，中間的生產控制及供應商管理流程以及ERP等IT資訊系統的持續優化是個關鍵，而流程優化的前提是搞清楚你的業務模式。

　　(2) P2eople（人與組織），在持續優化流程的基礎上，持續優化組織架構，尤其是在具體的角色與職責方面，在我過去的很多客戶中，職責裡面都出現過「確保」、「保證」之類的描述，這其實都是口號，不是職責。

　　(3) P3erformance（績效考核），合理的 KPI 體系可以幫助組織提升業績，反之則只會削弱，如考核計畫員、採購員的停線次數等，基本上都是些沒有用的考核。

　　(4) 最後，也是結果，即組織技能（Organizational Capability），或者叫供應鏈管理的整體能力。供應鏈管理的組織必須是一個學習型組織，因為供應鏈本身隨著企業規模的擴大而擴大，供應鏈管理的能力必須跟得上，否則，企業規模越大，企業倒閉的風險越高。

　　「老闆，」王小兵說，「我理解的組織技能就是，我們有了流程、組織、績效考核，我們這些當經理的就要不斷地培訓、培養我們的手下，藉由不斷地提升他們個人的技能來提升整個供應鏈管理組織的管理水準？」

　　成銘說：「流程、組織、績效考核是需要不斷優化的，小兵，你說得對的地方就是，我們需要把這些東西跟我們的下屬不斷地結合、強化，最終形成所謂的『人槍合一』，同時，作為管理者，我們還需要不斷地提升我們個人的能力，包括行為。」

　　「行為？」王小兵有些不解。

　　成銘說：「是的，行為。你有沒有發現一個有趣的現象？企業供應鏈的快速反應能力，跟它們的供應鏈的老大甚至是企業老闆的個人習慣有著千絲萬縷的關係——那種經常不能及時回覆別人郵件，甚至是連回都不回的人，他的企業或者他管理的供應鏈水準一般也是不怎麼樣的。」

　　王小兵說：「真是這樣，老闆，記得有一次，我被索尼愛立信的一個負責給我們提供 Buy/Sell（買／賣，客戶提供物料）物料的採購經理（瑞典人）給投訴到我老闆那裡去了，就是因為我沒有及時回覆他的郵件，我老闆親自打電話給我，很委婉地批評了我，我當時還認為這不是小題大做嗎？不就是一封郵件嗎？

　　我當時的老闆告訴我那個瑞典人可能是供應鏈做的時間長了，職業病，對 Response（反應）看得很重。

　　我後來仔細想想，這是有道理的，供應鏈玩的不就是個Response嗎？」

　　成銘點點頭說：「小兵，你理解得很到位。」

　　王小兵說：「我很感謝索尼愛立信那個採購經理，後來養成的習慣就是，只要給我寫郵件，不管是客戶還是供應商，我一定及時回。」

　　成銘說：「對！習慣成自然，一個企業的供應鏈組織如果能夠養成快速反應的好習慣，這其實是一種很強的競爭力。」

45

我準備調你去當計畫部部長

成銘說：「小兵啊，從10月開始，等旺季結束了，我們就會比較輕鬆，然後你就沒事幹了。」

「啊？」王小兵不解，「老闆您的意思是，第三季一結束，就讓我走？」

「哈哈哈！」成銘大笑：「如果你走了，我也要滾蛋了！」

王小兵就更加摸不著頭緒了，只是傻乎乎地看著成銘。

成銘說：「小兵，你後面還有其他的會議嗎？」

王小兵說：「沒有了，老闆，我把每週三的時間都安排得比較鬆。」

成銘問：「為什麼？」

王小兵說：「因為我們每週三這個例會後，我們還需要理解、落實，所以就這麼安排。」

成銘說：「好！這說明你可以做計畫部部長！走，下去抽根菸！」

「您說什麼？老闆？您想調我去管計畫部？」王小兵一邊起身跟著成銘出辦公室，一邊問道。

成銘說：「是啊，下去聊。」

到了樓下，各自點上菸，成銘說：「怎麼，小兵，不願意做？」

王小兵說：「老闆，我自從進了這個公司，五六年了，一直在負責採購，對計畫這塊我不熟啊。」

成銘說：「難道你就想一直這麼幹下去？我如果離開偉康公司，誰來

Back Up（後備）我？這個事情你先保密，如果你沒有問題，我就跟吳總打招呼，10月你就正式調到計畫部，但前提是你把採購部這兩件事情給我做好了，尤其是旺季，不要出什麼大問題。」

王小兵說：「老闆，感謝您對我的信任，但我確實是計畫方面的經驗太少啊，我怕做不好，辜負了您對我的期望。」

成銘說：「別擔心，我還在這裡呢。」

「那我調到計畫部之後，您覺得誰替代我的位置比較合適呢？」王小兵問。

成銘說：「你從你們採購部內部考慮推薦，不行就外招！」

王小兵說：「老闆，您看Bruce怎麼樣？」

成銘說：「原來你小子早有考慮？」

王小兵有點不好意思地說：「老闆，您知道我手下三個採購經理，Lucy是個女人，管人有點吃力，Edison這小子鬼頭鬼腦的，總是讓人不放心，剩下就是Bruce了，他做事情很穩當，就是有點衝動，好打抱不平，前陣子不是還因為食堂的事情寫信給咱們董事長嗎？」

哈哈哈！成銘說：「這不是衝動，這是血性！我都不敢幹的事，他就幹得出來！這點他比我強！」

「那吳總不也因為這件事批評您了？」王小兵說。

「那哪叫批評？」成銘說，「吳總親自打電話告訴我說，這個Bruce敢因為食堂的事情直接給董事長寫信，說明這小子有正義感，連吳總自己偶爾去經理食堂吃個飯，都覺得這食堂外包之後啊，還真是不如從前了。」

「都是HR那個Susan搞的鬼！」王小兵憤憤地說，「我們都是敢怒不敢言。」

成銘又點上一根菸說：「小兵啊，我們不談食堂的事了，只是啊，你回去要跟Bruce好好談談，他這種精神，難能可貴，但是呢？這種做法是沒有用的，你想想，董事長他老人家常年住在美國，偶爾來公司一趟，也很少去食堂，他怎麼會管這種事？那他不管，誰管？總不能讓他老闆，也

就是他老婆來管吧？那上級不管，那就只好找下級嘛！那董事長的下級是誰啊？不就是吳總嘛！吳總挨了他老闆的罵，那他就只好找我啊，還好，吳總為人平和，只是說Bruce這種方式有點問題，讓我跟他好好談談，我也一直沒跟他談，年輕人嘛，有點血性也是好事，但畢竟是個經理啊，尤其是他將來代替你做了採購部長，這種事還是少做比較好，你不想想，如果他的人越過你直接捅到我這裡來，你會怎麼想？」

「也是，」王小兵也點上一根菸說，「我抽空跟他談談，另外，老闆，如果Bruce提為部長，誰來接替他（電子料採購經理）的位置？」

成銘瞅了一眼王小兵說：「你覺得是我來給你指定好呢，還是你自己來辦這個事比較好？」

46

借就是偷

沒有庫位間的轉移就不會有差異──物流與資訊流的分離問題 - From - To

庫位	描述	類型	参与MRP?	责任人
9932DB6	Central Hub-中央物流中心	原材料	Y	MP
9932FDC	Flextronics HK DC-香港物流中心	原材料	Y	MP
9932LWA	Logic WH for Alternative Item-可选件逻辑仓	原材料	Y	MP
9932NMP	Non Mass Production Mat. WH - 非批量生产物料仓	原材料		NPI
9932RIP	Replenishment Warehouse - 补货区	原材料	Y	MP
9932SCR	Customer Return WH-RMA客户退货仓		N	DP
9932SF6	Semi Finished Goods WH-半成品仓	半成品	Y	PP
9932SFG	Finished Goods Shipping	成品	Y	PP
9932SKB	Supporting/Satellite	原材料	Y	MP
9932SMB	Material Review	MRB	N	ALL
9932SCP	Scre	报废	N	ALL
9932S	Re se - GR收货区/仓	原材料	N	Buyer
9932S	r to Customer Shipment - 返修退客户仓	成品	N	DP
9932SR	Return to Vendor Warehouse - RTV退货供应商仓	MRB	N	Buyer
9932SSK	Raw Material Warehouse-原材料仓	原材料	Y	MP
9932SWB	WIP warehouse - SMT - SMT在制仓	WIP	Y	PP
9932SWP	WIP Warehouse - Assembly - 组装在制仓	WIP	Y	PP
9932SWR	WIP Rework Location - 在制返修仓	WIP	N	PP

注：Y代表Yes，N代表No。

週四整個上午沒有什麼安排，成銘就想到車間去轉轉，下了樓，抽了根菸，成銘轉到了B棟的SMT產線，剛過安檢，一抬頭發現品質部的部長老馬手裡端著幾塊PCBA要出車間。

成銘就問：「老馬，你拿這玩意兒幹嘛去？」

老馬說：「這一陣子打板老出問題，我要拿出去做個測試。」

成銘就一伸手：「單子呢？」

老馬就問：「什麼單子？」

「出庫單啊！」成銘說。

老馬說：「什麼出庫單啊？我是品質部部長，就從車間拿幾塊PCBA去測試，又不是從你倉庫拿，你還要什麼出庫單？」

成銘說：「車間也是倉庫，你知道這個車間的庫位代碼是多少嗎？」

老馬說：「什麼庫位代碼?!老子是搞品質的，不懂什麼庫位代碼啦！」

成銘說：「老馬，我一直是很尊重你的，但今天我要提醒你，你要是不把出庫單給我填了，我讓你出不了門！」

然後成銘拿起內部小靈通（編按：個人手持式無線電話）打給生產部的老田，問老田是否在車間。

「在啊！」老田說。

「那你馬上到車間大門口來一下！」成銘說，「有人偷東西！」

「有必要這樣嗎！成銘！」老馬把板子往保安的桌子上一放，乾脆拉了一張凳子坐下了。

成銘嘿嘿一笑：「老馬，別生氣，一會兒我請你下去抽根菸，消消氣。」

老馬也不搭理成銘，不一會兒看見老田急急忙忙地過來了，問成銘：「怎麼了，成總？誰偷東西了？」

成銘一笑，指著老馬說：「就是他！」

老田樂了：「哈哈，成總，老馬怎麼可能偷東西？老馬，你到底是怎麼回事？」

老馬說：「老田啊，全公司的人都在說這個成銘是個流氓，我還經常替他辯護，說他文質彬彬的，有時候甚至還打著領帶，一看就是很有禮貌的樣子。現在，我信了！你看，我這準備拿兩塊板子出去做測試，正好讓他碰上了，他就說我是偷！就差沒打110了！」

老田說：「算了，算了，老馬，你也別生氣，不過呢，這事你是做得

不對。」

老馬說：「你老田這麼個老實人怎麼也跟這流氓穿一條褲子？我們不是一直都這麼做的嗎？」

老田呵呵一笑，說：「老馬，這事也怪我沒有及時提醒你，你上週不是出差了嗎？就在上週公司管理會上，成總已經公開宣布了，以後工程師借料必須要本庫位責任人審批，然後交給文員做單，在系統轉移庫位，否則就是偷，呵呵，你知道，每次盤點啊，我們都有很多差異找不出原因來，有些的確就是被你們工程師，甚至是客戶隨手拿走的，包括整機，現在好了，成總安排人專門在系統裡面給你們這種情況建立了一個庫位，以後盤點，呵呵，你們就跑不掉了！」

「這麼做有點黑，不過……嗯，我不懂物料管理，不過，這樣挺好的，應該！那你老田的門口保安怎麼不攔我啊？」

說完，老馬就指著那個小保安問道：「你知不知道這個新規定？」

那個小保安笑了笑扭扭捏捏地說：「我們隊長也傳達了，只是，只是，您是部長，就，就沒敢問您要單子。」

「你這保安當的，差點害得我犯錯誤！」

老馬罵完了保安就問成銘：「那你說現在怎麼辦？」

成銘說：「呵呵，我就說老馬是個明理的人，你先把板子拿走，是老田犯的錯誤，我做擔保，老田趕緊讓老馬補個手續，今天這事就這樣吧，晚上你倆要是沒事，我請你們喝酒，給老馬賠個不是，怎麼樣啊？」

老田趕緊說：「老馬，就是有事咱們今晚也得去啊，成總請客，不容易啊，都是他吃別人的，今晚咱們也宰他一把？」

老馬說：「行！聽陳強說上次成銘宰了他一隻龍蝦刺身，這次我們也弄隻龍蝦嘗嘗！」

哈哈哈！成銘大笑：「老馬啊，你就這麼點出息啊！今晚叫陳強那老小子一起吧，我好好請請你們！」

說完，成銘跟老田打了個招呼就到車間溜達去了。

　　晚上陳強開車，四個人還是直奔以前那家海鮮餐廳，到了前台也不跟服務生打招呼，直接上了二樓包間。

　　一邊上樓，老馬一邊嘟囔說：「老田啊，你看看人家陳總跟成總過的是啥日子？咱們又是過的啥日子？」

　　老田就樂，說：「老馬啊，還不都是過？再說，他們也不容易，陳總天天伺候客戶，為了拉個單，整天跟個孫子似的，哈哈。」

　　陳強說：「老田你罵誰呢？」

　　老田嘿嘿一樂，也沒吭聲，一行人就到房間了。

　　老馬對服務生說：「上一隻龍蝦刺身！要最大隻的！」

　　服務生笑著看看陳強，沒吭聲。

　　老馬剛要發火，陳強就說：「哎哎，老馬啊，別上火，」然後吩咐服務生，「姑娘，去，趕緊上龍蝦去，其他的菜你看著上吧，反正今晚不是我埋單。」

　　成銘就對服務生說：「先每人發兩瓶冰啤酒，然後就上菜吧。」

　　老馬說：「我不喝冰的，給我來兩瓶常溫的吧。」

　　成銘說：「請你吃個飯，事兒還不少！那就這樣吧，啤酒上一打，每次都是9瓶冰的，3瓶不冰的，別上錯了！去吧！」

　　一會兒啤酒先上來了，服務生開了一瓶，要給每個人倒上，成銘說：「你這閨女，新來的吧？全打開，每人發3瓶！然後你該幹嘛幹嘛去！」

　　老田就笑著說：「成總的性格跟陳總很像，喝啤酒都是自己倒！」

　　成銘說：「錯！老田，是陳強跟我很像！」

　　陳強也不上火，對老田說：「這小子從來不吃虧，來，各位，先乾一杯涼快一下再說！」

　　說著，陳強咕嘟咕嘟地先把自己的杯子乾了，成銘酒杯一端，對老馬說：「來老馬，敬你！」

　　老馬說：「哪敢啊？自己喝吧！」

　　成銘笑著對陳強說：「你看看，老馬這老傢伙，敬酒不吃，吃罰酒！」

說著，自己也喝完了。

老馬放下酒杯說：「成銘啊，我就一直很納悶啊，自從你來了之後，我就感覺你們供應鏈管理部像變了個樣子，連你手下的小計畫員也敢罵我手下的主管！」

「哦？真的假的？」成銘迫不及待地問道。

老田說：「這事我知道，是那個什麼庫存計畫員劉平，上週四在我那裡把老馬手下的在線QC（Quality Check）主管，就是那個新來的小文給罵了一頓，罵哭了，人家當場就要辭職不幹了！」

「哈哈哈！好！」成銘笑著說：「來各位，我先乾為敬！」

「這什麼人呢！自己手下欺負人，這當老闆的還說好！」老馬憤憤不平地說。

成銘自己點上一根菸，遞給老馬一根，說：「來，老馬，抽根菸，消消氣，等我慢慢地跟您老匯報。」

老馬把手一擋，說：「抽不起您的大中華，我還是抽自己的芙蓉王覺得心裡踏實一些。」說完給了老田一隻，也不給陳強，然後就自己點上了。

陳強就說：「老馬你也太不夠意思了，連一根破芙蓉王都不捨得給？」

老馬就說：「你們都牛叉！誰不知道你跟成銘都是抽大中華啊？你們都是大爺！」

陳強也不生氣，笑笑說：「剛才上樓的時候，老田還說我是孫子呢！哈哈哈。」

47
供應鏈管理部首先是個管理部門

老馬說：「陳總，你來評評理，成銘這個供應鏈管理部，到底是個服務部門還是管理部門？我怎麼感覺他們什麼都管啊？」

成銘笑嘻嘻地說：「老馬，等菜上來咱們再談這個問題，好嗎？」

老馬說：「你不說，我就吃不下去！」

成銘說：「那好吧，本來請你喝酒，你呢？非要聽課不可。我跟你講，在很多公司，供應鏈管理部門被稱為後勤部門或者乾脆說是服務部門，具體表現為，供應鏈部門要聽銷售的安排，甚至要聽生產部的指令，對不對？」

陳強趕緊擺手說：「別這麼謙虛，成銘，你來了之後，都是我們銷售聽你的了。」

成銘說：「陳總啊，其實呢，這兩種情況在很多公司都很普遍，就拿我們偉康公司來說吧，過去，我們的生產計畫員每天怎麼排產，排什麼產品，排多少，優先順序怎麼調整，都是聽銷售人員的，說白了就是，銷售說幹啥，咱們就幹啥，是不是這樣？」

陳強說：「過去的確是這樣的，現在不是讓你給改過來了嗎？」

成銘雙手一抱拳說：「感謝陳老大支持！我們哥倆先乾一杯！」

杯子一放，成銘接著說：「這其實是一種典型的『被動供應鏈管理』，其結果就是，供應鏈管理就是個吃力不討好的保姆，就是個追料的。」

老馬就說：「本來嘛！要不你還能上天啊？」

成銘說：「老馬，還真讓你給說中了！上天我們上不去，但從客戶對我們的需求開始制定供應鏈管理戰略，這是我們必須要做的，而不是被動地去追料。這個道理看起來簡單，實際上很多企業並不清楚客戶對自己的需求到底是什麼。」

陳強說：「這一點我非常贊同成銘。我自己幹銷售這麼多年了，本以為自己很了解客戶的需求，但其實，經過成銘這段期間的分析，我發現，包括我自己在內，我們還真沒有搞清楚客戶到底要什麼，譬如：有客戶給你下了個單，有時間，也有數量，看起來是個『標準訂單』，但其實可能不是，可能僅僅是個『意向』，至於真正什麼時間要貨，要多少，誰都不知道。有的客戶對你的供應鏈要求可能是VMI（供應商管理庫存），而不是跟你玩PO，或者反之，客戶本來是要跟你玩VMI的，你非要跟人家玩什麼PO，也就是說，我們過去根本不清楚客戶的原始需求是什麼，所以，搞得我們的供應鏈管理就很被動，這也是為什麼我們過去庫存一直居高不下，但及時交貨率一直徘徊不前的重要原因。」

成銘說：「謝謝陳總，與之類似的情況就是，生產計畫員下達的工單、排產指令，生產部門僅僅當作參考，有時甚至連看都不看，想幹啥就幹啥，過去是不是這樣，老田？」

老田點點頭，說：「是的，因為那個時候總覺得你們供應鏈的人不懂生產，所以嘛，呵呵。」

成銘很嚴肅地說：「老田說的這個，其實是與我們供應鏈管理人員本身的素質有關係，很多公司的PMC（Production & Materials Control, 生產與物料控制）或者計畫員都是文員出身，俗稱『跟單的』，我們的很多計畫員也是這種情況，這也是為什麼我近期正在花大力氣整頓計畫部的原因。」

正說著，菜上來了，成銘一邊招呼大家吃菜，一邊說：「為什麼很多公司出現這些問題呢？我跟很多供應鏈管理同行探討過這個問題，說法大

概有這麼幾種：

(1) 公司多年來一直就是這麼做的，也沒出過什麼『大問題』；

(2) 銷售太強勢，不聽不行；

(3) 老闆說了，生產是老大，大家都是為生產服務的；

(4) 很多公司的供應鏈管理部門其實就是個採購部，就是個買東西的；

(5) 與供應鏈管理部門的頭兒有關係，本身就不是吃這行飯的，非要硬撐著幹這個職位；

(6) 也是當頭兒的事，頭兒是個大綿羊，下面有狼也沒用！」

老馬被辣根辣得一邊呲著嘴，一邊說：「我們過去就一直這樣幹的嘛。」

成銘喝了一口啤酒說：「我個人認為：

第一，供應鏈管理首先是個管理部門。

供應鏈管理部門的首要職責是負責公司物料的安全，是物料管理的 Process Owner（流程責任人），對成品出貨（OTD）要負責，對原材料進貨要負責，對在製品（WIP）要控制，對整個庫存周轉率（ITO）、呆滯庫存（E&O）負最終責任，是財務的看門狗，而財務則是老闆董事會的看門狗，是狗就要咬人，這是沒辦法的事情。」

　　如果說，
　　　　財務是董事會的看門狗
………………$$$$$$$$………………
　　那麼，
　　　　供應鏈則是財務的看門狗

老馬說：「我看你就是條老狗，逮住誰，咬誰！」

成銘說：「過獎了，老馬，我做得還很不夠。」

老馬說：「然後你的手下就跟一群小狗似的，也到處咬？」

成銘說：「那個劉平把你手下的小文給罵哭了，這是不應該的，你回去跟小文姑娘講，抽空我親自向她道歉，但是，前提是，她必須服從物料轉移的流程，庫位之間的轉移，必須走單子，否則就是一團糟！」

老田舉著酒杯說：「來！成總！我完全同意您的意見！我也覺得過去，我們車間管得太亂，到處都是物料，有時連我自己都很擔心，尤其是大盤點的時候，點不清啊！」

成銘舉杯對老田說：「首先，謝謝老田的支持；其次，供應鏈管理才是服務部門，服務客戶、銷售、生產，但『服務』不是『服從』，這是兩回事，尤其是供應鏈管理的計畫部門，這不僅僅是整個供需鏈管理的核心，也是整個公司的大腦，是參謀部，是指揮中心，不提供保姆服務。而在有些企業呢？供應鏈管理組織是匯報給銷售部門的，結果供應鏈管理的導向就是過分強調客戶服務而忽視了營運成本；反之，有些企業的供應鏈是匯報給營運部門，結果往往是以營運成本為導向。這就是為什麼我是直接匯報給咱們CEO吳總，這樣從組織上才可能保證供應鏈運作的正確導向。因為需求的產生與需求的實現在組織上是分開的，根本意思是說市場與銷售部門負責需求的產生，拿到客戶的訂單預測；供應鏈管理組織負責管理、實現、滿足這個需求。這就是為什麼前面提到有些企業的供應鏈組織匯報給銷售，結果導向就是忽視了營運成本。這一條很重要，儘管我們說沒有絕對正確或絕對錯誤的組織架構，但經過無數的案例、研究出來的所謂最佳實務就是這樣，你幹嘛還要自作聰明地去設計自己的組織架構呢？不要藉口『自己的情況特殊』而去『創造』什麼新鮮玩意兒，先把別人的東西學會、體會透了，再去創新也不遲，否則就是自己在找彎路走。」

「那你成銘來了，我們偉康公司就不走彎路了？」老馬還是有些不屑地說。

「可以少走點彎路，這是毫無疑問的，」成銘又點上一根菸說，「從

SCOR 及整個供需鏈管理的關鍵角色與職責定位來看，銷售其實不是賣貨的，更不是天天催貨的，他其實賣的是企業供應鏈管理運作的能力，所以，銷售不僅不能干涉供應鏈管理的操作及流程，相反地，他應該主動配合供應鏈管理部門，去了解客戶的真實需求，並積極參與到 S & OP（Sales & Operations Planning, 銷售與營運計畫）流程中來，對不對啊，陳總？」

陳強哈哈大笑說：「我就是佩服成銘你這一點！說什麼都能找到理論依據！」

「生產則必須定位自己是供應鏈內部的供應商，而不是相反。」成銘對老田說。

「反正你來了之後，我感覺我管的事情少多了，但也順多了。」老田很老實地講，「來，喝酒，成總！」

48
有病不是直接吃藥就好

病了，是先去看醫生？　　還是直接去藥房？

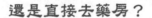

　　晚上喝得有點多，第二天早晨成銘給吳總發了個微信，說是今天他要晚點去，有點頭疼。

　　吳總立刻就回信說，喝多了也要吃早餐啊！

　　成銘又睡了一會兒，感覺好多了，起來洗了把臉，搭了車就去辦公室了。

　　一到辦公室門口，就看見ERP支持的主管小佟坐在那裡跟祕書小孫在聊天，成銘跟她倆打招呼說：「你倆一大早在這聊什麼啊？」

　　兩個女孩子趕緊站起來，小孫就說：「老闆，你還說呢，你不是約了人家小佟上午十點半過來開會嗎？人家都等你老半天了。」

成銘一看錶，都快十一點了，於是趕緊對小佟說：「不好意思，不好意思，昨晚喝多了，都怪那個陳強！我說不喝了，他還非要喝，結果搞得我都喝斷片了。」

進了辦公室，小佟就問成銘，「老闆，找我什麼事？」

成銘說：「坐，坐，小佟，就是找你隨便聊聊，關於你的工作，你有些什麼看法？對我有什麼要求？我看看我能不能幫到你。」

小佟說：「老闆，自從您來了之後，我們都感覺學到了不少東西。」

成銘說：「這個我知道，但我更想知道，你對自己的工作，譬如在職業生涯發展方面，你有些什麼想法？」

小佟說：「老闆，我原先也是幹過計畫員的，有三四年的時間，而且一直是ERP的Key User（關鍵用戶）。後來，集團公司在供應鏈管理部這裡成立ERP支持部門，我就轉到IT了，但其實還是在供應鏈裡面做，嘻嘻。」

成銘就笑著說：「是不是感覺現在這個工作比較輕鬆？」

小佟說：「是的，老闆，沒有像原先幹計畫員那麼緊張了，不過也是挺忙的，整天幫著計畫員、採購員，包括物流那邊開發一些報表什麼的，倒也沒閒著。」

成銘就問：「你手下現在有三個ERP支持工程師？」

小佟說：「是的，老闆，不過有一個女孩子回家生小孩了，要到10月底休完產假才能回來，所以我們幾個也是有得忙。」

「嗯，」成銘說，「她們可以忙一點，但你必須得閒一些。」

小佟就很不理解地問：「為什麼啊，老闆？從來沒聽哪個老闆說讓自己的手下閒著不幹活啊？」

成銘說：「我不是讓你不幹活，而是要你多做些有價值的工作。」

「難道我現在做的工作沒有價值，老闆？」小佟忽閃著一雙大眼睛，滿是迷茫。

成銘一樂，說：「你誤解了，小佟，你還記得B棟當時盤點差異的問

題嗎？」

小佟說：「哦，老闆，您是說當時那個成品入庫自動倒沖（MRP Back Flush）的問題？」

成銘說：「是的，你就沒有從中吸取點教訓？」

小佟說：「老闆，那個問題這麼多年了，一直都沒人發現，還多虧您親自指出來，否則我們還會那麼糊裡糊塗地做下去，想起來我就感到很慚愧。」

成銘說：「你們當初設計的做法看起來很有道理，看似節省了人工成本，產品一下線，產線做倒沖，人家成品倉庫的庫存就自動增加了，但你們壓根兒就沒有想到這其實嚴重地把物流跟資訊流人為地斷裂開來了，不用說有不合格品不能入庫，即使是都合格了，不是還有個實物入庫早晚的問題？」

小佟說：「是的，老闆，我們後來想想，您說的的確有道理，所以我們就把所有產線的倒沖跟入庫都分開了，現在已經沒有問題了。」

成銘說：「小佟，你知道我跟你談這個事情的目的是什麼嗎？」

小佟說：「及時發現問題，解決問題，這是您一直要求我們的。」

成銘說：「嚴格來講，應該是系統性地發現問題，系統性地解決問題。」

成銘端起杯子要喝水，一看是空的，就順手一放，接著問小佟：「你看過我前一陣子發表的文章〈再論3C（ERP實施成功模型）之間的關係〉了嗎？」

小佟說：「看過了，老闆，您的論述很深刻。您在這個『ERP實施成功3C模型』中定義了三個C，其中，C1 = Customer（客戶），C2 = ERP Consultant（ERP顧問），C3 = Management Consultant（管理諮詢顧問）。在這個模型裡，您把C1比作患者，C2比作賣藥的，C3比作醫生，這個比喻很生動。」

成銘說：「我的道理很簡單，企業之所以想施行ERP，就如同病人覺

得自己需要吃藥一樣，否則，你是閒得沒事幹，有錢沒地方花，你去做ERP幹什麼？但其實我們正常的做法是，人有病的時候應該先去看醫生，而不是先去抓藥，但很多人卻不是這樣，往往是直奔藥房而去，可能是為了省錢，也可能是不相信醫生，或者從來沒有見過真正的醫生。」

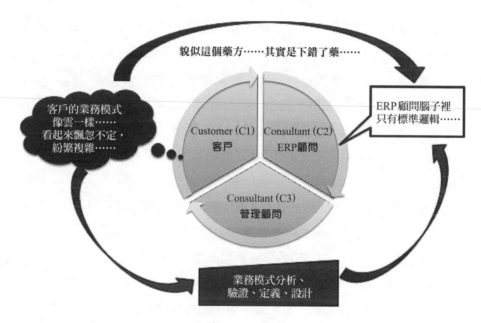

貌似這個藥方⋯⋯其實是下錯了藥⋯⋯

客戶的業務模式像雲一樣⋯⋯看起來飄忽不定，紛繁複雜⋯⋯

Customer (C1) 客戶
Consultant (C2) ERP顧問
Consultant (C3) 管理顧問

ERP顧問腦子裡只有標準邏輯⋯⋯

業務模式分析、驗證、定義、設計

C1：客戶　　　C2：ERP顧問＝賣藥的　　　C3：管理顧問＝醫生

　　小佟說：「是這樣的，老闆，當初我們實施ERP的時候就沒有從外面請第三方管理諮詢顧問，都是那個ERP實施公司的一群所謂的顧問，其實都是一些從來沒接觸過企業實際營運的小伙子，他們按照我們的要求，照貓畫虎做了所謂的流程規劃，然後就實施上線了。現在想想，我們當初的確是走了很多彎路。」

　　成銘說：「這種情況很普遍，我也一直在反思一個問題，直到現在，為什麼還是跟20多年前MRP剛剛進入中國的時候情況差不多，實施ERP（原先叫MRP/MRP-II）成功的企業還是少之又少？尤其是我來偉康公司之

前那幾年，我自己做供應鏈管理諮詢，扎扎實實地解剖（流程審核與數據挖掘）過很多客戶的供應鏈管理，包括ERP應用，大的年產值幾百億元，小的也有幾億，中間從十幾億元到幾十億元不等。坦白說，我個人感覺，我的這些客戶都算是在供應鏈管理與ERP應用方面算是做得相對不錯的了，至少，MRP基本上都可以跑起來，供應鏈管理組織與流程、KPI都初具雛形，有不少客戶甚至還找過那些『大牌諮詢公司』輔導過。但即使這樣，ERP應用水準還是差了不少，一些基本的概念、邏輯的應用還有很大的空間去挖掘，在供應鏈管理的可靠性、靈活性上，與我工作過的幾家外企相比，還是差了不少，『很多放在桌子上等著拿的錢』（摘自《供應鏈變革》〔*Supply Chain Transformation*〕，作者J. Paul Dittmann），如庫存周轉率、及時交付率的提升、物流成本降低等，這些錢還是沒有拿到。」

「這是為什麼呢？」小佟很認真地問。

「企業沒有請到合適的醫生（管理諮詢顧問），或者根本就沒有想到要去請醫生，」成銘說，「就像你前面提到的，咱們偉康公司實施ERP的時候的那幫小伙子，那都不是醫生。」

「嗯，」小佟說，「我當時儘管分不清ERP實施顧問跟管理諮詢顧問的區別，但我還是很納悶，總覺得他們那麼小，怎麼就成了顧問了呢？嘻嘻。」

成銘說：「他們是顧問，是ERP技術顧問，但不是管理諮詢顧問，也就是說他們無法承擔醫生對病人診斷的責任，因為他們沒有那個能力，充其量他們也就是給你打打針、吃吃藥，充當個護士的角色。」

「我明白了，老闆，」小佟說，「也就是說，作為病人，其實我們自始至終就沒有見到過真正的醫生！」

「對，正因為我們見到的都是些護士，甚至只是些賣藥的銷售員，然後我們就自然而然地被誇大的藥效給騙了。」成銘說。

「確實是這樣，」小佟說，「老闆，我們當初施行ERP的時候，那家ERP實施公司還有那個ERP公司都跟我們說，用了ERP之後，我們的

OTD能達到多少，庫存能減少多少，結果根本不是那麼回事。」

　　成銘說：「他們這樣做可以理解，但是，即使好藥如SAP/ORACLE，說白了也只是個工具，之所以賣得貴，那是因為裡面是有一些好的成分（管理思想），這個是絕對不能否認的。但這並不等於，那些賣藥的自己明白藥裡面那些好的成分是怎麼回事。無論是那些跑腿的（ERP銷售），還是那些所謂的顧問（ERP實施顧問，這裡的C2，護士），大多是吃過豬肉但沒看過豬走路。所謂對症下藥，在這裡基本都是『照貓畫虎』，看起來像，其實，不是一回事兒。那些爛藥就更不用提了，成分基本上都是玉米糊糊之類的東西，好的可能加點小米，但也沒有多少營養，勉強用來充饑罷了。如同『中華鱉精』，能有多少鱉的成分在裡面？千年的王八，萬年的龜，老妖兒可不是一天可以煉成的，剛孵化出來的小妖兒就是吃不了唐僧，這都是有數的。」

　　「嘻嘻，老闆說的真生動，」小佟說，「也就是說，我們是從護士手裡買了沒有什麼營養的爛藥？」

　　成銘說：「你們當時並沒有見到真正的醫生，這是毫無疑問的，但我了解這款ERP，也不算太爛。其實，最關鍵的不是藥本身，而是沒有好醫生（C3）。」

　　「那什麼樣的醫生才能算好醫生呢？」小佟問。

　　成銘說：「這個要看情況。你知道，改革開放之後，洋顧問在中國大行其道，刮走的錢財不會比當年八國聯軍掠走的少。但是，我們不得不承認，這些洋顧問還是起了一定的作用，至少我們中國人開始知道，錢這個東西，不僅僅可以用來買機器設備，買物料，還可以『買管理』。但問題是，這些洋醫生眼界太高，一般的企業看不上，其實說白了，一般的老百姓養不起他們，他們只好去吃大戶，幾百萬元、上千萬元的項目他們也不一定看得上眼。但結果可能是，本來是幾毛錢就可以治好的病，他非要讓你把錢花得吐血不可。當然，並不是所有的洋顧問都這樣，但這需要你自己去判斷其價值，否則就很容易被認為是『錢多人傻』。」

「哈哈，老闆，」小佟說，「還真讓您給說中了！您來之前我們也請過北京某某大學的一個號稱國內數一數二的管理諮詢公司幫我們看過，結果一幫人在這裡折騰了三四個月，說是訪談、調研，最終出了個報告，連咱們老闆吳總都覺得看不下去了，於是就把他們轟走了。」

成銘說：「我知道那家諮詢公司，大都是學院派的，即使是那些所謂有經驗的，也就是在企業幹過幾天工作的，就自稱是實戰派了，其實大多是民間『江湖術士』。看這些年，披個白袍就敢當醫生，是個人就敢當顧問，教授也可以做顧問公司的老闆，良莠不分，水準參差不齊，有醫死人的，也有拐了錢就跑了的，什麼樣的都有。所以，我們大概可以看出來，好醫生不多，有良心又有水準的好醫生就更少了。」

「他們當時來的時候，還號稱是理論派與實戰派的組合，」小佟說，「連我們吳總一開始都覺得這個團隊很好。」

成銘說：「那是因為吳總自己就不懂。」

小佟很可愛地一伸舌頭，說：「老闆，您就是敢說，哈哈。」

成銘說：「這最後一點啊，就是患者本身的困境。按理說，有毛病本身就已經是比較不幸的事情了，但現狀是，你既要自己找好藥，還要自己找好醫生，否則你的毛病沒法治。按理說，你事先找個好醫生，剩下的事情你就不需要管了，因為好醫生可以真正做到對症下藥，不一定非得是貴的藥，合適就好。但我們可能是因為不相信醫生，或者找不到好醫生，所以乾脆就自己去找藥了，結果呢？所謂的好藥也不一定能夠治好病；如果不幸找到的是爛藥呢？那就更倒楣了。當然，找到好醫生（C3）的前提是，患者（C1）要老老實實地告訴醫生實際情況，否則，再好的醫生也沒有辦法；如果，賣藥的（C2）還能夠做到不誇大藥的作用，老老實實告訴你藥的療效，那就更好了。」

49
我要你去審核他們

小佟說：「老闆，其實我們現在用的ERP也算是全球排在前幾位的，東西是好東西，只是我們沒有用好。」

成銘說：「你能這麼想，我很高興，這也是我要找你談的原因。」

「您的意思是？老闆？」小佟又開始忽閃她那美麗的大眼睛了。

成銘說：「我準備把劉平調到你這個部門來。」

小佟說：「啊？老闆，他可是直接匯報給您的，而且他的經驗，無論是業務方面還是ERP方面，都比我資格老很多啊。」

成銘說：「沒事，小佟，劉平人很老實，你放心，我主要是看好他技術方面的能力，他管人有點吃力，普通話還不如我，你就放心好了。」

小佟說：「他現在這樣不是挺好的嗎？您調他來我這個小部門的目的是什麼啊？」

成銘說：「很簡單，劉平的工作本來就是咬人的，庫存計畫員嘛，就是找別人毛病的，你們搞ERP支持的，也是幫別人看病、解決問題的，你們結合起來不是更好？」

「怎麼結合？老闆，」小佟還是不理解。

成銘說：「再具體一點就是，ERP支援將僅僅是你們工作的一小部分，純粹的ERP技術問題如果解決不了，你們還可以去找集團的IT嘛！我想讓你們做的主要工作就是流程規劃、審核及監控！說白了，就是查漏洞，補漏洞！起到類似保健醫生的作用。」

「保健醫生？」小佟似乎還不明白成銘的意思，就問，「那我們的具體工作是什麼呢？」

成銘說：「你不要緊張，小佟，我想了一下，以後你們的工作將分成幾塊：

(1) 每個月做一次流程審核，譬如這個月開始審核需求計畫，下個月審核生產計畫，再下個月可能是，審核採購計畫或執行採購，你們回去列出審核計畫，半年一個循環，周而復始地審；但這是每個月的例行審核，在這之前，我們需要做個整體全面審核，讓你們練練兵。

(2) 根據審核發現的問題，與相關責任人討論，提出流程改善建議，經過我批准後，著手監督實施，然後再審。

(3) 把整個供應鏈管理的KPI統計、分析、追蹤工作，從Lily的供應基管理部轉到你們這裡，還有劉平現在負責的庫存規劃、分析及監控等工作，一併帶過來，因為所謂的Performance（績效）就是Process（流程）的輸出嘛。

最後才是ERP支持，這算是你們的日常工作，但不是主業，你們這個部門以後就改名叫流程與ERP支持部，給你半年的時間，看你做得怎麼樣，呵呵。」

「那我的壓力可就大多了，老闆，」小佟有些發愁了。

成銘說：「我明白你的意思，你是想讓我給你加薪，升個經理，是吧？小佟，你這個主管也當了挺長時間了吧？」

「我真的不是那個意思，老闆，」小佟趕緊搖手，「我只是感覺您一直很看重流程的管理，我怕我做不好。」

成銘嘿嘿一笑：「小佟啊，不要怕，不是還有我在嗎？你放心去做，你本來就是直接匯報給我，有啥事隨時找我，但重點是你要學會流程思考，所謂的Process Thinking。」

「還真是不明白什麼是流程思考，老闆！請您教一下吧？」小佟說。

成銘說：「其實，所謂流程思考，就是凡事從流程的角度考慮問題。

但現實是，無論日常生活中，還是在公司裡面，我們發現，真正能夠做到流程思考的人，不是很多。我給你講個小故事你就明白了。前幾天，我替我太太去一家超市退一個購物框，太太早就囑咐我說，把那個框子及紅色的借條底聯還給總服務台，讓他們簽個字，然後就可以退還押金了。結果我到了服務台，看到有兩個年輕的服務員，一男一女，好像剛剛調完情，臉上很快樂的樣子。我就把框子給他們，麻煩他們簽個字。結果那個女服務員就讓男服務員給一個叫李姐的打個電話，說是不知道怎麼處理。而那個男服務員說他看過李姐他們操作過，找出黃色底聯來，只要對過號碼，顧客拿著那個黃色底聯就可以去換取押金了。那女服務員說，好像不是這樣子。我就跟她說，你只要在紅色底單上簽個字，證明框子收到了就好了。那男服務員說，沒事，我懂，你拿著這個黃聯去對面收銀台取押金吧。我拿著黃色單子去收銀台，結果收銀台的服務員說要總服務台先給我簽個字才行，要不然沒法證明我把框子給退回來了。我就問，簽哪個單？黃色的這張還是我退回的紅色那張？

她說都行。

我於是又回到總服務台，跟那男的一說，他說，退個破框子還要這麼多手續！我乾脆把兩張（黃、紅）單子都給你簽了，你看她給不給你錢？

這時，那個女服務員還是說，還是找李姐吧，她懂的。

那小伙子說，不用！不用！肯定就是這樣！

我又拿著這兩張單子去了收銀台，結果那服務員說，簽一張就行啊，他們怎麼簽了兩張？

此時，我已經忍無可忍了，我啪地把那兩張單子摔在她櫃台上，然後大聲喊道，「妹子，還我錢！」

「哈哈！還真有這種人，」小佟笑著說。

成銘說：「你別笑，小佟，這就是為什麼這種人只能當個服務員的原因啊。」

「為什麼啊，老闆？」小佟問。

　　成銘說：「我沒有瞧不起服務員的意思，分工不一樣嘛，但是，他們之所以是個服務員，因為他們就是個服務員！長著個腦子不用，連這點邏輯都不明白，估計連個服務員的飯碗都保不住！但你仔細想想，在我們這裡是不是也發生過很多這種事？」

　　「還真的是，老闆，現在我有點明白前幾天您為什麼跟財務吵架了。」小佟說。

　　「我跟他們吵架吵得多了，你是指哪一次？」成銘問道。

　　「就是財務搞的那個什麼SOX Audit（沙賓法案審核）。」小佟說。

　　「那個啊，」成銘呵呵一笑，「SOX審核有一定的道理，至少他們的邏輯是清晰的，整個審核體系也是比較完善，我尤其對他們提出的『設計缺陷』、『控制缺陷』以及『執行缺陷』印象深刻，從整個供應鏈管理體系角度，我們也應該搞出一套類似的審核方法來，這也是今天我找你要談的一個主題。」

　　「但我沒有這方面的經驗啊，老闆？」小佟還真的有點頭大了。

　　成銘說：「沒關係，這個我可以教你，你還記得我讓你幫我總結的12張表嗎？」

　　小佟說：「記得啊，老闆，有些資料的提取方法我們還在總結。」說著，小佟打開自己的筆電指著第十個報表說，「這個銷售訂單的處理過程，有些數據我們就提取不了，還有那幾個分類報告，我們現在也沒有。」

　　成銘說：「沒關係，你們先做，有問題隨時來找我，這是我以前做諮詢的時候，用來審核客戶的供應鏈管理流程的，也是經歷了不同的客戶、不同的ERP，經過不斷地實踐總結出來的。這12張表是我整個全面庫存管理審核的關鍵，也是將來業務流程與組織架構改進的基本依據。它們是投槍，是匕首！客戶大部分的關鍵問題都可以抓出來，呵呵。」

　　小佟說：「老闆，我們以前的老闆也組織過內部審核，我也做過內審員，但每次問別人問題的時候，總覺得別人說的沒錯啊，所以也就發現不了什麼問題，即使有，也都是些雞毛蒜皮的問題，但總感覺他們還是有問

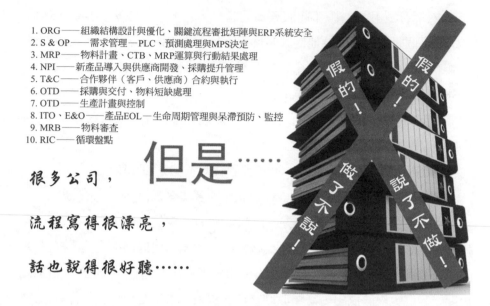

1. ORG——組織結構設計與優化、關鍵流程審批矩陣與ERP系統安全
2. S & OP——需求管理—PLC、預測處理與MPS決定
3. MRP——物料計畫、CTB、MRP運算與行動結果處理
4. NPI——新產品導入與供應商開發、採購提升管理
5. T&C——合作夥伴（客戶、供應商）合約與執行
6. OTD——採購與交付、物料短缺處理
7. OTD——生產計畫與控制
8. ITO、E&O——產品EOL—生命周期管理與呆滯預防、監控
9. MRB——物料審查
10. RIC——循環盤點

但是……

很多公司，

流程寫得很漂亮，

話也說得很好聽……

TIM全面庫存管理審核10個流程

題，只是我們一直無法找到被審核對象的真正問題所在。」

　　成銘呵呵一笑，說：「小佟啊，這就是我為什麼是你們的老闆的原因啊，哈哈。」

　　小佟說：「老闆那您抽空教教我們嘛，要不我可真是沒有信心負責這塊業務啊。」

　　成銘說：「沒關係，你們還年輕，之所以抓不住別人的關鍵問題，除了你們對被審核方的業務可能不熟悉外，關鍵的問題是你們可能被人家帶著走了！或者說，你們光聽別人講，而沒有真正地用數據去驗證他們的說法或做法。因為啊，流程是可以撒謊的，或者是可以寫得冠冕堂皇的，人呢，也是可能撒謊的，沒有幾個人喜歡被人家指出問題，特別是在那些喜歡『罰款文化』的企業，大家都盡可能地去遮掩問題，因為他們擔心被罰款。我審核過這麼多的公司，什麼樣的都有，但總體來看還沒有哪個客戶不接受我的審核報告的，為什麼呢？」

　　成銘喝了一口水說：「數據！只有數據，不會撒謊。況且，從需求與供需鏈管理的角度，數據之間環環相扣，你這張表是捏造的數據，你另外一張表就會證明它是假的；你指著這張表這麼說，你對著另外一張表你又另外一種說法，那麼，我們透過邏輯分析及交叉驗證，最終就能證明你到底是真的，還是假的，你流程是這麼說的，你的數據是否能夠證明你是這麼做的；即使你按照流程這麼做了，你這麼做是否還可以持續改善（與業界最佳實務比較），這樣你大概就可以找到他們的關鍵問題了。」

　　小佟說：「謝謝老闆，真是跟您學東西了。」

1. TIM001——物料主數據（所有物料編碼、批次號等）與BOM矩陣
2. TIM002——庫存數據與呆滯、庫齡分析報告（庫存、呆滯、庫齡三張）
3. TIM003——物料（含原材料、成品、半成品、備件等）出入庫數據
4. TIM004——預測、銷售訂單、生產計畫與實際發貨數據
5. TIM005——MRP行動報告
6. TIM006——ERP用戶權限矩陣
7. TIM007——採購計畫vs.採購執行報告
8. TIM008——供應商分類管理（ERP供應商主數據）
9. TIM009——客戶分類（ERP客戶主數據）
10. TIM010——銷售訂單處理過程報告
11. TIM011——工單管理報告
12. TIM012——物料分類管理報告

透過數據，交叉驗證（流程）：

1. 你是否「該說的都說」了？（設計缺陷）

2. 你是否「說到做到」？（執行缺陷）

3. 你這麼說，這麼做，是否合理？（持續改善）

TIM全面庫存管理審核12張表

　　成銘說：「光學不行，還要練！你回去就儘快找劉平談談，弄出一個審核大綱來，擬一個審核計畫，我幫你們看看，然後就儘快組織一次演練，我擔任總指揮。」

小佟說：「老闆，現在都快6月底了，馬上就進入傳統的生產旺季了，大家都忙著追料，哪有時間搞審核啊？」

成銘說：「初次審核必須在7月底之前完成，旺季怕什麼？旺季是指銷售、生產的旺季，他們可能比較忙，關我們供應鏈什麼事啊？」

「追料啊，老闆，」小佟有點不解，心想，不會吧？老闆連這點常識都沒有？

成銘似乎猜到小佟在想什麼，就說：「小佟啊，在想什麼？你是不是在懷疑我的經驗啊？哈哈！」

小佟就有些不好意思了，紅著臉說：「老闆，我是想，到時候大家都很忙，我們再去審核人家，他們一定很抗拒，怕是審核不出什麼結果來。」

成銘說：「忙什麼？忙著追料？料是追不來的！怎樣才能不缺料、少停線？不是靠他們去追回來的，要靠流程、體系、組織去保證！小佟，你不要犯了慣性思維的錯誤啊，呵呵。」

小佟說：「事實上每年到了這個時候，供應鏈的幾乎所有人都在加班追料，有的時候甚至我們原先的老闆還要我們ERP支持的人跟倉庫的人都參與追料呢！」

成銘大手一揮，說：「你放心！今年不用了！我就是要看他們到底怎麼會天天忙得跟個孫子一樣！我就是要你在他們忙得火燒屁股的時候，再去把他們的猴子屁股給捅一把，看看他們反應如何？難道他們就掛了？」

小佟表現出為難的樣子，成銘就說：「你先回去跟劉平商量一下怎麼辦吧，你如果怕得罪人，那就讓他管你，你以後匯報給他，你倆看著辦吧，下週五之前給我個初步方案。」

小佟就有點可憐兮兮地說：「那，老闆我走了？」

「走吧！」成銘說，「回去好好考慮一下，不行再跟你老公商量一下，考慮成熟再來找我，記住，Deadline（最後期限）是下週五。」

50
這是老虎不是貓

Build The System: Demand SCM

打造偉康公司供需鏈管理體系

Process, Responsibility & Honor

流程、職責、榮譽

　　星期五下午兩點整，供應鏈管理部全體職員大會在公司大禮堂準時開始，成銘做了「打造偉康公司供應鏈管理體系」報告。

　　會議一開始，成銘就指著螢幕上的圖問大家：「你們看看這是貓呢還是老虎？」

　　下面嘰嘰喳喳的，有說像貓的，有說像老虎的，還有說是四不像的，成銘就問：「說是貓的請舉手！」

　　下面一大堆人舉手！

　　成銘又問：「說這是老虎的舉手？」

　　王小兵及其他幾個部長、經理都舉起了手，老李跟 Edison 坐在那裡一邊舉著手，一邊嘿嘿地笑，成銘就問：「你倆笑啥？」

Edison說：「老闆說是老虎，那就是老虎吧！」

下面哄堂大笑！

成銘用手點了點Edison，沒吭聲，然後突然轉身問倉庫的主管小脆脆：「脆脆，你說，這是老虎還是貓啊？」

脆脆說：「老闆，您肯定是想讓我們都成為老虎而不是貓！」

「對嘛！」成銘大手一揮說，「還是脆脆聰明啊！這就是老虎！我說是，它就是！我要讓你們成為老虎，你們就不能是貓！是貓就不能在我手下幹活！」

於是下面就有人振臂一呼：「老虎！老虎！」成銘大笑，下面的人已經笑成一團。

成銘敲敲話筒說：「好了，好了！各位，光喊口號有什麼用？那麼，我們怎麼樣才能成為真正的老虎呢？體系能力！System Capability！首先必須儘快建立起我們的流程體系能力！」

成銘喝了口水說：「公平地講，我來之前，我們偉康公司的供應鏈管理還是有一定流程的，儘管不是很完善，但是，有毛就不算禿嘛！這已經比我過去審核過的很多公司強多了，另外呢，我來這幾個月，在各位的大力支持下，我們也修改了一些流程，包括庫存盤點、需求計畫、生產控制、MRP及採購執行、產品生命周期管理等，應該說，到目前為止，我個人認為，我們的供應鏈管理流程體系是比較完整地存在的，我們下一步需要做兩件事情。」

「第一，針對所有現存的流程做一個進一步的梳理，尤其是各個部門主管、經理們，你們作為各個流程的責任人，一定要把流程的控制點（Control Points）很清晰地定義出來，讓每個與這個流程有關的責任人、部門都非常清楚地知道，並嚴格地貫徹執行。關於這個問題呢，我已經跟小佟談過了，她會跟劉平一起在7月底的時候進行審核，審核的重點就是這些控制點。」

「7月份啊？」成銘聽到下面交頭接耳地嘀咕開來，會場顯得有點亂。

　　成銘眉頭一皺，問，「你們嘀咕什麼呢？有問題就舉手，別開小會！老李，就你事多！你說，什麼事？」

　　老李就站起來說：「老闆，7月是傳統的生產旺季啊？」

　　成銘說：「旺季關你倉庫屁事！」

　　老李嘿嘿一笑，指著王小兵他們說：「我倒是沒事，關鍵是這幫王八蛋要加班追料啊，哈哈。」

　　成銘說：「你說的很對，老李，只有王八蛋才天天追料呢！」

　　然後成銘指著 Edison 說：「是不是，Edison？」

　　很多人都在偷笑，Edison 就說：「那老闆的意思就是說，我們採購部都是些王八蛋嘛！哈哈！」

　　成銘呵呵一樂，說：「那是老李說的，我不是那個意思，我的意思是只有王八蛋才天天忙著追料呢，誰能天天老老實實地坐在那裡沒事幹，然後又不缺料，誰就不是王八蛋！」

　　「那是什麼蛋？老闆，」Edison 笑嘻嘻地問。

　　「那就是寶貝蛋（編按：對心愛的年輕小輩的暱稱）！對不對？老闆，」Lawrence 站起來說。

　　成銘點點頭說：「Lawrence 比我想像的要聰明得多。」

　　很多人大笑起來，Lawrence 就有些臉紅，嘿嘿一笑，摸了一下頭就坐下了。

　　成銘說：「各位，Lawrence 說的就是我想說的，我們需要的是寶貝蛋，不是王八蛋！這就是我要講的第二個問題，流程怎麼樣與人有機結合的問題，有了流程體系，我們就要死死抓住這些流程的控制點，然後，堅定地貫徹下去！只有這樣，我們的流程才是活的流程，我們的人才是真正的人……」

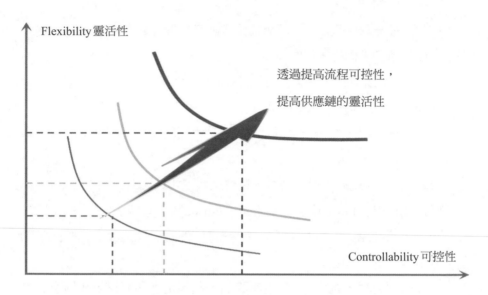

流程的可控性與供應鏈的靈活性　@版權所有：程曉華

「老闆，我可以問個問題嗎？」主管NPI物料的Lillian舉手問道。

「當然可以，」成銘說，「什麼問題？」

Lillian說：「老闆，我也不知道我說得對不對，但我個人認為，流程控制，既不能控制得太緊，也不能太鬆，否則，要麼就是失去靈活性，要麼就是亂了套。」

成銘說：「Lillian，你能提出這個問題，說明在管理上你是有進步了，很好！但我跟你們講，流程控制的目的是為了提高供應鏈的靈活度。這個問題，過去就有很多人問過我，我一般都是這樣回答的，你對供應鏈的流程控制得越緊，你的供應鏈靈活度就越大！如同庫存控制一樣，你庫存控制得越好，你的及時交貨率就會越高，你對客戶需求的回應能力就會越強。」

成銘故意停頓了一下，喝了口水，看著下面一群人不說話。

有人就似懂非懂地點點頭，大多數人一臉茫然。

成銘接著說：「很多公司的供應鏈之所以陷入『一管就死，一放就亂』

的迴圈，那是因為你該有的流程可能沒有，你該管的事情可能沒管，你不該管的可能都管了。透過審核很多企業的供需鏈管理體系，我發現：

第一，很多企業的供應鏈管理流程不完善，存在著所謂的『設計缺陷』，很多基本的流程都缺乏，典型的如庫存規劃（Inventory Planning）流程，缺乏這個流程的結果就是整個供應鏈管理團隊一年到頭都不知道在忙什麼，因為沒有目標；很多公司沒有需求計畫流程（Demand Planning），那就意味著『銷售說什麼，就是什麼』，供應鏈就是一條『被動的供應鏈』，說白了就是個『追料的』，而追料根本不是供應鏈管理存在的目的。」

「第二，很多公司的供應鏈管理流程看起來很完善，面面俱到，但因為沒有『控制點』（Control Points），就導致，你是這麼說了，但你的團隊沒有這麼做，因為流程太空泛，不但員工抓不住重點，即使是管理人員，也是知其然而不知其所以然，典型的如生產計畫流程，這個流程在很多公司都有，但是在很多公司都執行得不好，為什麼？生產排程發出去了，就沒人管了，就等著人家生產部來報數，生產計畫有沒有達成，那都是第二天的事了，達成了正好，沒有達成就繼續重排！」

「這屬於『執行缺陷』，其實也是『設計缺陷』，因為你沒有設計好流程控制點，當然，執行起來就有問題了。」

「第三，有些公司的供應鏈管理，流程是完善的，幾乎每個關鍵流程也都有控制點，但效果還是不理想，KPI很難看，這是為什麼？」

「分析原因，我們可以發現，往往都是那些供應鏈管理的主管、經理們，該管的沒有去管。」

成銘又停頓了一下，眼光掃了一圈，最後停留在那幾個經理的臉上。

很多人低下了頭，只有劉平在那裡直愣愣地看著成銘。

成銘就問：「劉平，你有話要講？」

劉平站起來撓撓頭說：「老闆，您講的，我有點體會，但一緊張怕說不好。」

成銘說：「你緊張什麼？隨便講！」

劉平瞅瞅那幾個經理，說：「那我就說了喔，說錯了你們可別埋怨我。」

管進出口的Gavin就慫恿劉平說：「你趕緊說嘛！老闆都讓你隨便講了嘛！」

劉平說：「那好吧，雖然我不是經理，但由於我工作性質跟你們不一樣，用咱老闆的話講，我這個庫存計畫就是老闆放出來的一條狗，是專門用來咬你們的。」

「可不是嗎？你比野狗還兇！」老李笑著說。

「老李就你話多！劉平你接著說，」成銘狠狠地瞪了一眼老李。

劉平繼續說：「就像咱老闆說的，作為一個經理，你是這個部門所有相關流程的最終責任人，設計流程、執行流程、檢討流程、持續改善是你的本分，但很多人做不到，為什麼呢？因為我發現，很多人不知道問『為什麼』。」

「一個典型的例子就是，在每週召開的庫存例會上，我跟大家一起看呆滯庫存報告的時候發現，很多呆死庫存的原因解釋都是『客戶砍單』，甚至連很多經理、部長都認為『這是誰也沒有辦法的事情』，客戶嘛，他

　　要砍單，我們又有什麼辦法？然而，實際情況真的是這樣嗎？」

　　成銘不停地點頭，下面也就有跟著點頭的。

　　劉平繼續說：「其實，客戶砍單是一種『正常現象』，因為這是其『無理需求』的一部分，所謂的無理需求，無非就是Pull in（採購提前期不夠或者提前要貨）、Push Out（延遲交付）、Cancellation（取消訂單），但是，各行各業，又有哪個客戶是嚴格按照你的所謂採購提前期，老老實實地給你下單，然後老老實實地要貨的？大多數客戶不都是想『今天下單就明天要貨』嗎？或者是『下了單我也可以不要貨』嗎？但問題是，客戶砍單了，你都做了哪些工作了？你有沒有及時取消給你供應商的訂單？即使是取消不了，你做了些什麼？你這麼做是否合理？是否還可以做得更好（持續改善）？如果你該做的都做了，嚴格地執行了流程，甚至還有所創新，那麼，再產生所謂的呆滯庫存，那就是神仙都沒辦法的事情了，產生的那些呆死庫存就只好讓咱老闆抱回家了。但在審核了無數案例之後，我發現，很多訂單，客戶之所以取消，是因為給客戶的承諾一而再、再而三地不能兌現而導致的，這能怪人家客戶砍單嗎？」

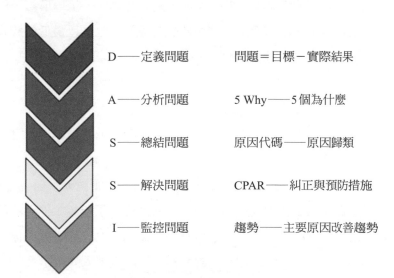

D──定義問題	問題＝目標－實際結果
A──分析問題	5 Why──5個為什麼
S──總結問題	原因代碼──原因歸類
S──解決問題	CPAR──糾正與預防措施
I──監控問題	趨勢──主要原因改善趨勢

庫存分析與KPI監控邏輯──DASSI

成銘鼓掌，說：「好！劉平說得好！大家鼓掌！」

老李笑嘻嘻地對劉平說：「看來你小子是條好狗啊，哈哈！」

坐在老李旁邊的小佟就小聲嘟囔說：「我很快也要做狗了，老李你可要支持我的工作啊！」

老李說：「放心，妹子！你跟劉平關鍵是要死死咬住Lawrence、Simon的計畫不放，然後沒事再去咬王小兵，我那裡沒事的，放心！」

成銘說：「老李，你怎麼就那麼多事？要不你上來講？」

老李趕緊擺擺手說：「沒事沒事，老闆，是因為小佟說，她也要跟劉平一樣去當狗了，讓我照顧照顧她嘛，呵呵。」

「你個死老李！」小佟就給了老李一拳。

成銘說：「嚴肅點！別鬧了！所以說，什麼叫『一管就死，一放就亂』？該做的（流程設計、執行控制）你沒有做，該問的（為什麼）你沒有問，該管的（KPI結果）你沒有管，那它能不亂嗎？這不是控制得太緊，也不是控制得太鬆，而是根本沒有控制！對不對，Lillian？」

「嗯，老闆，我有些明白了。」Lillian趕緊說道。

成銘說：「供應鏈管理，講究的是『鏈』的管理，是一環扣一環的管理，只有環環相扣，緊密連接，才可能做到隨需而動，以最低的成本，滿足客戶最大的需求，而這，靠的就是控制。」

「大家清楚我的意思嗎？」成銘喝了一口水問大家

底下沒有人吭聲，結果Edison跳出來大聲說道：「清楚！太清楚了！」

成銘就一樂，說：「小子，我自己感覺都沒有說清楚，你怎麼就會感覺那麼清楚呢？」

大家哄堂大笑，Edison尷尬地坐下了，老李回頭悄聲跟他說：「我過去是怎麼跟你說的？又拍到馬蹄子上了吧？說你小子年輕，你還不信！領導的話，就憑你那腦子，你一下子就清楚了？那怎麼可能！如果你真是清楚了，那你什麼意思啊？你是不是說我們老闆的水準太膚淺了？」

Edison一摸腦袋說：「怪不得你們這幫老狐狸都不吭聲呢。」

51
人槍合一

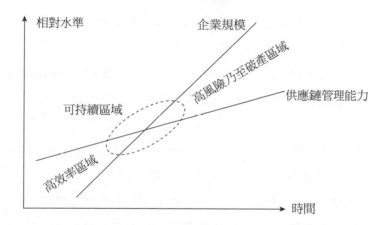

供應鏈管理能力跟不上，企業規模越大，倒閉風險越高……
@版權所有：程曉華

　　成銘接著說：「剛才，劉平講的那個例子很能說明問題，非常典型！供應鏈管理組織必須是一個學習型組織，因為供應鏈本身隨著企業規模的擴大而擴大，供應鏈管理的能力必須跟得上，否則，企業規模越大，企業倒閉的風險越高。

　　那麼，一個學習型的供應鏈管理組織應該具有哪些特點呢？」

　　成銘說：「我個人認為：

　　第一是學習新知識的強烈願望。在這一點上……」

「老闆！」Edison舉手說：「學習新知識是不是就要不斷讀你的那本書？哈哈！」

成銘說：「我的書你讀過了嗎？」

「讀了N遍了！」Edison大聲說。

「那我問你，你讀了N遍之後的體會是什麼？」成銘問。

「你書上寫的每一個字我都認識！」Edison笑著說。

哈哈哈！底下笑聲一片。

成銘沒有笑，繼續問道：「然後呢？」

「然後……」Edison摸了摸腦袋說：「就是不懂什麼意思！」

哈哈哈！下面亂成一團。

成銘招招手說：「行了！大家都別笑了！學習新知識不僅僅是讀幾本書的問題，更關鍵的是要不斷地總結經驗教訓，提升創造新知識、新方法的能力。」

成銘指著劉平說：「譬如剛才劉平提到的『為什麼』的問題，你只有不斷地問自己『為什麼』，才有可能學到新的知識。」

然後成銘指著劉平跟小佟說：「你們總結一下類似的案例，形成一個案例庫，包括以後我們的員工犯了錯誤，都要寫CPAR（Corrective & Preventive Actions Request, 糾正與預防措施），我看過你們以前寫的那些，大多都是很浮面，並沒有深究出真正的原因，用Lean（精實生產）的話來講，就是5 Why（5個為什麼）和7 Ways（7種方法）並沒有做到，甚至連兩個Why都沒有，這樣怎麼可能做到真正地從流程角度發現問題、挖掘問題、解決問題？」

「這就是學習型組織的第二個特點，那就是如何快速把新知識轉化為組織的整體技能及生產力，最終做到人槍合一！」

「人槍合一？哈哈哈！」Edison又笑了！「老闆，我的槍一直是掛在我身上啊，從來都是人不離槍，槍不離人啊，哈哈！」

有人憋不住想笑，更有人非常憐憫地瞅著Edison。

時間好像靜止了一般，大家都在看著成銘。

成銘只是瞪了一眼Edison，既沒有生氣，也沒有發火罵人，只是說了一句話：「我們最終的目的就是要像狙擊手一樣，做到人槍合一，對敵人一槍斃命！」

「我所說的『槍』，是指新知識、流程，最終我們要達到人人都能Process Thinking（流程思考）！」

「哈哈！老闆，」老李笑著說，「Edison這小子就是一直用下半身思考辦事的！看來他確實是做到人槍合一了！」

全場哄堂大笑，成銘說：「這有啥好笑的？老李，你跟Edison站起來。」

老李說：「老闆，我就是開個玩笑嘛。」

成銘說：「我沒有跟你們開玩笑！站起來！」

成銘的確有點火了。

老李跟Edison只好尷尬地站在那裡。

成銘說：「今天的會議開得非常成功！剛才劉平幫了我一個忙，舉了個很好的例子來說明為什麼我們的經理、主管們不懂『為什麼』，現在呢，我正要進一步講人的問題，結果老李跟Edison就非要哭著喊著要幫我不可，這很好！在我進一步講下面的問題之前呢，我先給大家講一個故事，你們聽說過『韓信被小孩撒尿』的故事嗎？」

很多人都搖頭，老李說：「老闆，能不能給我個將功贖罪的機會？我來講這個故事吧？」

成銘點點頭說：「可以，你講得好，就可以坐下了。」

老李說：「謝謝老闆，故事是這樣的：卻說某天，韓信獨自策馬從一條鄉野小路上經過，途中頗感疲憊，便在一棵大樹下歇息片刻。突然，他感到一股熱流從頭而下，抬頭一看，見樹上有一個頑皮的男孩子正在往下撒尿。韓信非常生氣，自然想給他一點懲罰。但他想了想，沒有發作，而是從身上取出一只金元寶，笑呵呵地扔了上去。那孩子見樹下的叔叔一點

也不惱，反而重金相贈，不免喜出望外。日後，便更加肆無忌憚地各種惡作劇了。

　　說來也巧，過了沒幾天項羽也打這兒路過，而且碰巧也在同一棵樹下歇腳。那孩子遠遠看見有人來了便早早爬到樹上，準備故技重演，再賺他一只金元寶。誰知項羽乃有名的楚霸王，有過頂之力，能抓住自己的頭髮把自己從地面上拎起來！那小孩居然敢在太歲頭上撒尿，還有他的好果子吃？只見，楚霸王一躍而起，從樹上把那小孩拽下來，一劍劈為兩段。這故事是什麼意思呢？」老李還要往下講，成銘就說：「老李，你可以坐下了，Edison繼續站著。」

　　成銘接著說：「現在大家明白是什麼意思了嗎？」

　　所有人都茫然地點點頭。

　　成銘說：「老李跟Edison就是那個撒尿的小男孩，你們說，這叫什麼？」

　　「No Zuo, No Die（不作，不死）！哈哈！」Gavin大笑說。

　　「理解正確！」成銘指著Gavin說：「你可不要學他們哦，哈哈。」

　　「令行而禁不止是軍隊的大忌，也是我們供應鏈管理的大忌！」成銘接著說：「我們不僅僅要做到人槍合一，作為一個團隊，我們所有人必須服從指揮，流程再好，個人的水準再高，也沒有用！供應鏈管理強調的是團隊行動！個人的聰明、學識必須服務於團隊的整體智慧的提升，否則，什麼都沒用！對不對，Edison？」

　　「絕對正確，老闆！」Edison昂首挺胸地說。

　　「哪來的絕對正確？」成銘說，「看來你還得站一會兒。」然後成銘對大家說：「像Edison這種人，向來是小腦發達，大腦遲鈍，小事聰明，大事糊塗，往往是那種欺上瞞下、喜歡掩蓋問題的人，對不對，Edison？」

　　「冤枉啊，老闆，」Edison說，「我有什麼問題都是主動講的啊，老闆，讓我坐下吧，我腿都酸了。」說完就可憐巴巴地瞅著成銘。

　　成銘剛要說什麼，Bruce說：「老闆，別聽他的，這小子就會裝！再

讓他站一會兒！」

成銘說：「好！就聽Bruce的，Bruce是個好人，有問題就講出來，這很好。」

喝了一口水，成銘接著說：「其實呢，我來偉康公司之前也管過大大小小無數的團隊，我發現，任何一個團隊，大概都有四種人，第一種人就像Edison，有問題不講，一直企圖掩蓋問題，這種人基本上不可留。我說過很多次，供應鏈管理不是多了，就是少了，多了就是呆滯庫存，少了就是貨出不去，產線Down掉，你怎麼可能掩蓋得了問題？對不對，Edison？」

「老闆啊，」Edison說：「看來我在您心目中的形象是惡劣至極啊，我改還不行嗎？」

「改了就是好同志啊，呵呵，只是我擔心你本性難移，你現在幹這份工作反而會害了你啊，Edison，我是替你擔心，」成銘指著大家說，「對不對啊，各位？」

下面人都在笑，沒人吭聲，成銘就對Edison說：「你坐下吧，我知道公司HR有規定的，不允許體罰員工，不過呢，你可以去HR，你Susan大姐那裡投訴我嘛，呵呵。」

Edison一邊趕緊坐下，一邊小聲嘟囔著：「哪敢呢，還不讓你給扒了皮？」

老李在旁邊樂，成銘就問：「老李，他在罵我吧？」

老李趕緊擺手說：「沒有沒有，他說他小腿肚抽筋了，呵呵。」

成銘就說：「如果僅僅是個人掩蓋問題還好說啊，就怕一夥人作案啊，哈哈。」

52
猜就是撒謊

「另外呢，我再強調幾個單詞，」成銘說，「第一，Guess = Lie，猜就是撒謊！大家明白什麼意思嗎？」

大家還是似懂非懂地點點頭。

成銘說：「你們誰看過我早些年寫過的一篇文章，題目就是〈徹底消除「可能」，「或許」，「大概」……〉？」

見很多人搖頭，成銘就說：「我認為，這是走向精實庫存控制的第一步。現實生活中，我們經常聽到有人講『可能……』、『或許……』、『大概……』，或是『我估計……』、『我擔心……』，聽得多了，可能大家也就習慣了。但是從庫存控制的角度講，這是絕對不能容忍的！為什麼呢？」

「先給大家講個故事：我在IBM北京工廠擔任高級物料經理的時候，有一次在車間裡正好碰到一個設備工程師，他提醒我說，由於設備故障，某一種電阻消耗很不正常，要我們注意這個電阻的庫存情況。我立即打電話問我們的物料計畫員，這個電阻的庫存情況怎麼樣，他很有信心地告訴我沒問題，多的是！我聽後差點暈過去！我就問他，『沒問題，多的是』是什麼意思？他說，這個電阻還有『一大堆』呢！我更生氣了，又問他，一大堆是什麼意思？他說，他估計沒有問題！這個電阻『大概』可以滿足生產到兩天之後，然後，『估計』後天就有新的到貨。我實在是忍無可忍了，我告訴他，我『估計』我『大概』在兩天之後『可能』會讓你滾蛋！」

「Lawrence的口頭禪是『估計沒啥問題』，」有人小聲嘟囔說。

成銘看了一眼Lawrence接著說：「這看起來是很有意思的一段對話！似乎也很正常！實則不然！

我們經常說，庫存就是錢，而且是很有可能會隨時報廢、貶值的錢，我們對待手中的錢，無論多少，怎麼可以用大概、可能、估計去控制呢？至少我們可以說這是一種非常不嚴謹的工作態度！體現在製造業庫存控制上，我們應該用如下方式來表達：

——這個電阻的物料代碼是什麼？（物料計畫員應該問的）

——目前這個電阻的在手庫存是多少？

——按照已經發出的採購訂單，該電阻最近的到貨（到工廠）時間是哪一天？

——該電阻目前用於哪幾個產品？

——目前這幾個產品的生產計畫是什麼？

——根據目前的生產計畫，以及BOM上的單件用量，理論上該電阻的在手庫存可以滿足生產至什麼時間（具體到哪天、幾點）？考慮到歷史損耗情況以及目前的設備狀態，生產到什麼時間會停產？

——最近的到貨是否可以銜接並滿足連續生產的需要？

……」

「看起來不起眼的一個小電阻，卻反映了很大的問題！道理很簡單，製造業的生產就如同張藝謀拍的那個電影《一個都不能少》，即使少了一個電阻，生產也無法進行，其他的物料庫存就得積壓！如同千軍萬馬被堵在獨木橋上一樣，晚一分鐘就有可能全軍覆沒！庫存也是一樣，多放在手中一分鐘，就多一點貶值、報廢的風險！對不對，老李？」

老李說：「是的，老闆，從財務的角度可以區分A/B/C控制不同的物料，但從物料計畫與庫存控制的角度，不管ABC，必須一視同仁！反之，你能對電阻的控制，搞什麼或許、大概、可能，你也『可能』對半導體、記憶體等所謂重要的物料來個『大概』控制，最終的結果就是，我們

（公司）『大概』就不會賺錢了！」

成銘說：「很好，老李，精實生產與JIT的理念要求我們把生產計畫、存貨控制到小時，甚至分鐘，為什麼？這就是精實！精益求精！生產與庫存控制本身就是分不開的，精實生產往外延伸，就到了對整個需求與供應鏈的控制以及對整條鏈的各個環節的庫存控制──我們是否可以說客戶大概哪一天要我們的貨呢？客戶的訂單『大概』是多少？我們或許某一天可以出貨給『可能是』某某客戶呢？如果大家都去『大概』如何如何，我們『大概』也就把生意做得『差不多』了！」

「我們吳總大概也可以滾蛋了，哈哈哈！」Gavin放肆地笑著。

成銘繼續說：「有些時候，同志們，如果我們能夠靜下心來想一想，比一比，我們很容易就會發現我們的企業與那些國際著名企業（或者世界級的企業）在企業文化上的差別──我們比較容易做一些『大概』、『或許』、『可能』的事情，而他們在做事的時候往往是建立在精確計算的基礎上，體現在製造業上尤然，如同大家熟知的笑話：老外炒菜，說加鹽5克，那就是5克，因為食譜上就這麼說的；而我們的食譜上則一般是『加鹽少許』，真正炒的時候，誰也不知道少許真正是多少，只好憑經驗，根據自己的口味，想加多少就多少。於是結果就是，『可能』10個老外做出來的東西會有8個相同的，而我們做出來的則是一個人一個樣！

當然，這麼炒菜『可能』是被允許的，但這麼做製造業，就『可能』不被允許。

所以，在我們的團隊裡面，我們必須宣導一種所謂『知之為知之，不知為不知』的文化，也就是說，你不知道就是不知道，你不要猜！你猜就有可能壞事！」

「大家清楚嗎？」成銘喝了一口水，問大家。

「清楚！」大家異口同聲地說。

成銘就笑笑問道：「有沒有人『太清楚了』？」

大家都看著Edison笑，沒人吭聲。

53
等就是等死

　　成銘說：「我要解釋的第二個名詞就是『Wait = Die』，等就是等死！」說著，成銘更換投影片，圖上出現一個美女，成銘問：「這是我姐，有人認識嗎？」

　　下面很多人在吃吃地笑，有人就說：「那不是唱〈夢醒時分〉的歌星陳淑樺嗎？怎麼成了老闆他姐了呢？」

　　Lawrence 就說：「毛阿敏也是他姐，哈哈。」

有些人你永遠不必等

・・・・・・

　　「啥意思啊？」有人開始在下面小聲議論。

　　成銘說：「我姐這首歌裡面有句名言叫『有些人你永遠不必等』，你們知道嗎？」

　　很多女孩子說，當然知道了，甚至有人小聲地哼唱了起來：

要知道傷心總是難免的

在每一個夢醒時分

有些事情你現在不必問

有些人你永遠不必等

你說你愛了不該愛的人

你的心中滿是傷痕

你說你犯了不該犯的錯……

成銘說：「停！停！停！我們現在不是在KTV，我們是在開供應鏈管理大會，好不好啊？我要講的意思是，供應鏈管理，你千萬不能等！等，就是等死！懂嗎？我給大家看一個故事，」說著，成銘給大家放出一頁PPT，對話顯示如下。

不靠譜的事——2015年正月初五的故事

Tom：老大，早，我晚上從香港過去找你喝酒。

John：好的，歡迎！幾點到深圳？

Tom：定不下來，但是吃宵夜肯定是沒有問題。

John：為什麼定不下具體時間來？

Tom：我要陪老婆逛街，老大，你懂的……

John：我不懂，你告訴我幾點到我家附近（南山區XX路星巴克咖啡店），否則，我沒法確定是否能陪你吃宵夜。

Tom：那……十點！十點怎麼樣，老大？

John：十點啊？看你運氣吧，如果那個時候我還沒有喝多了的話！

晚上8:30，John打電話給Tom：你現在哪裡？

Tom：香港銅鑼灣。

John：你從哪個口岸過來我這裡？

Tom：我還在吃飯，然後準備坐地鐵從羅湖口岸過去。

John：那就拉倒吧，兄弟，下次見！

Tom：怎麼了，老大？

John：你知道我家住哪裡嗎??

Tom：從羅湖過去多遠？

John：⋯⋯滾蛋吧！兄弟，下次見！

大家都在笑，成銘就問：「你們都看出了些什麼呢？誰能給大家講講？」

老李舉手說：「老闆，我來講講看？」

成銘說：「很好。」

老李說：「這個叫Tom的小子一看就不靠譜！因為老闆您一直告訴我們，預測本來就是錯的，再說這小子還要陪他老婆逛街⋯⋯加上女人的事兒，那就更不可能靠譜！」

成銘說：「我一直講，老李看倉庫，可惜了，哈哈。」

然後，成銘指著PPT說：「這小子是我的一個朋友，從香港去深圳，說是晚上找我喝酒，結果，從一開始就沒有計畫，這是他不靠譜的第一點，為什麼呢？他連個大概的時間都沒有，你讓我乾等你？我當時心裡就不打算接待他；然後他又說要陪老婆逛街，最討厭的是，他竟然來了一句『你懂的』，搞得我尤其上火！我懂啥？我很少陪我老婆逛街！」

下面人哄堂大笑，Lucy就小聲嘟嚷說：「這說明人家對老婆好嘛，哪像咱老闆這樣，不知道憐香惜玉？」

成銘接著說：「我這是定性判斷，接下來，大家看，我是講道理的，到了晚上8點半左右，我又打電話給他，他竟然還在香港銅鑼灣吃飯，而且還問我從羅湖到我家怎麼走！我一看，當時就決定了，此人不必等了！他到那個時候竟然也不問一下我住哪裡，究竟是從羅湖口岸到我那裡近還是從深圳灣口岸近？我這是進一步從定性到定量判斷，最終的決定是不等了！」

「結果呢？老闆，他後來找到您了嗎？」有人好奇地問道。

成銘翻了一頁PPT說：「這就是結果。」

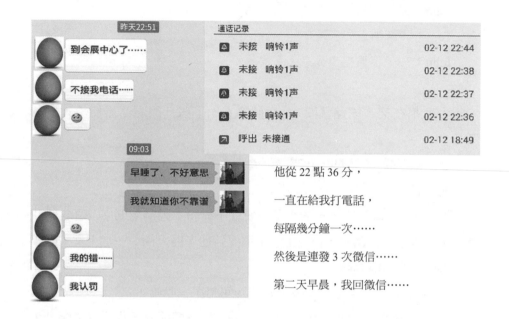

成銘說：「大家知道我為什麼給你們講這個故事嗎？我要強調的是，等，就是等死！尤其是傻等，乾等，那更是等死！就拿這個例子來講，我第一感覺，也就是定性判斷，這小子不靠譜；然後我又進一步做了驗證，我晚上8點多給他打電話，其實也就是要做定量判斷，最終，我的決定是，不等了！實踐證明，我的判斷與決策是完全正確的！對不對？」

Bruce問道：「老闆，您跟這個人早就認識嗎？」

「這個問題問得很好！」成銘說，「如果我早就認識他的話，那我判斷起來就更容易了！他是我的書《製造業庫存控制技巧》的讀者，也就是我的粉絲，我根本就不認識他！哈哈！各位，還有別的問題嗎？」

老李說：「老闆你不認識這個人，都能判斷得這麼準確，說明你很厲害！呵呵。」

成銘說：「別拍馬屁！我再給你們講個我認識的人的故事吧。那是我

在IBM的時候的一個工程經理，他是天津人，我第一次約他出去喝酒，他就讓我等了一個多小時，連續幾次都是這樣，到後來再跟他喝酒，我們每次告訴他的時間一般都比預計時間提前一些，明明約了七點，我們就告訴他是六點，結果有一次他還真的六點就到了，找不到我們，就給我們打電話，我們說其實是約七點，他還埋怨說我們不講信用。我給大家講這些故事的意思是非常明確的，即使要等，也要有自己的判斷，千萬別被人家賣了還要幫人家數錢。」

Bruce說：「老闆，這個我們也是深有體會的，有些供應商拿到我們的PO（採購訂單）後一直不給我們承諾，特別是那些電子料分銷商，經常告訴我們，再等等，再等等，結果呢？等到最後還是出不了貨，也耽誤了我們二次尋源或者啟動第二、第三供應商的機會。」

Lucy跟Edison也在點頭，Gavin說：「這種事不僅與採購有關，而且物流也存在這個問題，譬如我們的外包服務商，經常出這種問題。」

「所以，」成銘說，「大家一定要記住，做供應鏈管理的，一定不要傻等！乾等！死等！接下來呢，我想請教大家一個問題，什麼叫A.S.A.P？」

「As soon as possible（儘快）嘛！」有人大聲說道。

成銘說：「那我問你們，到底什麼是『儘快』？」

「儘快就是儘快嘛，老闆，」Edison說，「越快越好嘛！」

成銘說：「儘快就是放屁的意思！其實，放個屁還能聞著點味道，儘快則是一點味都沒有！如果說有，那就是『我什麼也不做』！I will do NOTHING!是不是這個意思，Edison？」

「對！老闆！Edison這小子就天天在放屁！」老李插話說，「我每次找他做點事，他都說儘快！但從來就沒有回音，現在我明白了，這小子其實是啥也不想做！」

Edison有點痛苦地跟成銘說：「老闆，我請一下假行嗎？我不就是說了句『我的槍一直是掛在我身上』嗎？你們就這麼對我死纏爛打啊！」

成銘呵呵一笑：「老李是開玩笑的，你別當真，一會兒就結束了，哈

哈。」

一直沒有吭聲的王小兵說：「老闆，那個生產部長老黑就一直說我們中國人說『儘快』那就是兩天之後。」

成銘說：「他更是放屁！他儘管很少說『儘快』，但你看他每天都幹了些什麼？除了查5S，他還能幹嘛？不過呢，小兵提到這個新加坡馬來西亞人，倒使我想起我在IBM工作的時候，美國人經常說墨西哥人的一個口頭禪就是Tomorrow（明天再說），那意思不也是跟咱們說『儘快』差不多嗎？不都是啥也不想幹的意思？」

「所以啊，」成銘說，「同志們，以後不允許再說『儘快』！當然，與之相反的一個詞是什麼？Urgent！就是所謂的『緊急』！我來偉康公司之後，經常見到一些報告上、郵件上，都標著『Urgent』，甚至有人還專門刻了個章！到處都是緊急情況，那說明了什麼？要麼就是都不急，要麼就是瞎著急！這飯要一口一口地吃，事情，要一點一點地做，整天哪來那麼多急事？」

「是啊，老闆，」小脆脆說，「每次給產線K料（Kitting, 撿料、配料），他們總是說急急急！結果好不容易加班給他們配齊了，他們又說不生產了。」

成銘說：「脆脆，你講這個例子很好，但你有沒有想一下這可能是誰的問題啊？」

小脆脆說：「當然是生產部的問題了。」

成銘一直看向Lawrence跟Simon：「你問問他倆就知道了，這完全有可能是我們的計畫出了問題！」

脆脆眨著眼睛說：「哦，真的是，老闆，怪不得生產部的王杰每次都說，你去問你們老闆去！」

「又是這個王杰！」成銘心裡罵了一句，繼續說，「我今天要講的最後一個問題就是關於OT（Over Time, 加班）問題。這個問題呢，我已經嘮叨過很多次了，在這裡我就不再重複，我只希望大家清醒地認識到以下幾

點：

第一，加班是沒有效率的一種表現，是管理無能的一種表現；

第二，大多數加班的人都是在這裡混日子、混加班費或者混表現；

第三，加班是對家人不負責任的一種表現。」

54
有些公司只是表面光鮮而已

「W公司不就是經常加班嗎？但那是一家很好的公司啊？」下面很多人在嘀咕。

成銘說：「是的，那的確是個非常偉大的公司，那個公司的老總也是一個非常令人敬佩的企業家。但是，大家要知道，再好的公司也會有人走，再差的公司也會有人去，再好的公司也有不盡如人意，再差的公司也有讓人嚮往之處，這就是為什麼這個更好公司的老總也曾經感歎過，為什麼外面還有那麼多的優秀人才不到他們那裡工作呢？我曾經寫過一篇文章，講的就是〈判斷一個公司的「好壞」不能光看名氣〉，講的就是去這幾家所謂的著名公司應聘，而他們不守時的問題，誰看過？」

看到沒幾個人舉手，成銘就說：「還是我來給大家講講吧。」

成銘說，經常有朋友問我X公司怎麼樣，R公司怎麼樣，W公司怎麼樣，我說我沒有在那裡工作過，但我可以舉幾個我親身經歷的例子來說明這個問題。

先說X公司。

當年我們公司被IBM賣給一家芬蘭公司後，我一邊參與供應鏈整合，一邊尋找機會跳槽，後來整合完了，我也辭職了。後來X公司打電話給我請我去面試一個全球供應鏈總監的職位。我當時家在北京，他們在海淀區，搭計程車要100多塊錢，我第一次去了，讓我等了至少一個小時，

338

說是老闆在開會，而且祕書說不知道什麼時間結束，我說那我就不等了，下次吧。祕書說我們這麼著名的公司，好多人連面試的機會都沒有，您就不再等等嗎？我說算了，以後再說吧。

後來，我去杭州講課，X公司的人事部又給我電話，要跟我約時間，我說我上次去了沒有見到人呢，她說這次您放心，我們都跟老闆協調好了。我說好吧，我一定準時到，也請您提醒老闆，留出時間見我。她說絕對沒有問題。

我回北京的第二天上午提前20分鐘就到了他們人事部。給我打電話的人事女孩說，成先生，老闆讓我先跟您談談。我說咱倆有什麼好談的？您是人事部的？她說老闆讓我測試您的英語。我說那就測吧。用英語聊了半個小時，她說，哇，成先生，您的英語真的很棒哦！我說混口飯吃還可以，但比美國人還是差了許多。她說您真逗！我說我們沒啥可逗的，您老闆什麼時間見我？她說您先等一會兒，我去看看。這次我有經驗了，我自己帶著筆電，心想，看你這次還能讓我等多久?!結果我新買的電腦都快沒電了，老闆還是不見人！我急了，我出去問那個女孩，你老闆呢？她說不好意思啊，成先生，老闆在跟新來的大學生談話呢。我說不是說好了嗎？怎麼又讓我等這麼長時間？她說，這說明我們老闆很重視人才啊！所以他還在親自給大學生們談話。我火了！你說他「重視人才」，我看他是「葉公好龍」！我說，再見！然後……然後她說要不您再等等？我說No！然後你們把我來回的車資給報了！

這就跟我們的一些供應商很像，二次承諾了，還是無效！Bruce說。
成銘說，對！Bruce能夠透過現象看到本質，這很好！你們都學著點！然後，成銘喝了一口水，繼續說。

再後來我就到了珠海F公司上班，做手機事業部的供應鏈總監，中間因為家裡出了點事情，我大娘半身不遂，被我送到青島一家療養院住著。

當時R公司不知道透過什麼管道找到我說，您也算是青島人，何不到我們公司來看看，為家鄉的企業出點力？我們正在搞1＋1，正需要您這種「國際化」的人才。我當時心想，正好我大娘在青島，平常也沒個人在身邊，我倒是可以考慮去青島工作。於是我就坐飛機回去了，他們安排得不錯，讓我住在公司旁邊的一個五星級酒店，我比較滿意。晚上去看了一下我大娘，然後就去找同學喝酒了，因為第二天上午9點面試，還沒敢多喝，搞得同學們很不高興，說我「廣東人」重財輕友，這麼多年不見，不喝個盡興怎麼行？我說怕喝多了，誤事。第二天我8點50分準時到達他們辦公室，只是見到兩個部長，說是老大突然有點事，要下午才回來。我說那我下午就得回珠海啊，那怎麼辦？他們說要不就下次再說？

　　沒想到這麼著名的公司，竟然對承諾看得那麼輕鬆？Lucy說。
　　成銘說，這還沒完呢！

　　後來不到一個月的時間，他們又給我電話，跟X公司差不多，說這次您過來吧，一定可以見到某某某。我說不去了，你們騙人呢。結果後來我大娘託我弟給我電話，說老人家想我了，讓我抽空回去看看。我一想，反正也得回去看老人家，就跟他們說好吧，時間推遲一週，他們說沒有問題，老闆這陣子不會出差，肯定是沒有問題的。我又去了，他們先陪著我吃飯，然後說是下午4點老闆接見。我說好，先吃飯。下午大概不到兩點回到他們辦公室，我們一邊閒聊，一邊等老闆接見。快5點了，我急著去見我大娘，老人睡覺早，晚上還約了同學，結果他們說老闆突然被某主席喊去開緊急會議了！我問幾點可以結束，他們說不知道。我說那怎麼辦？他們說那就晚上咱們一起吃個飯，然後等老闆的電話吧。我只好又給我大娘打電話說明早再去看她，同時跟同學說你們先慢慢喝著，我爭取8點前趕過去，晚飯我埋單。然後我們就出去吃飯了，一直吃到快7點半了，老闆的電話還沒來，我說能否給老闆打個電話，我這可是第二次大老遠從珠

海跑過來了，怎麼樣也得見個面吧？他們說，我們公司有個習慣，老闆開會是不能打擾的。

「這種公司太可惡！」老李憤憤不平地說。

　　也是跟他們有緣，再後來，我自己做全面庫存管理獨立顧問之後，他們又找過我，說這次是想請我幫忙，他們在東南亞的一個公司年產值十幾億美元，但不賺錢，懷疑是供應鏈的問題，但是請某ERP公司的顧問去看了兩週，結果什麼問題也沒有發現，聽說我擅長搞供應鏈流程審核，問我是否可以幫忙去看看？我說我正好要去山東出差，你們先按照我的要求準備基礎數據，然後我先做個基本分析，再決定是否去東南亞那個小國家。他們說好吧，我們一定按照您的要求準備。後來我忙完山東別的客戶的事情，就直接去青島了，約好第二天上午10點見面，我還是提前15分鐘就到他們前台了。上去後，連著換了3個會議室，都說被提前預訂了，最後一個會議室好說歹說，人家只讓我們待15分鐘。我說那看個鬼啊！他們說那就閒聊一下吧，反正當時跟您開電話會議的那個項目經理也出差了，我說他出差沒關係，但數據呢？他們說他出差的時候光說您要來，但也沒有交代我們準備什麼數據啊？我說，那就這樣吧，你們跟幾年前比還是沒有什麼進步！我扭頭就走了！

　　「那老闆您相當於被這個公司騙了三次？」Bruce問道。
　　成銘說：「是啊，從這個角度上講，我做供應鏈管理的水準還是不到家！」
　　「其實也是犯了個『等死』的錯誤？」Bruce又問。
　　成銘老老實實地點點頭說：「是的，Bruce。」成銘接著說：

　　W公司就更有意思了，2008年他們的HR約我見某某某，說是在W公

司級別很高的人，要給我一個什麼計調部的部長職位，我說我不去，因為跟你們還有生意往來，我去你們公司不太好，其實我是擔心受不了他們的加班文化，因為我一直在外企做，自由散漫慣了，甚至有人開玩笑說我是「寬己律人」，我去了也過不了幾天，那何苦呢？結果後來聽他們內部的朋友講，因為約我面試兩次，我都沒有去，他們HR直接把我打進黑名單了，永遠不得錄用！再後來又有獵人頭找我去W公司，我說人家都把我打進黑名單了，你投我的簡歷也沒有用。她不信，說怎麼可能呢？我說不信你就試試，反正我無所謂。結果第二天我還在班車上，那個獵人頭就給我打電話，還沒說話就先在那裡咯咯地笑，我說大清早的您笑什麼？她說還真的呢！HR一接到您的簡歷就說這個人已經被我們打進黑名單了！我說您這下子信了吧？這個公司記仇呢！

儘管我一直在外企工作，但並非不愛國，恰好相反，前幾年一直想找個合適的國企或私企去發揮一下自己這點供應鏈管理能力，這也是當初為什麼去X、R等公司面試的原因，但是從上面的故事，大家可以看得出來，儘管這些公司「名氣」都很大，但這樣的公司能去嗎？一個不守時，不守信，不尊重人的企業，你即使去了，又能幹嘛？但也許是搞供應鏈時間太久了，也是一種「職業病」吧，無論是跟人吃飯、開會還是喝茶，我都是提前去等著別人，偶爾去晚了，也會提前給朋友打招呼。供應鏈管理講究的就是「及時交貨」，開會（約會）不及時，一定有問題，不是嗎？

「我囉唆了這麼多，無非是想表達兩個意思：一是那些『名氣』很大的企業不見得是好企業，大多『名聲在外』而已；二是一個或者一群經常加班、不守時的人，是不可能搞好供應鏈管理的，而一個供應鏈管理不好的企業，也不可能是個『好企業』。」

「老闆，這對我們啟發很大，」王小兵說，「我們在認證供應商的時候也存在類似的問題，很多大公司表面看起來很光鮮，但每次開會都是拖拖拉拉的，實踐證明，這種公司在及時交貨方面做得的確是不怎麼樣。」

55
我來了這公司就是好公司

「那老闆，在您眼裡，我們偉康公司算不算是個好公司？」Edison好了傷疤忘了痛，這陣子又有點興高采烈了。

很多人捂著嘴笑，成銘用手指了指Edison，自己也笑了，說：「我來了，偉康公司就是一家好公司。」

大家哄堂大笑，只有Simon沒笑，扭頭偷偷地對Lucy說：「老闆就是高啊！」

Lucy說：「確實，我還以為老闆會發火呢。」

Simon說：「我猜你是沒有明白老闆的意思。老闆的回答，高就高在兩個地方，一個說他來了，按照他的邏輯，他就客觀上承認咱們公司是好公司，否則他就不會來；另外一層意思是，他來了之後，我們公司會更好。」

Lucy說：「怪不得老闆一直很喜歡你呢！」

成銘說：「各位，別討論了，時間也差不多了，今天先到這裡，下去抽根菸差不多就吃飯了。」

中午吃完飯回到辦公室，成銘瞅了一眼工作日曆，發現下午除了兩點到三點有個S & OP的評審會議，其他沒啥安排，心想，這個大週末的，晚上要不要約幾個人喝酒？

正琢磨著，銷售總監陳強就來了電話，開口就問成銘：「兄弟，晚上有安排嗎？」

成銘說：「怎麼了，老陳，你又找了個小三？這麼高興啊？」

陳強說：「你就是沒有正經的時候，我是真高興呢！要不你下午先到我辦公室喝喝茶，然後晚上找Johnson一起喝酒去？」

成銘說：「好吧，我大約三點半到，先開個會，對你們的狗屁預測做個評審，你不過來了吧？」

陳強說：「自從你來了，你見我參加過幾次這個會！我去了也沒有用，你就看著辦吧！我在辦公室等你啊！」

說完陳強就把電話掛了。

下午的會開得很快，大家準備得比較充分，尤其是Simon，帶著幾個小姑娘（需求計畫員）對銷售預測、歷史數據的分析、對比很到位，對未來MPS的建議也很符合成銘一貫主張的「Load Less, Chase More」（寧可緊一點，也不要太放鬆），王小兵也是積極配合，對關鍵物料清單（CPL, Critical Parts List）很認真地做了狀態更新，基本上沒什麼問題。成銘很快就同意了他們的建議。然後說：「大家辛苦了，週末愉快，弄完後趕緊下班吧！」說完自己就回辦公室準備收拾東西去陳強那裡。

這時，桌上座機響起來了，成銘一接電話，是吳總的祕書小林打來的。

成銘笑嘻嘻地問：「林妹妹，找我有啥好事啊？哈哈。」

小林說：「成總，還真是好事呢！」

成銘說：「請講，妹妹，我一會兒正要去你們那邊找陳強呢！他約我晚上一起喝酒，你要是沒事就一起去？」

小林說，「好啊！好啊！」

「那你找我什麼事呢？」成銘心裡想，小姑娘一聽喝酒就高興，連正經事都忘了說。

小林說：「吳總說三點半要跟你開個短會，好像還給你準備了一個大大的紅包，嘻嘻。」

成銘說：「林妹妹，我希望你能告訴吳總，以後找我開會，必須至少

提前一天預約，這都把我當成什麼了？隨叫隨到啊！」

小林說：「大哥啊，永遠沒有最牛，只有更牛啊！嘻嘻，您到底來不來嘛？」

成銘說：「這次看在你說的紅包的份上，我還是去吧。」

收拾好東西，成銘打電話告訴陳強，老闆找，四點再到他辦公室！又跟祕書小孫打了個招呼，然後下樓抽了一根菸，看看還有十幾分鐘到三點半，成銘就慢慢悠悠地往B棟走去。

對面過來一個大美女，成銘一看，不認識，正在琢磨，這是哪個部門新來的？就聽到那美女說：「成總好！」

成銘看看前後沒人，確定那美女是在叫自己，就問：「你叫我？」

美女嘻嘻一笑說：「偉康公司還有第二個成總？」

成銘忙擺手說：「沒有，沒有，絕對沒有，那……您是？」

美女伸出手說：「我是測試部新來的主管，我叫小文，我老闆是Davis，很高興認識您，成總！」

成銘想起來了，那個倒楣的星星（Star）辭職以後，就聽說來了個叫小文的美女做測試主管，沒想到竟然這麼漂亮！成銘心裡就暗暗地罵起劉平來了。

成銘握著小文的手說：「你就是小文？真是不好意思，我抽空回去就把那個劉平給炒了！」

小文趕緊說：「別！別！老闆，那不關劉平的事，是我剛來，沒搞清楚庫位之間的轉移流程，正巧被劉平查到，他就批評了我，當時覺得有點委屈，後來就想通了，其實劉平人挺好的。」

「呵呵，」成銘說，「那就好，那就好，以後他再罵你，你就直接找我，你趕緊去忙吧，我要到吳總那裡開個會。」

小文說聲：「Bye Bye老闆！」留下一陣香風就走了。

成銘嗅了嗅鼻子，一邊走，一邊心裡罵著，這個死劉平，這麼漂亮的女孩子，他也罵得出口？

56
客戶的認可

到了吳總辦公室門口，小林笑嘻嘻地說：「成總，說好了的啊？」

成銘裝作不記得了，問：「說好什麼了呀，林妹妹？」

小林有點著急了：「不是說好了今晚你跟陳總帶我去喝酒嗎？嘻嘻。」

成銘忙說：「記得，記得，呵呵，你看我這記性，吳總在嗎？」

判斷的信心

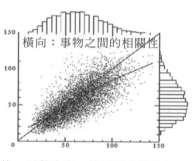

橫向：事物之間的相關性

最終：不做決定，就不要吃這碗飯

是人就不是狗

前提：平常不做作業不行

不歸我管。

職 能 部 門

看你啦！爸爸

「我在呢！」兩人正說話間，吳總開門出來了。

成銘進了辦公室，剛坐下，吳總就親自把給成銘的一杯茶端了過來，成銘就問，老闆，今天怎麼這麼客氣？

看得出吳總今天確實很高興，成銘想，也難怪，今天是大週末嘛。

吳總從抽屜裡拿出一個大紅包遞給成銘：「喏，給你的。」

成銘裝傻：「什麼？」

吳總笑笑說：「給你的紅包，兩萬塊！」

成銘有點受寵若驚的樣子，問吳總：「平白無故地幹嘛給我紅包？」

吳總就呵呵一笑，說：「陳強有沒有給你打電話約你晚上喝酒、吃龍蝦啊？」

成銘說：「約了，我正準備去他辦公室喝茶呢。」

吳總說：「好啊，成銘，你們兄弟倆幹得不錯！我在ODM（Original Design Manufacturer, 原始設計製造商）及EMS（Electronic Manufacturing Service, 電子製造服務商）這一行前前後後幹了將近20多年，從來沒有哪個客戶向我主動認錯，並說還要跟我們加強供需鏈協同管理，以後還要導入一個什麼CPFR（Collaborative Planning, Forecasting and Replenishment, 協同計畫、預測與補貨）的東西。」

「您是說美國做VIC那個新產品的客戶？」成銘問道。

「是啊，」吳總說，「客戶的CEO，那個叫Mark的美國人還想親自見見你呢！你當時是怎麼就敢放250K一週的？連我當時都替你捏了一把汗。」

「我知道，」成銘說，「吳總，如果當時那個VIC產品的出貨出了問題，連您也保不住我，是不是這樣？」

吳總點點頭說：「但後來的確有兩週他們的訂單在280K到300K左右啊，你的主生產計畫一直是250K，為什麼就沒有缺料呢？」

成銘說：「吳總，我說您不懂您不要生氣啊，其實250跟280甚至是300沒有本質的區別，前提是我們已經做了幾件事情。」

「第一，按照客戶的預測，我們可以看出，這個產品未來的需求是連續的，儘管我們說預測永遠是錯的，但至少可以參考，所謂『有毛就不算禿』嘛。

第二，透過反覆追蹤出貨、對比分析歷史資料，我們發現這個所謂的VIC新產品跟這個客戶過去某一個產品很像，甚至它跟我們另外一個EMS客戶的某個產品也有比較大的相關性，所以，我一直在親自追蹤這個新產品的實際訂單跟客戶的預測變化情況，並不斷地跟其他產品的情況進行對比分析。

第三，我們根據與尋源採購、客戶一起識別的結果，列出了幾個關鍵物料（CPL），並制定了特殊的庫存策略，有的就乾脆已經下達了R. PO（Risk Purchase Order）。

第四，對於其他物料，尤其是這個產品的專用物料，我們同樣一一做了評審，制定了相關的採購與庫存策略，並固化在我們ERP中。」

怕吳總聽不懂，成銘就故意停頓了一下，喝了口茶。

吳總就問：「就憑這幾點，你就敢這麼玩？」

成銘說：「吳總，這幾點只是一個標準的流程，其實，最關鍵的是，您知道的，我來了之後一直在緊抓兩件事，一個是團隊的執行力，這事是我親自在搞，另一個是跟供應商的合作，尤其是在彈性交付方面，我們做了很多的工作，這也是王小兵部長一直在親自抓的事情。如果說還有別的，那就是整個供應鏈管理計畫體系方面的改善，我一方面在布局改革整個計畫團隊的組織架構，這個差不多8月底9月初實行，另一方面我一直在親自跟他們做計畫，尤其是需求計畫方面，我一直是親自在盯著，每週五下午兩點到四點，我通常是啥也不做，就是跟他們一起評審客戶、銷售預測，最終決定MPS（主生產計畫）。」

「那現在還不到四點啊？」吳總看看錶說。

成銘說：「是您運氣好，今天會議結束得早，跟上幾個週比，預測並沒有很大變化，所以今天不到三點會議就結束了。」

　　「哈哈！你小子說話就是直！」吳總說，「小林提醒我了，以後約你開會要至少提前一天。」

　　成銘說：「不好意思啊，老闆，我平常沒事的時候就喜歡琢磨客戶的需求變化，看一些報告，親自做些數據分析之類的工作，要不我怎麼敢這麼決定啊？」

　　吳總說：「我聽說了，我本來以為你做諮詢出身的，會流於表面，沒想到你做事情竟然這麼細緻。」

　　成銘說：「老闆過獎了，我本來就一直在外企製造業做供應鏈管理工作，坦白地講在IBM還沒有做夠，結果就突然被賣掉了，後來做培訓、諮詢這幾年發現自己實力還不夠，所以就又回到製造業，說白了是跑到您這裡磨練的，以後我的職業發展方向還是供應鏈管理諮詢，我尤其喜歡研究庫存與交付問題，也就是供應鏈管理裡面的時間與數量問題，對尋源、商務談判之類的事反而不太感興趣。」

　　「嗯，很好，成銘，」吳總說，「我也能看出你的想法來，不過呢，我有一個要求，就是你離開偉康公司之前一定要給我培養出一個跟你水準差不多的供應鏈管理總監來，至少要學會你的這一套供應鏈管理理念和方法。」

　　成銘說：「老闆，受人滴水之恩當湧泉相報，這個我是懂的，您當初力排眾議讓我到偉康公司上班，我已經非常感激了，這也是我為什麼早就跟您講，八九月份我要把王小兵調到計畫部，目的就是鍛鍊他成為我的接班人，也好到時候給您有個交代。」

　　吳總說：「這小子看起來挺穩重的，只是好像沒有你的魄力這麼足？」

　　成銘說：「老闆，人各有各的性格，我看這小子行，有點綿裡藏針的味道，跟我鍛煉兩年應該可以。」

　　吳總說：「好！我相信你！另外，我昨天不是剛剛從美國客戶那裡回來嗎？他們現在也講VIC這個產品沒有他們想像的那麼好，他們的預測已經降低到每週80K左右了，估計很快就會EOL，叫我們小心呆滯庫存問

題。」

　　成銘說：「這個跟我們分析判斷的差不多，我們早就調整了主生產計畫，每週50K左右。按照近期的最新資料來看，他們的實際訂單每週也就是在40K到60K，我估計這種情況還會持續大約6到8週，然後這個產品就差不多了。」

　　「那最終的呆死庫存，包括供應商那裡的，你估計大約會有多少？」吳總問。

　　「不會超過50K美金，」成銘說，「我們在兩週以前就啟動了EOL流程，對供應商的生產與備貨也控制得很緊，這一點王小兵他們做得不錯，做得蠻到位，供應商配合也很有默契，聽小兵說，包括那些客戶指定的幾個供應商也比過去聽話多了。」

57
對供應商要負責任

「哈哈，那是因為他們嘗到甜頭了！」吳總說，「我去美國之前還有幾個供應商的董事長找到我說，自從你來了，他們的日子好過多了，財務也不太欠款了，他們自己的呆滯庫存也少多了！廣州做塑膠件的那個曲總你認識吧？他甚至說，過去的呆滯庫存跟我們就一筆勾銷了！」

成銘說：「曲總那個人也是苦幹實幹的，我也親自到他們公司去過，也給他們的幾個銷售、PMC（Production & Materials Control, 生產與物料控制）、生產及財務都做過培訓，他們執行我們的流程算是很嚴格的，所以近期在他們那裡沒有多少呆滯庫存。但他們過去的呆滯庫存，我覺得還是要幫他們清理掉，畢竟裡面有很多問題是我們導致的。」

吳總說：「成銘，你能這麼想我的確很高興！按理說那是你前任遺留的問題，你完全可以不理，過去你的前任就是這麼做的，供應商找上門來，他說不關他的事，讓人家找他的前任去，哈哈，沒辦法，供應商就找到我這裡來，我又不懂，所以……」

成銘說：「過去的事情就不談了，我已經做了計畫，最晚9月初王小兵上任計畫部長，由現在他手下負責電子物料的Bruce代理採購部長，然後10月底旺季忙得差不多了，就安排他倆開始全面清理在供應商那裡的呆滯庫存（責任），您得有個心理準備，老闆，按照劉平的初步統計分析，估計我們欠供應商的歷史帳，也就是我們需要承擔的呆滯責任，有兩百萬美元左右。」

吳總說：「這麼多啊？就按今年預計銷售額40億元人民幣，我們將近0.3%的利潤就沒了？」

「是的，」成銘說，「這是幾年的歷史帳，因為過去從來沒有跟供應商清理過，就導致過去供應商一直忍氣吞聲地跟我們合作，所謂的配合就自然談不上了。」

吳總說：「沒問題，成銘，這些都是地雷，不清理，早晚要爆炸，我們企業要想長遠發展，沒有供應商的支持是辦不到的，你放心，我絕對支持你的工作。」

成銘說：「謝謝老闆，我也跟Johnson談過了，他也很吃驚，但是，這是沒有辦法的事情，所以，我前幾天把我們欠帳的幾個大戶都請過來開了一個會，他們都表示理解，然後我們決定分期、分批地清理，計畫到明年的三月底之前清完，這樣今年的財務報表就不至於太難看。」

吳總大手一揮，說：「好！你倆把工作做到前面去了！哦，對了，今晚Johnson也跟你們去喝酒，我就不去了，你知道我剛從美國回來，今晚得陪老婆孩子吃個飯，你們去吧，好好喝，呵呵。」

「那好，老闆，我去找陳強了。」成銘說完提著包就準備走。

吳總說：「哎哎，成銘，那麼著急幹嘛？你的紅包！」

成銘說：「這是給我自己的？」

吳總說：「是啊，另外呢，我跟Johnson講了，財務上給你們供應鏈管理部另外預算了兩萬塊錢，你們人多，沒事出去搞個Team Building（團隊建立）吧。其他部門，你知道的，預算都不高。」

成銘說：「真是感激不盡啊，老闆，呵呵，我走了。」

Johnson已經在陳強辦公室抽菸喝茶了，一見成銘進來，陳強上來就要擁抱成銘，成銘趕緊往後退，說：「別，別！大哥，您不是Gay吧？我不習慣這樣，您跟Johnson上床我都管不著，哈哈！」

Johnson說：「成銘這小子就是狗嘴裡吐不出象牙！來！坐！」

成銘就問Johnson：「台灣佬，你今天怎麼對我這麼孝順？」

　　Johnson 也不生氣，說：「你小子來偉康公司這麼長時間，總算幹了件好事。」說著，他指向陳強辦公桌上的獎盃，這是吳總跟陳總這次從美國客戶那裡抱回來的。

　　陳強說：「成銘啊，我以前參加客戶的 QBR（Quarterly Business Review, 季度業務評審）都只有挨罵的份，就這次！嘿！不但沒有挨罵，客戶還讓我作為唯一的供應商代表上台領獎！當時我那個激動啊！客戶本來說是要廢掉我們的，結果，你看！當客戶喊到我們公司的名字讓我們上台領獎的時候，我看到咱們吳總的眼睛都濕了，真不容易啊！」

　　說著，陳強的聲音也有點哽咽了……

　　成銘點上一根菸說：「這關我屁事啊？挨罵是你們的事情，受到表揚也是你們的事情，與我何干？」

　　陳強說：「弟弟啊，關係可大了！這個 VIC 產品，客戶不但對及時出貨很滿意，更重要的是，這個訂單下降這麼快，我們偉康公司竟然對客戶一點抱怨都沒有！他們也調查了幾家他們自己指定的供應商，供應商的回饋都說是他們沒有多少呆滯庫存，所以客戶高興了！在當天的晚宴上，那個 CEO Mark 還親自找吳總敬酒，並且很好奇地問，你們的供應鏈反應能力怎麼突然提高了？吳總就提到了你，結果 Mark 非常高興，說下次過來，一定要見見你！要請你喝酒！而且告訴我說，作為供應商，我們必須要增值，其中一條就是，如果發現他們給我們的預測偏高或者偏低，我們需要主動地告訴他們我們的看法，他們會聽的，至少會跟我們平等地討論。」

　　成銘吐了口菸圈說：「這不是我個人的成績，或者說這不是我個人的能力，而是整個偉康公司的能力。」

　　Johnson 把菸一掐說：「你成銘竟然還有這麼謙虛的時候?!」

　　成銘說：「我不知道什麼叫謙虛，我只知道 Facts and Data（事實與數據），說句實在話，當初因為我放 250K 那個事情，如果吳總也像你陳強一樣到我那裡去發火的話，我早就不幹了！你說多少就是多少，出了問題關

我屁事？還好，吳總也沒說什麼，你陳強也算是被我說服了，說明你還是一個講道理的人，我手下的團隊也積極配合，再加上Johnson付款也及時，供應商的積極性就起來了，所以最終才有驚無險。」

「那倒也是，」Johnson又點上一根菸說，「吳總大人大度，用人不疑，這就決定了我們公司的文化是個健康的文化，而文化絕對是企業能力的一部分；而你陳強呢，作為銷售總監本來在任何公司都是很強勢的，但你最後竟然被成銘這小子給說服了，說明你的強勢也是建立在講理的基礎上，而銷售的支持，對於供應鏈管理是至關重要的，包括後來我聽說連那個每週的S & OP（銷售與營運計畫）會議你都不去參加，這就是最好的例證，說明你相信我們的供應鏈管理團隊。」

陳強說：「Johnson大哥啊，您是不知道，我就是去了也不管用啊，除了被這小子當著我們手下的面，反覆地追問為什麼！為什麼！我是什麼權力都沒有啊！」

Johnson笑笑說：「你沒事還是要經常去看看，也是對成銘工作的支持嘛。」

成銘說：「他就不用去了，9月之後我可能也是想去就去，不想去就不去了。」

Johnson就很不解，問：「為什麼？」

陳強在那裡只是笑，不吭聲，成銘說：「他的芳芳（陳強手下的銷售經理）每次都參加，那女人見誰咬誰！我9月之後就讓王小兵跟她對咬！我倒要看看誰能咬住誰？」

58
未來的CEO來自供應鏈管理

Johnson哈哈大笑，說：「原來你們都已經找好了Back Up（後備人員）啊！」

成銘說：「這就是我說的我們偉康公司的團隊能力，其實，我們不是沒有能力，是因為過去我們的團隊成員的能力並沒有被激發出來！」

陳強說：「現在看來的確是這樣。從美國回來的飛機上，吳總也對我說，成總一來，讓我們看到了過去我們偉康公司問題之所在，那就是在過去，很多事情，其實我們都是卡在供應鏈管理上。」

成銘說：「這個問題在很多公司都是普遍存在的，尤其是過去幾年我審核了那麼多的製造業，我發現這是個通病，大家其實都不是很重視供應鏈管理，所以呢，經濟形勢好的時候沒有問題，經濟一有風吹草動，企業的問題就暴露出來了，所以我跟我的手下講，我說下一代企業CEO就是你們的。」

Johnson說：「說你胖，你還真喘起來了！」

成銘瞅了一眼Johnson說：「我知道你不服，因為很多公司的CEO的確是CFO出身，但問題的關鍵是，CFO畢竟是CFO，說白了你不是做業務的，從理論上講，你們沒有能力整合上下游資源，從接單到出貨，包括中間的生產管理，不是哪個CFO說做就能做得了的。」

Johnson說：「也是，我就煩那些瑣事！但是，你小子為什麼不走廠長、總經理甚至是CEO的路呢？你看你搞供應鏈也有二十多年了，多辛

355

苦啊？」

　　成銘說：「第一，做供應鏈管理，我樂在其中；第二，其實啊，目前還不是時候。」

　　陳強說：「看得出來，成總是個好琢磨的人，你樂在其中我們理解，因為您喜歡琢磨供應鏈這個東西嘛，但您說做CEO還不是時候，我們就不理解了——您不都四十多歲了嗎？還要等到什麼時候？」

　　成銘說：「其實我不是這個意思，我的意思是咱們搞供應鏈的，在這個年代，尤其是在國內，我們是很難做到CEO這個位置的，因為現在的確不是時候，原因呢，你看：

　　1980、90年代，那個時候剛剛從計畫經濟轉到社會主義市場經濟，剛剛改革開放不久，無論是進入國內的外企還是國內的國企、私企，都是以生產為導向，所以，做生產出身的人比較容易上去，最終能做什麼廠長啊、總經理，甚至是CEO。」

　　「嗯，我們台灣那邊有很多生產工程師出身的人，現在都在大陸當廠長。」Johnson說。

　　成銘說：「即使我原先的很多同事，做生產主管的，都有很多人當總經理。」

　　「不過，時代總是在變，」成銘接著說，「2000年左右，市場競爭越來越激烈，人們認識到光搞生產不行了，銷售成為一個大問題，只要產品賣得出去，企業就可以賺錢，於是，那些搞銷售的人變得很吃香，當了大官，哈哈，譬如說你老陳吧，你不是在我們偉康公司被人家稱為『二哥』嗎？」

　　「呵呵，那都是他們瞎叫的，」陳強說，「不過你講的確實是有些道理，我認識的很多做銷售的朋友都在那前後自己開公司做老大了。」

　　成銘說：「後來呢，大家又發現，光能銷售還不行，還要玩高科技，要玩高附加價值的東西，只要有好產品，就賺錢！於是，那些搞研發的人就發了！是人不是人，都去搞研發了，幸運的，的確搞出了好產品，市場

就打開了，錢就賺了，自己也成了董事長、CEO了。」

Johnson說：「咱們吳總跟公司董事長不都是搞研發出身的嗎？」陳強說：「是，咱董事長還是從美國回來的海歸博士呢。」

成銘接著說：「2008年之後，全球或地區性的經濟危機越來越頻繁，基建投資疲軟，需求拉動不足，於是，人們又發現，光有好產品還不行，庫存與現金周轉又成了一個大問題！」

Johnson點點頭說：「是這樣的，我上一家台灣公司就是因為斷了現金流倒閉的。」

成銘說：「這說明啊，Johnson，你也不是個稱職的CFO啊，哈哈！」

Johnson說：「坦白講，在那家公司一幹十幾年，我都有些麻木了，所以，我一到偉康公司第一件事情就是控制現金流。」

成銘說：「你所謂的控制現金流就是不給人家供應商付款嘛！你那不叫控制現金流，那叫找死！」

Johnson也不生氣，順手又點上一根菸說：「那是因為我沒有遇到合適的搭檔嘛，哈哈。」

陳強就問：「你所說的合適的搭檔是指誰？」

Johnson指著成銘說：「看來要幹好CFO，沒有一個好的供應鏈總監是不行的。」

成銘就對陳強說：「這個老東西有時候也能說句人話，哈哈。」

陳強說：「成銘啊，也就是你敢跟咱們CFO這麼說話，吳總都讓他三分呢，是不是啊，Johnson？」

Johnson說：「那是您陳總跟吳總對我客氣，看我年紀大吧。」

成銘說：「講句公道話，Johnson這個人還可以，比我想像的要聰明一些。」

陳強說：「你小子說著說著就走偏了，呵呵。」

成銘說：「當企業出現了比較嚴重的庫存及現金流問題時，企業家們就又開始思考了，到底是哪裡出了問題？」

「可惜的是，到現在，還是有太多的所謂企業家沒有想清楚問題到底出在哪裡！譬如那個叫啥邦的周總……自己的20多億元的庫存，他說這『僅僅是個計畫問題，是暫時的』……那個叫陳什麼的說，如果我的公司放緩發展腳步，肯定沒有庫存問題……那個搞體育出身的老大則是乾脆公開地說……解決庫存問題疑似信心不足……做重工的，做電子、電器的，甚至是做汽車的老總們，都還在靜靜地思考……所以，你說，連這些人都還沒搞清楚為什麼，我現在哪來的機會去做CEO？所以我說還不到時候！」

Johnson說：「還不到時候?!到時候你就退休好了，還幹什麼CEO？」

成銘說：「所以，我經常對搞供應鏈的年輕人講，未來是你們的！我已經上年紀了，但你們至少應該從蘋果的CEO提姆‧庫克、沃爾瑪的CEO斯科特身上看到希望，他們可都是搞供應鏈出身的。要知道，所謂的『經濟危機』是相對而言的，它主要是指總體需求相對停滯，而供應相對過剩。這其實是一種正常的狀態，這只能說明人們對需求的要求越來越個性化，購買的隨意性、隨機性越來越大，導致需求波動越來越大，大批量銷售、大批量生產的年代已經一去不復返，中國經濟的增速再也不太可能像過去那樣『飛速』發展了，所以，這個社會已經變得越來越成熟，越來越『均衡』了，於是，那些單純靠生產、靠銷售、靠研發起家的CEO們就變得越來越迷茫了……變得越來越農民了……原先一畝的大白菜可以賣五千塊錢，這幾年竟然白給都沒人要，為什麼？這是為什麼！多好的大白菜啊！因為農民還停留在『只管生產』的時代……」

「豈不知，我們已經逐漸進入了一個『需求與供應鏈管理』（Demand-Supply Chain Management）的時代，無論是工業、農業還是服務業，道理大概是一樣的，生產、銷售、研發皆屬於『供應』的範疇，而現在需要供應與需求的相對平衡。所以，我說，中國下一代的CEO應該來自供應鏈領域。」

陳強說：「成銘分析的有道理，看來我們搞銷售的人也得多學學供應鏈管理啊。」

需要反思的現象：中國的企業（製造業），
有幾個董事長、CEO是「供應鏈管理」出身？

　　成銘說：「這是互相的，搞供應鏈管理的人也需要了解銷售到底是幹啥的，也需要理解你們的難處，另外，我們也需要懂一點財務知識。」

　　「很對，很對，」陳強說，「那以後咱們就多互相學習吧，從喝酒開始！」

59
這個芳芳有點問題

　　幾個人正準備收拾東西走呢，吳總的祕書小林、Johnson 的祕書 Mary，還有陳強手下的銷售經理芳芳過來敲門了，小林說：「你們三個大老爺們關起門來聊什麼啊？咳咳！哎呀！嗆死人了！大菸鬼！」

　　陳強說：「妹妹們，走吧！」

　　幾個人上了一輛小中巴，然後直奔海邊那個老地方去了。

　　在車上，芳芳就問成銘：「成總啊，聽說你們供應鏈的組織結構要調整啊？」

　　成銘心裡一愣，但還是笑嘻嘻地問道：「你說怎麼調啊，大妹子？」

　　芳芳說：「哼！你不告訴我，我也知道，我有內線！」

　　成銘說：「你的意思是在我那裡有你的內鬼？告訴我，是誰？我非炒了他不可！」

　　芳芳說：「大叔！不要那麼容不得人好不好呀，其實人家 Lawrence 在您來之前跟我們配合的一直很好啊，你怎麼就那麼不看好人家呢？」

　　成銘就對陳強說：「老陳，你這個芳芳啊，嗯，這個芳芳啊，呵呵。」

　　陳強說：「成銘，你要說芳芳什麼呀？幹嘛吞吞吐吐的？芳芳不錯啊！」

　　成銘說：「是不錯，就是有事沒事地就跟 Lawrence 勾勾搭搭的。」

　　小林跟 Mary 憋不住地笑，芳芳用力拍了一下成銘的肩膀說：「成大叔！人都說您老人家說話直，再直也不能直到這種程度啊！」

　　一路說笑著很快就到了老地方，成銘一下車就對小林說：「林妹妹，你說，想吃龍蝦嗎？」

　　小林說：「當然了！哈哈！我們三個早就商量好了，點兩隻，一隻專門吃刺身，一隻專門熬粥喝！」

　　陳強說：「那麼一隻龍蝦，吃完了刺身，剩下的骨頭熬粥不行啊？」

　　Johnson說：「是啊，那骨頭熬粥就很好吃了啊！」

　　成銘不吭聲，只是抽著菸笑。

　　Mary就說：「大叔！你Out（過時）了吧？那是你們老一輩人的吃法好嗎？我們就是要那細嫩細嫩的肉熬粥，可鮮了！這年頭，誰還吃那骨頭啊？老男人！一點品味都沒有！」

　　成銘大手一揮說：「就這樣啦！」

　　陳強說：「那就只好這麼辦了！」

　　Johnson說：「我一輩子也沒有這麼吃過！」

　　成銘說：「乾脆，你們幾個當侄女的就在這裡點菜，我們幾個大叔先上去喝酒？」

　　陳強說：「這個主意好！」

　　服務生還是上了老青島啤酒，成銘先喝了一大口啤酒，然後把門一關，就問陳強：「你這個芳芳是否有點問題啊，怎麼跟那個Lawrence走得那麼近？」

　　陳強說：「怎麼，你吃醋了？」

　　成銘說：「屁話！我多大年紀了還吃他們的醋？我是說，我們兩個部門都是比較敏感的部門，都跟客戶有直接的聯繫，我部門內部的祕密，連吳總的祕書小林都不知道，那個Lawrence就跟芳芳講了，看你家芳芳那個大嘴巴，我擔心我還沒有正式宣布，客戶就找上門來了，到時候咱倆可就被動了。」

　　陳強想了一下說：「也是，你也得管管你們那個Lawrence，我回頭說說芳芳，你看怎麼樣？」

　　成銘說：「這不是那麼簡單的事情。我只有跟管理層談過要王小兵來負責計畫部的事情。」

　　陳強說：「那個王小兵做事還是蠻實在的。」

　　成銘說：「我的問題是芳芳怎麼就知道這事了呢？」

　　Johnson吐了一口菸圈說：「那還不清楚啊？管理層有人洩密吧！」

　　成銘剛要說點什麼，幾個姑娘回來了，一進屋就嚷嚷：「哎呀，大叔們，你們少抽點菸不行啊！熏死了！」

　　成銘他們就把菸熄了，說：「不抽了，不抽了，來喝酒！」

　　那天晚上在飯店喝完了酒，幾個人又去泡了吧，Johnson是直接被陳強和成銘拖上車的，一邊上車，他還一邊大聲喊著，Mary，Mary……

60
人事布局

　　成銘決定提前動手改組計畫部，儘管現在才是7月底，原先答應王小兵8月底之前搞定供應商承諾品質的事情，然後再調到計畫部，現在看來不得不提前了。那個芳芳跟Lawrence都是大嘴巴，既然他們已經知道了這件事，全公司的人不出一週就全都知道了。

　　週一剛上班，成銘緊急約見吳總，把洩密的事情向吳總做了簡單的匯報，然後就說：「吳總，王小兵需要馬上調到計畫部擔任部長，提拔現在管電子物料採購的Bruce代理採購部長，同時讓負責塑膠件採購的Lucy跟著王小兵轉到計畫部擔任物料計畫經理，原先負責組裝計畫的Simon改為負責需求計畫，Lawrence改為負責生產計畫。」

　　吳總說：「這些都沒有問題，你去跟HR的Susan打個招呼，然後宣布就可以了，你內部人員的調整原則上我是不管的，只是有一個問題，你這樣調整，Lawrence會不會辭職？如果他辭職，你有什麼後備計畫？」

　　成銘說：「老闆，這些我都跟王小兵、Lily他們幾個討論過了，Lawrence走的可能性很大，但我需要在這一週跟他單獨談談，如果他走了，他手下有個叫Jeff的主管還是蠻有潛力的，我們可以考慮提拔他；另外，Bruce跟Lucy留下的空兒，我們也都準備好了後備人選，這個您就放心吧。」

　　吳總說：「你來這幾個月做的事情都不錯，我還是蠻放心的，儘管有時候還是讓我有點心驚肉跳的感覺，哈哈。」

成銘說：「老闆，沒辦法啊，非常時候，非常策略，所謂治亂世用重典，我剛來，面臨著那麼大的庫存及付款壓力，還要馬上準備旺季的生產，所以，可能動作快了一些，讓您擔心了。」

吳總說：「成銘，你辦事，我放心，放手去做吧。」

從吳總辦公室出來，成銘順道到 HR 找 Susan。Susan 正在那裡閒得無聊，一看成銘進來了，就笑嘻嘻地問：「成總，怎麼想起我來了？什麼時候也請我去吃兩隻龍蝦啊，哈哈！」

成銘心裡罵了一句：「肯定又是芳芳那個大嘴巴！」

坐下後，成銘說：「Susan 你是知道我組織架構調整的事情的，我原本計畫是 8 月底調，剛才跟吳總匯報了一下，準備提前調，而且是這一週就正式宣布，您老有什麼意見嗎？」

Susan 就說：「哎呀，成總啊，你怎麼搞得那麼急啊？小心你手下的人都被你折騰跑了！」

成銘說：「你這話是什麼意思？誰要走啊？」

Susan 說：「你不會不知道吧？你們那個 Lawrence 到處說他要辭職了。」

「理由呢？」成銘問。

Susan 說：「我也是聽銷售的芳芳說的，她說 Lawrence 有一次請她吃飯親口告訴她的，他說你對他有意見，計畫部長的空缺一直放在那裡，就是不考慮他。」

成銘說：「大姐啊，這就是我為什麼急著調整的原因。」

「那你是準備讓 Lawrence 擔任這個部長呢？還是繼續按你原來的意思讓王小兵來做？」Susan 很好奇地問。

成銘說：「我本來對 Lawrence 還有那麼點愧疚感，現在是一點都沒有了！」

回到辦公室，成銘親自發了日曆邀請，考慮來考慮去，安排順序如下：週二上午 9:00～10:00 王小兵，10:30～11:30 Bruce，下午 2:00～3:00

Lawrence，3:30 Simon。

　　下午沒啥事，成銘就逛到老李在三樓的倉庫，裡面有一個小房間是老李的辦公室。

　　老李說：「看來今天您不忙，怎麼突然想起來關心我們倉庫了？」

　　成銘說：「的確沒啥事，到你這裡走走，哈哈，怎麼樣，跟生產部那幾個傢伙配合得還好？」

　　老李說：「沒問題，老闆，老田那塊配合得一直很好，就是你那個師兄王杰不是個東西，沒事總喜歡找碴。」

　　「揍他！」成銘笑著說：「那人就是給臉不要臉！」

　　老李說：「你放心，老闆，我搞得定他！他一時不過來找碴，我還覺得這日子過得有點無聊呢，哈哈。」

　　成銘說：「那就好！該做的就做！你要跟你的這些幹部們建立一個正確的意識，那就是，我們既是服務部門，也是管理部門，物料的安全最終由我們負責，這點尤其體現在倉庫管理上，整個車間就是個大倉庫，這裡所有的物料都歸你們管！」

　　「是這樣的，老闆，」老李說，「小脆脆她們沒事就去車間查他們，再加上計畫員、採購員也按照您的要求經常下來做例行檢查，搞得生產部這些傢伙挺緊張的，哈哈。」

　　成銘說：「那就好，但是不僅僅要查生產部，車間裡面除了王八還有很多臭魚爛蝦的，都要查！」

　　「你是說那些測試工程師之類的？」老李問。

　　「是的，」成銘說，「要讓所有人養成習慣，物料一動就要問一下自己，這個移動是否需要填單子？」

　　老李說：「這是必需的，老闆您過來還有別的事吧？」

　　成銘說：「你覺得王小兵這個人怎麼樣？」

　　老李說：「不錯啊，做事很穩當的，就是話有點少。」

　　成銘哈哈一笑說：「對，沒有你這麼多廢話！」

老李說：「怎麼了，老闆？您準備提拔他？」

成銘說：「還沒有人提拔我呢！你看我把他調到計畫部擔任部長怎麼樣？」

老李說：「行是行，那Lawrence肯定就走人不幹了。」

「Simon呢？」成銘問。

「他沒事！年輕，正是學東西的時候，」老李說，「你沒看到啊，自從你來了之後，這小子每天都跟打了雞血似的，做起事來一股勁，他不但不會走，反而會很高興。」

「為什麼？」成銘問。

「你沒看出來啊？」老李說，「他跟Lawrence一直不和，天天鬧彆扭。」

「嗯，」成銘說，「你知道的還挺多，下去抽根菸去？」

「好吧，」老李說，「老闆您稍等一下，我去拿菸。」

路上，老李問成銘：「那王小兵調到計畫部，您讓Bruce那小子當採購部長？」

成銘說：「那要不你去當採購部長？」

老李搖搖頭說：「我不行，老闆，我看個倉庫就挺好！跟我原先的財會專業也算是對口，採購那玩意兒，壓力太大，我心臟受不了，呵呵。」

到了樓下，點上菸，老李一指B棟方向：「你看，老闆，新來的那個小文長得真是漂亮！」

成銘抬頭一看，小文正跟劉平一起從B棟回來，那劉平個子比人家小文還矮一大截。

成銘就忍不住地笑，老李就問：「怎麼，老闆，你也看上那小妞了？」

成銘說：「你那腦子整天淨想些亂七八糟的事！我是笑劉平這小子，上次把小文給罵哭了，你說這小子，做起事來什麼也不考慮，這麼漂亮的女孩子，他也捨得罵？問題是他的個子還比人家矮一大截呢！」

老李一笑，說：「這叫什麼事兒？這麼漂亮的女孩子，即使犯了錯誤，也是可以原諒的嘛，哈哈！」

　　兩人正嘀咕著，劉平跟小文就到眼前了，小文笑嘻嘻地喊了一聲李哥，成總：「怎麼老是看到你們倆在下面抽菸啊，嘻嘻。」

　　老李說：「小文妹妹，劉平幹嘛總是跟你在一起啊？你可得小心這小子，他老婆孩子可是在他老家四川呢。」

　　小文說：「李哥，聽說您太太也不在這裡吧？」

　　老李說：「說來說去，說到我身上了，我老婆孩子在老家瀋陽呢。」

　　成銘就問劉平：「你上次把小文給罵哭了，後來跟人家道歉了嗎？」

　　劉平嘿嘿一笑，說：「老闆，那不是我的錯。」

　　小文就說：「成總，的確是我的錯，劉平做得很對。」

　　老李就撇嘴：「吆！吆！」

　　成銘把菸一熄，說：「吆個屁！」扭頭就回辦公室了。

　　第二天上午十點，王小兵準時來到成銘辦公室，成銘開門見山地說：「小兵，我原本計畫把你 8 月底調到計畫部，現在看來需要馬上辦這件事，你覺得怎麼樣？」

　　王小兵說：「老闆，沒有問題，我隨時聽候調遣。」

　　成銘說：「很好，小兵，那個供應商承諾品質的事情進展如何了？」

　　王小兵說：「進展順利，Bruce 跟 Lucy 都很配合，供應商承諾積極性明顯提升，在承諾品質方面也是下了很大的功夫，近期幾乎沒有幾個『Surprise』發生。」

　　成銘說：「這個我可以感覺到，你們的工作推進的不錯。」

　　王小兵說：「關於供應商彈性交付方面，我們也已經在各個商品種類裡面選擇了不同的供應商進行試點工作，特別是根據您提出的明確劃分跟供應商的庫存呆滯責任，確保跟供應商的公平交易，提高我們 PO 的權威性等意見，我們幾乎跟所有的相關供應商都達成了一致，有不少供應商的合約條款或者附件都做了修改，供應商普遍反應積極，認為這是偉康公司負責任的一種做法。」

成銘說：「供應鏈管理，本身講究的就是風險與利益共擔，根據我過去幾年做諮詢期間的觀察，國內很少有公司像我們這麼對供應商『講道理』，我們當然要承擔一定的風險，但我相信，我們會從供應商那裡得到更大的好處！我還是那句話，羊都死了，狼還吃什麼？我們對供應商的一貫原則應該是扶持，扶持，再扶持，而不是懲罰，對供應商罰款其實是說明了供應鏈管理上的無能，『以罰代管』那算什麼本事！」

王小兵說：「確實是這樣，老闆，我們大家都在逐漸改變我們過去的一些錯誤的觀念。」

成銘說：「當然，對於極個別的供應商，如果實在是扶不起來，那就直接廢掉，但不要罰款，你知道當年張飛是怎麼死的？」

王小兵說：「不是被他手下給弄死的嗎？」

成銘說：「那只是客觀結果，深層次的原因是張飛當年沒有直接幹掉那兩個渾蛋，只是各打了五十鞭子，不但沒有起到正面作用，反而引起了仇恨，結果是自取其禍。」

「老闆分析深刻，」王小兵說，「那當時張飛應該怎麼做？」

成銘說：「張飛本來就脾氣暴烈，加上得知關二爺被殺，傷心之至，脾氣就更加不好，經常醉酒打罵手下，劉備甚至都曾經提醒過他，他不聽，結果……當然，歷史沒有如果，如果劉備把張飛調到身邊看著，或許可以避開這一禍，可惜啊，當時的情況是誰也救不了他啊！張飛已死，劉備更加失控，最終被火燒連營敗走關帝城，可惜啊！」

王小兵說：「老闆，這裡面好像也有類似供應鏈管理的問題？」

成銘笑笑說：「聰明，小兵！從供需鏈管理角度，對於張飛來說，關二爺被殺是個重大的（戰爭）需求變化，張飛本來平常就對供應商（手下戰將、士兵等）不怎麼樣，出了這種事情，他本應當更加謹慎從事，結果相反，內心的傷痛加上本身就修煉不夠，結果最終導致，不但沒有報仇（滿足戰爭需求），反而自己被殺（供應商造反、供應鏈徹底斷掉），教訓深刻啊！」

「老闆分析得真是專業啊。」王小兵奉承說。

「再到後來，張飛一死，儘管有諸葛亮苦苦相勸，結果很可惜的，劉備又犯了類似的錯誤，最終把一個好好的蜀漢帝國賠了個底兒朝天！」成銘有幾分感慨地說，「其實，大到國家、軍隊，中到社團、企業，小到家庭、個人，又有哪個不是在玩供需鏈？」

王小兵說：「是啊，老闆，看來咱們吃這碗飯算是吃對了，呵呵。」

成銘說：「是的，你以前的主要經驗是在採購管理方面，你掌管計畫部以後，要站得更高，看得更遠，尤其是在需求計畫管理方面，你需要和Simon一起多下點功夫，同時你還要密切與Bruce合作，繼續推進供應商彈性交付項目，我們爭取用一到兩年的時間，把偉康公司的供需鏈徹底打造到業界無可爭辯的領袖級水準！」

王小兵說：「老闆，您放心，我一定盡力。」

成銘笑了笑說：「那就好，我們下去抽根菸吧，順便聊聊Lawrence的事情。」

到了樓下，成銘問王小兵：「你感覺你到計畫部後，Lawrence會有什麼反應？」

王小兵想了一下說：「估計他會辭職。」

成銘問：「他辭職了，你準備讓誰負責生產計畫？」

「Jeff怎麼樣，老闆？」王小兵說，「他一直是Lawrence手下的得力助手，對系統很熟悉，跟生產部打交道多年，車間的人也都服他。」

成銘說：「我跟Jeff不熟，你覺得行就行。」

「只是有個問題，老闆，Jeff現在就是個高級計畫員級別，能否給他升個職做個主管或經理什麼的？」

「不急，」成銘說，「你等Lawrence走以後就跟他談談，在工資待遇等方面不要有任何承諾，他只要心甘情願地接受這個挑戰，旺季結束之後，最晚年底前可以考慮給他升職加薪。哦，說到這裡，小兵，你過來計畫部是平級調動，可不要抱有什麼幻想啊，呵呵。」

王小兵說：「明白，老闆，您能給我這個鍛鍊的機會，我就已經感激不盡了。」

成銘說：「跟Jeff和其他人一樣，我會考慮的，打工嘛，為名為利，你的薪水肯定還有很多機會漲的，但職位嘛，呵呵，只要我在這裡，你就沒有機會升職啊。」

王小兵說：「老闆，跟著您幹，不漲薪水、不升職都願意。」

成銘說：「那不是真心話，至少不全部是實話，這個我理解，我們不談這個問題了。我一會兒見Bruce，他代理採購部長之後，包括Lucy跟著你到計畫部，他倆的位置你有人選嗎？」

王小兵說：「有的，老闆，Ken可以代替Bruce做電子料採購經理，Sam可以負責塑膠件。」

「哈哈，看來你小子早有準備啊，好！很好！」成銘說，「我一會兒跟Bruce先聊一下，然後你下午或明天跟他再約個時間，看看你們對Ken、Sam的看法是否一致，另外，也可以徵求一下Lucy的意見，有什麼問題你們可以一起來找我。」

回到辦公室不一會兒，Bruce就過來了。

成銘就問Bruce：「都聽說了吧？」

Bruce說：「老闆，我猜您找我可能是與Lawrence要走有關係，呵呵。」

成銘說：「看來這個Lawrence是非走不可了。你來偉康公司幾年了？」

「有五年多了，」Bruce說：「剛來是採購主管，前年升職做經理。」

成銘說：「你們除了聽說Lawrence要走，還聽說了什麼？」

「我老闆王小兵可能要調到計畫部做部長，其他的就不知道了。」Bruce說。

「那就沒有往下深想？」成銘問。

Bruce說：「想什麼？換了老闆，我們一樣做。」

成銘說：「為什麼就沒有想想你自己去當這個採購部的頭兒呢？」

「我？」Bruce顯然有些吃驚，「怎麼可能？沒人會提拔我的，老闆。」

「為什麼？」成銘反而有點吃驚了。

「還不是因為食堂的事情，我給董事長寫信，結果把吳總都給得罪了。」Bruce 有點沮喪地說。

「哈哈哈！這事我知道，」成銘說，「但吳總並沒有認為這是多大的事啊？」

「那還有 HR Susan 那老女人呢？」Bruce 說，「她可是對我恨之入骨的。」

成銘又一樂：「你小子考慮多了，不逗你玩了，你告訴我，如果我讓你接替王小兵負責整個採購部，你有什麼打算？」

「提拔我當部長？」Bruce 指著自己問成銘。

「我沒說要提拔你當部長，」成銘說，「我只是問你，如果負責採購部，你的計畫是什麼？」

「這個我還真考慮了，老闆，三個方面。」Bruce 說。

「第一，流程方面，您一來就給我們指明了重點，那就是供應商承諾品質跟彈性交付，我覺得我們還有很大的空間去提升。」

成銘點點頭。

「第二呢，就是人的問題，我手下的 Ken 可以代替我負責電子物料採購，只是呢……」

「只是什麼？」成銘說，「幹嘛說話吞吞吐吐的。」

「只是 Edison 可能不服我。」Bruce 下了狠心似的說。

「不服怎麼辦？」成銘緊追不捨地問。

「我們是差不多一起進公司的，老闆，他要是不服，我可能也不好意思怎麼辦啊。」Bruce 有點難為情了。

成銘沒說什麼，而是繼續問：「如果 Lucy 走了，誰代替她？」

「Lucy 要走？」Bruce 顯然很吃驚。

成銘說：「我是說如果。」

「那，這個好辦，老闆，」Bruce 說，「Lucy 手下有個小伙子叫 Sam，

做得一直很不錯，培養一下，代替Lucy問題不大。但沒聽說Lucy要走啊？」

「你沒聽說的事情多著呢，」成銘說，「第三呢？」

「第三嘛，」Bruce說，「您來之前的KPI考核太多、太繁，儘管Lily在您的指導下做了些修改，但我覺得還是不行。」

「哦？」成銘說，「那你為什麼不早說？」

Bruce說：「我跟王小兵提過，跟Lily也談過，他們說這是你的意見，我就沒再吭聲了。」

成銘說：「大略告訴我你的想法。」

Bruce說：「很簡單嘛，老闆，作為執行採購，用您的話來講玩的就是時間和數量，我覺得整個採購部就一個KPI就夠了，那就是MRP重新計畫成功率，其實也就是您宣導的所謂彈性交付。」

成銘說：「Lily的採購指標體系裡面不就是這個嗎？」

「是這個，但不僅僅是這個，他們還設了很多所謂的二級、三級指標，」Bruce說，「這樣每週光統計這些數據就浪費很多時間。」

「哦，那是我官僚了，Bruce，我跟王小兵他們只看一級指標，我不知道原先的那些所謂二級、三級指標還在做。」成銘滿臉真誠地說。

「也不能怪你，老闆，聽Lily說是HR非得要這些指標不可，」Bruce說，「其實，我個人認為，有些部門有些二三級指標的存在可能也是合理的，但對於我們執行採購部來講，就這一個就足夠了，指標多了，其實就是蝨子多了不咬人了。」

「好！」成銘說，「你還有別的要說的嗎？」

Bruce說：「包括我在內，老闆，還有Ken，如果我們上去了，是否能漲點工資、升升職什麼的？呵呵。」

成銘說：「好！好！Bruce，你的想法很好。」

61
你是指他哪方面還行

Bruce 走後，成銘看了幾個郵件差不多可以吃午飯了，正準備叫王小兵一起下去抽根菸，然後去食堂，銷售部的芳芳就打電話過來問成銘，中午有沒有時間一起出去吃個午飯？

成銘問：「誰埋單？」

芳芳說：「當然是我請你。」

成銘說：「那就有時間，你開車過來接我？」

芳芳說：「是的，你先下樓吧。」

成銘把門一關就下去抽菸了。

這個時候 Lawrence 跟 Simon 也出來了，看到成銘在那裡，Lawrence 本來很興奮的臉色就稍微有點尷尬：「老闆你約了我下午兩點談話是吧？能否先透露點資訊給我，讓我心裡也好踏實一點？」

Simon 在旁邊嘿嘿地笑。

成銘剛要說什麼，芳芳的小高爾夫車就開過來了，成銘就對 Lawrence 說：「下午見面聊吧，呵呵。」

成銘上了車，芳芳就問：「剛才那是不是 Lawrence？」

成銘說：「是啊，怎麼了？」

芳芳說：「要不要叫他一起去吃飯？」

成銘說：「你埋單，你說了算。」

芳芳想了一下說：「算了，就咱倆吧。」

　　成銘看著窗外，隨口問道：「你請我吃啥？西餐還是早茶？」

　　芳芳說：「聽您老人家的。」

　　成銘說：「早茶吧，西餐廳熟悉的人太多。」

　　芳芳說：「你怕啥？我又不是出來跟你偷情？」

　　成銘說：「我本來還以為是呢！」

　　兩人說笑著就到了那個粵菜館，芳芳讓成銘點東西，成銘說你請客你點吧，我只要有吃的就行。

　　芳芳笑著說：「農民！」然後就一邊點東西一邊問成銘：「你真的想把Lawrence打發走？」

　　成銘笑嘻嘻地說：「那是你說的。」

　　芳芳說：「其實我覺得他還行。」

　　成銘笑嘻嘻地問芳芳：「你是指他哪方面還行？」

　　芳芳就踢了成銘一腳：「你就不能正經點?!」

　　成銘笑笑，沒吭聲，點上了一根菸。

　　芳芳說：「你能不能尊重一下女士啊？」

　　成銘就笑笑說：「我不抽，旁邊的人也在抽，對你來講，效果是一樣的。」

　　芳芳說：「成銘！成老總！你倒是跟我說實話啊，Lawrence是不是非走不可啊？」

　　成銘就問：「你啥意思啊，芳芳？他太太好像是在東莞上班吧？」

　　芳芳說：「我只是關心一下朋友嘛。」

　　成銘說：「那你們是哪方面的朋友啊，哈哈？」

　　芳芳又踢了成銘一腳，這時候正好點心也陸陸續續上來了，就說：「不理你了！」

　　成銘也夾起一個小籠包放到嘴裡，結果那湯汁太多，又有些燙，成銘一下子吐到碗裡，把個芳芳噁心地直撇嘴，成銘笑笑，跟沒事一樣，又把包子夾起吃了。

　　回公司的路上，芳芳一直在看錶，成銘就說：「你開車要專心啊，你難道不知道你車上坐著一個多麼重要的人物？」

　　芳芳又問：「那Lawrence在你這裡就一點戲都沒了？」

　　成銘說：「本來是有的。」

　　「什麼意思？」芳芳不解地問。

　　成銘說：「好好開你的車！」

　　車子到了成銘那棟辦公樓，成銘拉開車門，說了聲Bye Bye！就下去了。

62
你必須走人

下午兩點，Lawrence準時來到成銘辦公室，一進門就笑笑說：「老闆，我來了。」

成銘說：「坐吧，Lawrence，知道我今天找你談什麼事情嗎？」

Lawrence習慣性地摸摸腦袋說：「說實話，老闆，我不是很清楚。」

成銘說：「全世界的人都清楚地知道你要走了，難道你自己還不清楚？」

Lawrence的臉本來就是紫裡透紅那種，現在加上出汗，就更有些像熟透的茄子般光亮。

成銘說：「你也別不好意思，我只是不明白，為什麼王小兵過來當計畫部部長，你就要辭職呢？辭職就辭職吧，幹嘛還要搞得滿城風雨的，好像是我逼著你辭職似的？」

「那……老闆，為什麼不直接提拔我當計畫部部長呢？我也在這裡幹了快兩年了。」Lawrence鼓足勇氣問道。

「哈哈哈！」成銘大笑，「就看你幹的那些事，你還想當部長？我告訴你，Lawrence，你不是到處說你要走嗎？你現在就走啊！你嚇唬誰？你以為沒了你，這個供應鏈我就玩不動了？」

Lawrence趕緊說：「老闆，我其實不是那個意思……我只是聽說王小兵要調過來當部長，我一時想不開，就跟幾個同事講了，沒想到傳到你這裡了，我其實沒有別的意思，老闆，如果你讓我留下來，我還會好好幹

的。」

成銘說：「天作孽猶可違，自作孽不可活啊！Lawrence，我是想留你，但你不讓我留啊！直到今天中午之前，我還在想著怎麼留你，但是芳芳，你知道銷售部的那個芳芳，對吧？她跟我吃了個飯，我就徹底下定決心不想留你了！」

「啊?!」Lawrence說，「她跟您說了什麼？」

成銘說：「我沒有義務匯報給你，你自己去問她吧。」

「那我調到採購部去當個經理怎麼樣，老闆？」Lawrence說，「我聽說Bruce要當採購部部長，我沒有問題，我可以匯報給他。」

成銘說：「Lawrence啊，你工作這麼多年就一直沒有擺正你自己的位置啊，呵呵，你想幹嘛就能幹嘛？那我呢？我是幹嘛的？」

Lawrence說：「那老闆你明說吧，你準備怎麼處置我？」

成銘說：「你自裁吧。」

「就是主動辭職嗎？」Lawrence說。

成銘說：「是的。」

「那我要是不呢？」Lawrence脖子一硬地說。

成銘說：「不自裁？好啊！那我就只好幹掉你了！」

Lawrence說：「好啊，老闆，那你就幹掉我哦！我可以走了嗎？」

成銘呵呵一笑說：「伙計，我給了你幾次機會，你都沒有把握住，按照慣性判斷，看來這最後一次機會你還是把握不住了，但是呢，畢竟我們同事一場，我還是給你兩天的時間考慮，你如果決定了就這樣，那我也沒有辦法了。」

「不用了！老闆，我決定了，你直接開除我吧，按照規定賠我N+1就可以了。」Lawrence很英勇地說。

成銘說：「好的，伙計，看來你不死都不行了！」

　　成銘下去抽了根菸，正準備回辦公室等 Simon，吳總電話打過來了，成銘就問：「什麼事啊老闆？」

　　吳總說：「成銘啊，你幹嘛非得讓 Lawrence 走啊？我覺得這小伙子幹得還不錯啊？」

　　成銘心裡的火騰地一下就上來了！

　　心裡就狠狠地罵了一句！儘管他自己也不知道是在罵誰，但還是耐著性子聽吳總講，吳總說你是不是再考慮一下？

　　成銘說：「您讓我考慮啥？」

　　吳總說：「芳芳也找我了，她也感覺 Lawrence 挺不錯的。」

　　成銘說：「吳總，您感覺我怎麼樣？」

　　吳總呵呵一笑，說：「當然不錯了，要不我怎麼讓你提前結束了實習期？」

　　成銘一聽就覺得有點噁心，但還是忍住了，說：「謝謝老闆，您想留下 Lawrence 嗎？」

　　吳總說：「沒有啊，成銘，你手下的兵，你說了算嘛！」

　　成銘說：「那您親自為這事給我打電話是什麼意思？」

　　吳總說：「呵呵，成銘，呵呵，這事啊，我說了嘛！還是你決定，呵呵。」說完，吳總就把電話掛了。

　　成銘心裡又罵了一句！儘管還是沒有想清楚自己到底是在罵誰，但有一點是絕對清楚的，那就是 Lawrence 必須馬上滾蛋！

　　Immediately（馬上）！成銘狠狠地用腳踩熄了菸頭，又點上了一根，使勁地抽著，心裡越想越火！嘴上就罵了一句 Lawrence！

　　「老闆在罵誰呢？」成銘抬頭一看，Simon 不知什麼時候已經笑嘻嘻地站在那裡了。

　　「沒事！來根菸，小伙子！」說著成銘就從兜裡掏菸給 Simon，Simon 趕緊雙手接過來，一邊點菸，一邊說謝謝老闆。

　　成銘說：「你那個什麼，Simon，我本來要親自跟你談的，現在看來

不行了，有件事我必須得馬上處理，你一會兒抽完菸就直接上去找王小兵，就說是我讓你找他的，讓他跟你談，我去趟HR找那個老女人，回來得早我就直接去王小兵辦公室見你們，晚上沒事的話，咱們三個一起出去喝酒，我請客。」

Simon有點丈二金剛摸不著頭腦，心裡有疑問，但看成銘臉色很嚴肅的樣子，就沒敢再問，只是說：「好的，老闆，我直接去找王部長。」

成銘說：「去吧！」說完，把菸一熄，就直奔B棟去找Susan了。

一進HR大廳，小宋就老遠跑過來說：「老闆，你還欠我一頓（酒吧）呢，什麼時候請啊？」

成銘說：「沒時間！你老闆在嗎？」

小宋嘴一撇：「那麼個大活人在那坐著，你就看不見啊？哼！」

成銘摸了一下小宋的頭，換了一副笑臉說：「小宋妹妹啊，我這兩天的確是有點煩，你等我把這事辦完了，我請你吃龍蝦、泡吧，行嗎？」

小宋說：「這還差不多！」說著就帶著成銘一起敲了Susan的門，說了句：「老闆，成總找您。」就自個兒跑了。

Susan站起來說：「哎呀，成大官人啊，怎麼突然想起我來了，呵呵，快坐吧。」

成銘說：「我不坐我還站著啊？」說著就在Susan對面坐下來，「我要打發Lawrence走，他自己也有意離開，你看能給他弄個N+1嗎？」

Susan就故作吃驚地問：「怎麼？Lawrence要走？他不是在這幹得好好的嗎？人家都在這裡幹了兩年多了，嘻嘻。」

成銘說：「你的意思不就是說我把他給打發走的嗎？」

Susan說：「你說你這人！就不能文明點啊？張口就吐髒字！」

成銘就說：「你說吧，Susan大姐，這事到底成還是不成？給句痛快話！」

Susan不疾不徐地問成銘：「你有沒有搞錯啊？我有那麼老嗎？連您老人家也叫我大姐啊？」

「那就叫Susan妹子！到底是行還是不行？」成銘瞪著眼看著Susan。

「看來的確是你要讓人家走的吧？成大官人？」Susan還是不著急。

成銘說：「我明人不做暗事，就是這麼回事！我也跟他談了，他也知道我不喜歡他，所以就提了這麼個條件。」

「問題不大，」Susan說，「那就跟他簽個自願解除合同協議，賠他個2+1就完事了，但最終需要他簽字，吳總也要簽字批准。」

成銘說：「這好辦！你立刻給我準備協議，我馬上找他簽字，然後就去找吳總，今天就讓他滾蛋！」

「啊？」Susan說，「你也太著急了點吧？現在都幾點了？快要四點了！還有一個小時就要下班了啊？」

成銘說：「你別慌，大姐，啊，不，小姐，啊啊，Susan妹妹！我給你半個小時的時間，你馬上安排人準備好協議，算好賠償金額，同時馬上給IT打電話，掐斷Lawrence所有的郵件及網路，我現在馬上給吳總打電話，讓他4:30在辦公室等我，我同時安排Lawrence 4:40到你辦公室來簽字，如果一切順利，咱們5點準時出發，我請你喝酒！」

Susan說：「好吧，好吧，真是服了您老了！那你趕緊約吳總吧，我這裡幾分鐘就可以搞定的，都是現成的，只是輸入名字列印的問題。」

成銘說：「好，我出去抽根菸，順便約吳總跟Lawrence。」

63

我只是不想讓你們吃驚

　　成銘走到門口，先給王小兵打了個電話說：「你跟 Simon 先好好聊聊，下班前幫我收拾好電腦，鎖好門，然後跟 Simon 開車一起到 B 棟等我，對了，問一下 Bruce，如果他今晚沒事，可以跟我們一起去喝酒。」

　　成銘又打給吳總，把剛才跟 Susan 談的跟他匯報了一下，吳總聽完也沒吭聲，就說了一句：「那你跟 Susan 4:30 之前一起到我辦公室來吧，我五點之前一定要走。」

　　接著成銘又給祕書小孫講：「你跟 Lawrence 今天 4:40 準時到 HR Susan 的辦公室來一下，放心！不會耽誤你下班。」

　　小孫問：「什麼事啊，老闆？我需要準備些什麼？」

　　成銘說：「你就陪著 Lawrence 準時過來即可，啥都不需要準備。」

　　成銘剛要再點上一根菸，小宋跑出來了，神祕兮兮地問：「老闆，你真的要把 Lawrence 幹掉啊？」

　　成銘就笑嘻嘻地說：「你小孩子懂什麼？我過兩天請你泡吧再講這事，都弄完了嗎？」

　　小宋手一揚：「喏！不都在這裡嗎！」

　　成銘說：「好！妹子！」說著，從小宋手中奪過文件就去喊 Susan 了。

　　吳總啥也沒說，拿過文件就簽字了，然後看著成銘笑。

　　成銘一邊收拾文件，一邊問吳總：「怎麼了，老闆？您幹嘛這麼高興啊？」

吳總搖搖頭說：「成銘啊，成銘，我也算是管人管了大半輩子了，沒見過你這樣的。」

Susan笑笑沒吭聲，成銘就說：「老闆，這個，這個問題嘛，哈哈，你懂的，呵呵。」

吳總點點頭說：「我懂了，我不應該給你打那個電話，我是被芳芳那個小丫頭給騙了。」然後吳總就很嚴肅地對Susan說：「你回去抽空找芳芳好好談一談，管好她自己的事情就行了。成銘，還有別的事嗎？」

成銘站起來說：「沒了，謝謝老闆的支持！」說完，就跟Susan回她的辦公室。

小孫跟Lawrence已經到了，見Susan跟成銘進來，馬上站了起來。

成銘說：「Lawrence你坐吧，坐著好簽字。」說完就把那套文件放到Lawrence面前，「你看看吧，沒事就這樣，咱們兄弟們也算是好聚好散！」

Lawrence的臉色有點難看，汗都冒出來了，手還有點發抖，看完了最後一頁，拿起Susan辦公桌上的一支筆就刷刷地把字簽了。

成銘說：「很好，Lawrence！」然後對Susan說：「還有時間，你安排個人跟小孫一起陪Lawrence回去收拾東西吧。」

說完，成銘自己走了，到大門口點上一根菸等著王小兵跟Simon開車過來，這個時候，生產部長老黑帶著王杰和老田過來了，老黑老遠就嚷嚷：「成銘啊，你小子又沒事幹了？在這幹嘛？」

成銘瞅了一眼老黑，沒有吭聲，只是瞅著老田樂。

老田就問：「成總，找我有事？」

成銘笑笑說：「也沒啥事，只是不想讓你吃驚。」

老田就有點摸不著頭腦，說：「吃驚？吃啥驚啊？」

成銘說：「你的老搭檔走了。」

老田說：「你是說Lawrence？我剛才還在樓下看到他去HR了？」

成銘說：「是的，你明天在偉康公司就看不到他了，哈哈哈！」

王杰說：「老田，我跟你說過吧？我早就說這個 Lawrence 跟我這個師弟不合，早晚得被他逼走，你這下信了吧？」

老田說：「成總，那小子是被你給開了？」

成銘說：「事兒啊就是這麼個事兒，話不能這麼講！這叫好聚好散，哈哈，本週之內我會發布正式通知的。」

老黑就說：「成銘啊，你自己才剛站穩了腳跟兒，怎麼就過河拆橋，把人家給幹掉了？」

成銘說：「你閉嘴！你懂什麼？該幹嘛幹嘛去！我瞅著你這張臉我就煩！」

老黑也不生氣，嘿嘿一笑，說：「我也不想這麼黑，但我沒有辦法啊，你知道的，我們新加坡那個地方……」

成銘說：「呦！呦！你還真把自己當成新加坡人了？新加坡人有你這麼黑的嗎?!明明是馬來西亞的土著，偷渡到新加坡，真以為自己是新加坡人了。」

王杰說：「師弟啊，我老闆他只是臉黑啊，不像有些人，這裡黑啊！」說著，王杰還指了指自己的心窩兒。

64
你是從哪個山上跑下來的猴子

成銘看見王小兵他們開車過來了，雙手一抱拳說：「過獎了，師兄！Bye Bye！」

一上車，成銘看見Bruce也在車上，就說：「不好意思，沒提前跟你們打招呼。」

Bruce說：「老闆請客，機會難得，不跟老婆提前請假也是沒事的，呵呵。」

成銘說那就好：「呵呵，但我不行，無論誰請客，我都得提前跟老婆打招呼的。」

王小兵邊開車邊說：「那是嫂子管得嚴啊。」

成銘說：「前幾天吳總請我跟陳強、Johnson喝酒，也是臨時通知，我就忘了跟我老婆打電話。結果喝到中間，我老婆電話就打過來了，問我跟誰在一起，我說跟吳總在一起啊，我老婆不信，我就把電話給了吳總，吳總說，『喂，弟妹啊，我是吳總啊！』，我老婆從來也沒見過吳總，上來就問，『你是哪個吳總?!』吳總就老老實實地說，『我是偉康公司的CEO，成銘的老闆啊，呵呵。』結果我老婆就說，『鬼知道你是從哪個山上跑下來的猴子?!』」

哈哈哈！幾個人大笑，王小兵差點把車開到馬路邊上。

成銘趕緊說：「不說了，不說了！說多了都是淚啊！小兵你好好開車！」

　　也沒有問，王小兵直接把車開到了海邊那家海鮮店，進到裡面，Bruce說先點菜吧，王小兵說，不用了，我已經提前點好了，直接去308房間就行。

　　打開門一看，一個小服務生已經笑嘻嘻地在那等著了，成銘就嚷嚷說：「妹子，渴死我了，上酒！」

　　幾個人上來先一人乾了一大杯青島啤酒，成銘自己點上了一根菸，然後就問王小兵：「怎麼樣？你們幾個談得怎麼樣？」

　　王小兵說：「老闆，我跟Simon談完了又找Bruce一起聊了一下，我們的具體計畫是這樣的：

　　Simon負責需求計畫這一塊，Lawrence走了，由Jeff接替他負責生產計畫，Lucy從採購部調過來負責物料採購計畫；採購部這塊呢，Bruce的意見跟我差不多，由Sam接替Lucy管機械及塑膠件，Ken接替Bruce的電子料，如果您沒有意見，我們準備明天就分頭跟他們談。」

　　成銘就問Simon：「你有啥問題嗎？」

　　Simon說：「沒有！老闆，我堅決服從組織安排！哈哈！」

　　成銘說：「態度不錯！」然後就問Bruce，「你覺得Edison這個鳥兒會不會走啊？」

　　Bruce說：「我覺得暫時不會，但他這一陣子一直跟我們上海那個客戶走得比較近，我懷疑他是不是想要跳槽到客戶那裡去？」

　　Simon說：「我出去吃飯也遇到過幾次他跟那個客戶一起喝酒，兩人聊得還挺起勁的。」

　　成銘說：「這個問題比較麻煩，小兵，我們偉康公司跟客戶沒有類似的『同業禁止』協議嗎？也就是說我們的人不可以跳槽去客戶那裡？」

　　王小兵搖搖頭說：「好像沒有這方面的東西，要不老馬那邊怎麼就有好幾個QA（Quality Assurance, 品質保證）工程師都跑到另一個客戶那裡去上班了？」

　　成銘喝了一口酒說：「這些叛徒，必須嚴懲！尤其是從我們供應鏈出

去的叛徒，他們對我們的採購成本、供應基什麼的都很清楚，一旦對我們反戈一擊，那是很要命的！」

Bruce說：「誰說不是呢？聽說老馬經常被他原先的手下罵娘！那小子原本在老馬手下就跟條狗似的，見了誰都搖尾巴，結果一到了客戶那裡就臉不是臉，鼻子不是鼻子的，走起路來眼睛直往上看，見到我們連理都不理。」

成銘說：「這種人，就是欠揍！哦，對了，那個整天在我們這裡晃的上海客戶叫啥名字來著？那個大胖胖，好像還是台灣人吧？」

Bruce說：「是台灣人，叫Ben，跟Edison臭味相投，兩人以前經常一起去東莞，沒事就好那一口！呵呵。」

「Ben？」成銘若有所思地嘟囔了一句，然後說：「好了！不談他們了，就按照你們的計畫進行吧，明天就是週三了，正好上午有我們的管理例會，大家可以一起看一下新的組織架構，如果都沒有問題，我們最晚週五就正式宣布了。來，喝酒！」

65
別給臉不要臉

週三上午十點的例會開得很短，先是Lily演示了一下KPI，基本上沒有什麼重大變化，對客戶承諾及時交貨率（OTDC）持續好轉，從過去的平均不到90%上升到95%，庫存周轉率（ITO）已經達到7.5，在手呆滯庫存（E&O）比例下降比較明顯，從過去的8%以上降到現在的5%左右，成銘認為大家在這幾個月取得了不小的進步，希望大家再接再厲，爭取年底前達到OTDC 98%以上，ITO突破8次即可，E&O控制在3%以下。

接著，成銘讓大家看了新的組織架構，大家也都沒啥問題，然後成銘就說，從下週三開始，管理例會爭取控制在一個半小時之內，明天就是小週末了，如果大家沒有什麼問題的話，我就請大家一起吃個飯，歡迎我們新的領導團隊成員。

週四上午，王小兵跟Bruce到成銘辦公室做了個簡單匯報，新提拔的幾個人都沒啥問題，只是拐彎抹角地提到了工資待遇問題，王小兵問成銘這個問題是不是可以很快解決？

成銘說：「我不是說了嗎？如果這個旺季順利通過，這些都不是問題，打工嘛，名利雙收最好，沒有名，有利也可以，這個我理解，我們都一樣，都是打工的。」

王小兵走後，成銘簡單地寫了個郵件，把新的組織架構發給了吳總，同時抄送HR的Susan，問他們如果沒啥問題，下午就正式發布了。

吳總很快回了郵件，說沒有問題，只是提醒成銘，最好在供應鏈內部

大會上，把Lawrence離開公司的事情給大家做個簡單說明，免得大家胡亂猜測。

Susan也跟著吳總的郵件說了幾句無關緊要的話，這個事情就算是這麼定了。

中午去食堂吃飯，正好看到陳強跟芳芳坐那裡，成銘打了點東西湊過去。

芳芳見成銘過來，只顧埋頭吃飯，也不看成銘一眼，陳強就趕緊打招呼說：「成銘啊，這一陣子幹得不錯啊！幾個大客戶都對咱們回饋很好，哈哈，來，坐！」

成銘說：「謝謝陳總，也謝謝客戶們的支持，尤其是要感謝芳芳經理啊，哈哈，她沒事就請我出去喝早茶！」

芳芳瞪了成銘一眼說：「以後你就等著吧！我跟你喝早茶？你氣死我還差不多！」

陳強就呵呵一笑：「成銘啊，你怎麼老是欺負芳芳啊？」

成銘說：「老陳啊，你們家芳芳可不是一般的女人啊！」

陳強趕緊說：「別！別！成銘，芳芳可不是俺家的！」

芳芳瞅了一眼陳強說：「你放心吧，老闆，我跟誰好都不會跟您好的！」

成銘就說：「這種事啊，哈哈，不好說啊！對不對，老陳？」

陳強就笑嘻嘻地說：「那是，那是，哈哈。」

芳芳端起餐盤就要走，成銘趕緊拉住她說：「妹子，正事還沒談呢，你怎麼就要走了？」

芳芳眼一瞪，說：「跟你們這兩個老流氓有什麼好談的？」

成銘說：「你看看，你看看，老陳，你的手下怎麼敢罵你是老流氓呢？哈哈！」

陳強說：「她罵你呢！」

「快說！」芳芳有點著急了，「我都吃完了！」

　　成銘站起來對著芳芳的耳朵小聲地說：「別給臉不要臉！」

　　「無恥！」芳芳罵了成銘一句，就走了。

　　很多人扭過頭來看成銘，陳強也好奇地問：「你對她怎麼了？她罵你無恥呢？哈哈！」

　　成銘說：「是她無恥，哈哈，吃完了抽菸去？」

　　陳強說：「走吧。」

　　點上菸，成銘就說：「老陳啊，你這個芳芳的確是個大問題，竟然敢干涉我的內政！」

　　陳強感到有些莫名其妙：「怎麼了，伙計？誰敢干涉你的內政啊？」

　　成銘問：「你知道Lawrence吧？」

　　陳強說：「知道啊，不是聽說剛被你打發走了？」

　　成銘說：「本來我還想給他個機會，但這小子後來越來越不像話！他先是找了芳芳請我吃早茶，給我施加壓力，然後你們這個芳芳又跑到吳總那裡，讓吳總給我打電話！我一怒之下就堅決把他幹掉了！」

　　「這樣做是夠噁心的！」陳強吐了一口菸圈兒說，「怪不得我昨天看HR的Susan上來找芳芳，與這事有關吧？」

　　成銘說：「是的，吳總當著我的面告訴Susan叫她跟芳芳談談，讓她以後少管閒事！」

　　陳強吐了個菸圈後問成銘：「你知道芳芳那小丫頭的來歷嗎？」

　　成銘搖搖頭說：「我來偉康公司不長時間，你知道的，我啥也不知道，也不喜歡去打聽這些亂七八糟的事，只是感覺這個女人有點踐。」

　　陳強說：「她是我們廣州一家大客戶WM公司董事長的小姨子。」

　　成銘說：「怪不得這麼牛呢。」

　　陳強說：「你也別多慮，我見過這個客戶，人很謙虛的，聽說是他這小姨子在家誰也管不了，就透過吳總安排到我們公司來了，嗨！平常我也不怎麼管她，沒想到她越來越猖狂了。」

　　成銘說：「也無所謂，這種女人往往是無知加愚蠢型的，給她點苦頭

吃就差不多了，吳總讓Susan找她談話，估計她會老實一陣子的。」

　　陳強說：「對不起了，老弟，我回去沒事再敲打敲打她，不行就打發她到HR去。」

　　成銘說：「謝謝老陳了，實在不行就讓她到我這來吧！我就不信辦不了她！」

　　兩個老男人又相互吹噓了幾句，就各自回辦公室了。

66
清除害群之馬

下午一上班，成銘就把郵件發出去了，拷貝給公司所有管理人員，宣布新的供應鏈管理組織架構正式成立，並在給供應鏈內部人員的郵件裡設立了三個週例會，這三個週例會要求所有主管及經理以上人員必須全部參加。

每週二下午 2:00～3:00，庫存分析例會，小佟主持，劉平是 Back Up。

每週三 10:00～11:30 的例會不變，還是 KPI 及其他問題探討，成銘親自主持，王小兵是 Back Up。

每週五下午 2:00～5:00，S & OP 例會，王小兵主持，Simon 是 Back Up。

其他如採購、計畫、物流、新產品導入等部門內部例會，由各部門部長、經理自己制定時間及參加人員名單，但成銘鼓勵各部門相互派人參加對方的例會，以促進相互交流。

應該說，新的組織架構運行得很順利，特別是 Simon，作為新的需求計畫經理，感覺找得很好，在成銘和王小兵的支援下一直在與客戶、與銷售、與生產做著各式各樣有理有據的鬥爭，似乎很樂在其中；Bruce 也是新官上任三把火，帶著新升職的 Ken（接替 Bruce 負責電子物料採購）、Sam（接替 Lucy 負責機械及塑膠件採購）幹得起勁，只有那個 Edison（負責包材採購），對 Bruce 的升職有些看法，整天嘰嘰歪歪的，工作也不好好做，成銘就讓 Bruce 好好跟他談談，不行就讓他趕緊滾蛋。

391

Bruce後來跟成銘說：「他跟Edison一對一地談過話了，那小子是堅決要到客戶那裡去做駐廠採購經理，也就是要回過頭來管成銘他們了。」Bruce有些憂心忡忡地問成銘，「老闆，一旦那小子到了客戶那裡，我們怎麼辦？」

成銘說：「怎麼辦？涼拌！」

成銘決定找客戶Ben，也就是那個胖胖的台灣佬談談。

在一個週五的下午，成銘正要下樓去抽菸，正好看到Ben在外面跟幾個女採購員談得不亦樂乎，好像是Ben要請她們幾個出去吃飯，成銘就走過去說：「嘿！Ben！到我辦公室聊聊？」

Ben一看是成銘，趕緊說：「好的，好的！」

回到辦公室，成銘也不客氣，第一句話就說：「聽說你要把Edison弄到你們公司去？」

Ben有些不好意思，嘿嘿一笑說：「這個，這個嘛，哈哈，有這個打算，怎麼？成總，您不同意？」

成銘說：「我沒說不同意，但我也沒說同意。」

Ben說：「那您是什麼意思嘛？」

成銘說：「你知道這麼做意味著什麼嗎？」

Ben說：「我只是想讓Edison過來接替我駐你們廠，這樣我就可以經常回台灣跟我老婆孩子團聚了，哈哈。」

成銘說：「咦？Ben，不是聽說你在東莞安家了嗎？那不是你親老婆啊？」

Ben呵呵一笑：「你知道的，你懂的，呵呵。」

成銘說：「你如果非要Edison去你們那裡，我不反對，但是我有兩個條件，第一，你讓他去幹啥都可以，就是不可以駐我們廠；第二，他去你們公司之後，不管以後有什麼事情，他永遠不可以再踏進偉康公司一步！」

Ben說：「那如果我不答應呢？」

成銘說：「你當然可以不答應！但是你知道我會怎麼做嗎？」

Ben搖搖頭說：「不知道，但你們又能對他怎樣呢？」

成銘說：「如果你不答應我的條件，我可以馬上開除他！然後你再招聘他去你們公司，你看怎麼樣？」

Ben說：「那您這樣做不是害了Edison嗎？」

成銘說：「與其讓他害我，不如我先害他，你說呢？哈哈！」

Ben說：「那按你說的，我招他來也沒啥用啊？」

成銘說：「他本來就沒啥用！你非要用他，我有什麼辦法？」

Ben說：「那……那我再考慮考慮？」

成銘說：「沒問題，Ben，你也可以直接找他談談，就說是我說的，你不需要跟他遮遮掩掩的，我說話向來是負責任的。」

過沒幾天，成銘聽Bruce說，Ben的確跟Edison談了，添油加醋地跟Edison講了很多，Edison當時就跳腳大罵成銘，說是成銘擋了他的路。

再後來，沒有多久，Edison主動辭職，Bruce就讓Edison原先的一個手下採購員Maggie接替了他的位置，這樣，到目前為止，成銘基本上完成了對整個供應鏈管理組織的改造。

67
進行供應鏈審核

時間過得很快，轉眼就到了十月底，整個傳統的旺季也忙得差不多了，還好，沒有出什麼大問題，截至十月底的銷售額已經跟去年持平了，預計全年銷售可以達到35億元人民幣左右，儘管銷售額比去年全年只增加大概20%，但庫存絕對值卻是一直在下降，8月底已經是歷史上第一次跌破3億，未來幾個月是銷售淡季，成銘估計可以做到2.5億以下，這樣算來，全年庫存周轉率基本上可以做到9次。

一想到這裡，成銘心裡就油然而生一種成就感，總算可以對CEO吳總還有那個台灣佬（CFO）有個交代了……

成銘決定安排一次供應鏈管理的全面審核，總結經驗教訓，備戰明年。

整個審核計畫是兩週，由小佟跟劉平主審，組員有各部門的經理及業務骨幹組成，第一週是預審，第二週是正式審核。

小佟跟劉平的審核計畫做得不錯，具體分工是：

採購部長Bruce與庫存計畫員劉平帶隊審核計畫部；

計畫部長王小兵帶隊審核倉庫；

小佟與NPI物料經理Lillian審核進出口部；

進出口部經理Gavin則是與供應基經理Lily審核採購部；

倉庫經理老李則跟需求計畫經理Simon一起去審核供應基管理部。

第一週的預審還是輕鬆的，無非就是審核人與被審的對象相互熟悉各

自的流程，確認關鍵流程的控制點，並安排人提前準備數據。

　　成銘在第一週的角色基本上就是釋疑，沒事到處轉轉，看樣子大家準備得還挺認真的，只是發現有不少人心存顧慮，甚至有抵觸情緒，成銘決定召開供應鏈全體管理人員大會，把這次供應鏈管理審核的目的、意義再跟大家解釋清楚。

　　會議訂在週三下午2:00，地點是在公司大禮堂。

　　在會上，成銘重點講了三點。

　　成銘說：「大家可能不太習慣這種做法，好像是我不相信大家似的，其實不是這樣。我安排的這種審核其實類似於IBM的ISC（Integrated Supply Chain, 集成供應鏈管理）審核，你們都知道我曾經在IBM工作過，也參加過幾次審核。這個審核的主要目的是，從整個供應鏈管理角度，就是自檢、自查，從各個部門角度，這是屬於交叉檢查，也就是不同部門之間的相互檢查。」

　　「是不是有點類似狗咬狗？」老李問道。

　　下面哄堂大笑。

　　成銘沒有笑，而是指著投影上的審核計畫說：「『採購部部長Bruce與庫存計畫員劉平帶隊審核計畫部』就是個例子，什麼意思呢？大家知道，我們供應鏈管理，從根本上講是個體系，是一條鏈，而所謂的鏈就是透過一個環節、一個環節緊密相連而形成的，Bruce作為採購的老大，必須搞清楚：

　　——計畫部到底有哪些關鍵的運作流程？

　　——這些流程的關鍵控制點（Control Points）是什麼？

　　——針對這些流程的控制點，王小兵部長及其計畫員們到底做得怎樣？做到了什麼程度？甚至實際做法有沒有偏離這些控制點？

　　——從採購的角度看計畫，Bruce對王小兵的計畫流程、體系、做法有沒有什麼改善的建議？」

　　成銘喝了一口水接著說，「透過這種審核，Bruce作為採購部長，他

對計畫部的了解越多，採購部跟計畫部這兩個節點的結合就有可能越緊密！」

「當然了，下次審核，Bruce可能去審核老李的倉庫管理，老李則可能被安排去審核計畫部或採購部。大家都明白這個道理嗎？」

成銘看到下面很多人都在點頭，就接著說：「可能大家會有疑問說，我們審核的依據是什麼？難道僅僅是依據我們現有的流程嗎？那審來審去還不是那回事？有沒有人有這樣的疑問？」

「有！」Bruce在下面舉手說，「老闆，我是第一次參加這樣的活動，這幾天我也在想這個問題，那搞來搞去不就是我們那幾個流程嗎？如果都做得很好了，我們也發現不了什麼問題啊？」

成銘笑著點點頭，然後問大家：「還有類似問題的人請舉手。」

老李就舉手說：「老闆，我在以前打工過的一家美資公司做會計的時候，他們搞過什麼SOX Audit（沙賓法案審核），我當時是被審核的對象之一，說白了也就是被動地參與了那個審核過程，但我覺得他們提出的『設計缺陷』、『控制缺陷』以及『執行缺陷』很有道理。」

成銘說：「很好，老李，你能不能給大家講一下這三個缺陷？」

老李說：「好的，各位，我講的不一定對，歡迎大家批評指正。」

老李頓了一下嗓子說：「我認為，所謂設計缺陷就是指體系缺陷，簡單地理解就是，你的體系是不是完整的，該有的流程沒有，或者說即使你有這個流程，但由於流程設計不合理，你最終還是達不到目的。」

「能不能舉個例子，老李？」Bruce說。

老李說：「例子到處都是，譬如你們採購部吧，你們過去的做法是什麼？下了PO卻不讓人家供應商出貨，要等我們的排產計畫，這叫什麼事？如果你是供應商，你會怎麼做？我認為這個就是屬於設計缺陷的範疇，老闆你說是不是？」

成銘點點頭：「嗯，這從設計上本身就是個問題。老李你接著說。」

老李說：「好的，那麼，什麼叫『執行缺陷』呢？這個就更容易理解

了。我們的流程可能設計得很好，但你執行的過程有問題，你走偏了，走歪了，沒有達到流程設計的目的，這就是『執行缺陷』。例子嘛，就更多了，譬如你吧，」老李指著坐在後排的生產計畫經理Jeff，「在排程管控流程裡面就有一條，讓你們的生產計畫員每兩小時刷一次ERP檢查成品、半成品入庫情況，結果你們呢？在我們老闆沒來之前，你們是怎麼做的？你們坐在辦公室裡面當大爺，天天等著生產部來報數！」

老李喝了一口水說：「流程本來設計得很好，目的就是讓你們即使不去車間，也可以隨時監控生產進度，結果你們呢？直到第二天生產線無法完成計畫，你們才知道，那不是都來不及了嗎？」

「這就是典型的『執行缺陷』！對不對，老闆？」老李有點得意地看著成銘。

成銘鼓掌說：「老李分析得很到位！我說過，老李只是看個倉庫實在是大材小用，哈哈哈！」

「呵呵，老闆過獎了，」老李笑笑說，「在您面前我只是班門弄斧，但到現在也不太理解那個所謂的『控制缺陷』到底是什麼意思？」

成銘說：「其實啊，我認為，從管理者的角度，所謂的『設計缺陷』和『執行缺陷』其實都是控制缺陷，為什麼這麼說呢？你設計某個體系、某個流程的目的是為了透過控制某些活動的執行而達到某種目的，所以，從管理者的角度，你就要控制設計、控制執行，如果你沒有這麼做，或者做得不到位，那我認為就是所謂的控制缺陷。」

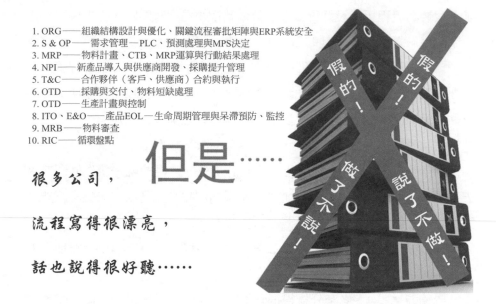

1. ORG——組織結構設計與優化、關鍵流程審批矩陣與ERP系統安全
2. S & OP——需求管理—PLC、預測處理與MPS決定
3. MRP——物料計畫、CTB、MRP運算與行動結果處理
4. NPI——新產品導入與供應商開發、採購提升管理
5. T&C——合作夥伴（客戶、供應商）合約與執行
6. OTD——採購與交付、物料短缺處理
7. OTD——生產計畫與控制
8. ITO、E&O——產品EOL—生命周期管理與呆滯預防、監控
9. MRB——物料審查
10. RIC——循環盤點

但是……

很多公司，

流程寫得很漂亮，

話也說得很好聽……

假的！

假的！

做了不說！

說了不做！

TIM全面庫存管理審核10個流程

「但是，同志們，」成銘說：「不管怎麼說，我們可以簡單地去理解這個審核。」

「第一，你是否『該說的都說了』？

什麼意思呢？就是說，從我們的具體客戶、具體產品及業務模式出發，我們要最終實現及時交貨率，提高庫存周轉率，那麼，譬如採購部，你該做些什麼事情？你覺得你該做的事是否都說出來了而且變成了流程？這個就是體系的完整性，先不管你做得好壞，我們先看你是否在設計該做什麼事情的時候，該考慮的都考慮了，這個就是我理解的設計缺陷問題。

第二，你是否『說到做到了』？

你說了這麼多，你寫了這麼多的流程，但你是否都照著做了？這個就需要對比一下，這也是審核的重點之一，即使我在IBM參加ISC審核的時候也經常發現這樣的問題。很多公司的流程寫得的確很漂亮，什麼PPT、WORD、EXCEL的，還有放到OA（Office Automation, 辦公自動化）、BI

（Business Intelligence, 商業智慧）裡面，什麼描述啊，流程圖啊，報告啊，KPI啊，看起來都很不錯，但你稍微一審核，就會發現，他們往往是『說了不做，做了不說』，全是假的！」

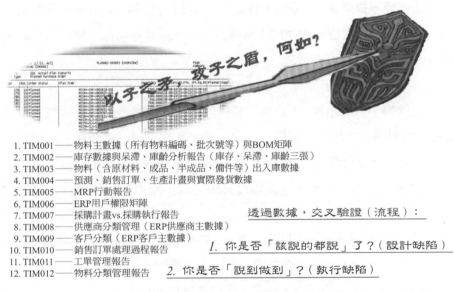

1. TIM001——物料主數據（所有物料編碼、批次號等）與BOM矩陣
2. TIM002——庫存數據與呆滯、庫齡分析報告（庫存、呆滯、庫齡三張）
3. TIM003——物料（含原材料、成品、半成品、備件等）出入庫數據
4. TIM004——預測、銷售訂單、生產計畫與實際發貨數據
5. TIM005——MRP行動報告
6. TIM006——ERP用戶權限矩陣
7. TIM007——採購計畫vs.採購執行報告
8. TIM008——供應商分類管理（ERP供應商主數據）
9. TIM009——客戶分類（ERP客戶主數據）
10. TIM010——銷售訂單處理過程報告
11. TIM011——工單管理報告
12. TIM012——物料分類管理報告

透過數據，交叉驗證（流程）：

1. 你是否「該說的都說」了？（設計缺陷）

2. 你是否「說到做到」？（執行缺陷）

3. 你這麼說，這麼做，是否合理？（持續改善）

TIM全面庫存管理審核12張表

「那麼老闆，我們應該怎麼去證明他們『說了不做，做了不說』呢？」Lily舉手問道。

成銘說：「Lily這個問題問得很好。關於這個事情，我跟小佟也簡單地談過，你們也不需要擔心，畢竟，審核是需要技巧的，尤其是供應鏈管理審核，你自己對對方的領域如果不是很熟悉，或者經驗不夠，發現並驗證問題的確是很難的，這次審核對於你們大多數人來說是第一次，我也不期望你們能夠找出對方多少問題來，但你們要努力去做，盡心去琢磨，這樣才可能慢慢地摸出門道來。」

　　「坦白地講，他『說了不做』，你可能還容易找到問題，你只要理解他的流程的關鍵控制點，然後查找證據就可以了。譬如平常的營運報告，ERP數據等，如果確實是他說了但沒做，通常情況下他是拿不出證據來證明他做了的，但是，即使這樣，也並不排除，他欺負你不懂，隨隨便便拿出個報告或數據來騙你！類似指鹿為馬，他就告訴你，這就是你想要的東西，我就是按照流程這麼做的！這種情況下，還是那句話，就要看你做審核員的經驗與程度了。」

　　「最難的是他做了不說！」

　　成銘喝了一口水說：「我們在審核的時候，通常是先看被審核對象的KPI，如果他的KPI結果不如意，尤其是KPI的趨勢一直在往下走的話，這說明他肯定是有問題，但問題到底出在哪裡？很有可能的原因就是，他做了很多不該做的事情，是流程沒有規定的，或者流程不允許他這麼做的，但他做了。」

　　「能不能舉個例子，老闆？」負責NPI物料的Lillian站起來問道。

　　成銘就問：「Lillian，你這次是審核哪個部門？」

　　Lillian說：「按照計畫，我跟小佟負責審Gavin。」

　　Gavin趕緊搖搖手說：「No，No！姐姐，你們不是審我！是審核進出口部，好不好？」

　　Lillian就很不好意思地說：「我說錯了，老闆，我們是審核Gavin負責的進出口部，嘻嘻。」

　　成銘一笑，說：「沒關係，Lillian，你跟小佟去審核進出口部，那是代表我去的，你看Gavin敢怎麼對你們？」

　　Lillian就很自豪地朝著Gavin撇了撇嘴：「哼！」

　　成銘問Lillian：「你跟小佟以前有沒有做過進出口、海關方面的工作？」

　　Lillian跟小佟都搖頭，Gavin就對著Simon偷笑。

　　成銘就說：「你們到了進出口部之後，第一件事肯定是先看他的

KPI、組織架構及流程，這也是這一週為什麼是所謂的預審，對吧？」

Lillian 說：「看過了，老闆，也請教過他們的人很多問題，學到了很多東西。」

成銘說：「好，你們知道得越多，學到越多，做起審核來就會越輕鬆，發現問題的可能性就會越大。那我現在先考你們一個簡單的問題，關於海關手冊這一塊，對進出口部的一個KPI是什麼？」

Lillian 一下子被成銘問住了，半天沒反應，小佟就站起來說：「老闆，這個簡單，就跟老李的倉庫管理一樣，海關手冊這一塊的一個關鍵指標就是『手冊數據的準確性』，也就是 Gavin 的海關手冊紀錄跟我們的 ERP 及保稅物料的庫存數據的一致性。」

成銘說：「很好！小佟，這就是我為什麼這次安排你跟 Lillian 一起去審核進出口部的原因。為了保持所謂手冊數據的準確性，Gavin 可能幹出什麼見不得人的事情來？」

「冤枉啊，老闆！」Gavin 說，「我可是從來沒有幹什麼偷雞摸狗的事情啊！這個，老李可以作證啊！」

老李嘿嘿一笑，指著 Gavin 說，「本來我不想說，你非要點我的名，那我就沒辦法了，哈哈！Lillian，我告訴你吧，Gavin 這小子經常串料（在保稅與非保稅物料之間串用）你知道吧？」

Lillian 說：「知道啊，特別是在我們 NPI 的時候，一著急，Gavin 的保稅料清關不及時，他就讓我們串料，有時候還把保稅料借給我們做國內產品的 NPI 生產，他說這是急我們之所急。」

「還有更玄的呢，」老李說，「這小子很膽大包天，經常私自拉著保稅料去做『香港一日遊』，對不對，Gavin？」

Gavin 早就坐不住了，紅著臉跟成銘說：「老闆，你看！你看……」

成銘說：「Gavin，你不要著急嘛！這就是我為什麼要安排她們倆去審核你們的原因：一個是 ERP 方面的專家，另外一個是經常跟你借料的朋友，你說這樣安排好不好啊？哈哈哈！」

接著，成銘又問王小兵：「小兵啊，你知道我為啥讓你帶隊去審核老李的倉庫？」

王小兵摸摸頭說：「老闆，我覺得其中一個重要原因就是去看看老李有沒有幫採購員們藏私貨？」

成銘笑著看老李，老李就瞪了一眼王小兵，沒吭聲，Simon在那吃吃地笑。

成銘就問Simon：「你小子怎麼這麼高興？」

Simon說：「沒事，老闆，我們一定好好看看Lily有什麼問題，呵呵。」

Lily就回頭瞅了一眼Simon，然後問成銘：「老闆，這次好像沒有安排人審核Lillian負責的NPI？」

成銘說：「是的，這次審核NPI不作為重點。」

然後，成銘說：「我要講的第三點就是，作為審核員，一定要在審核過程中多動一些腦子，最好能夠針對審核過程中發現的問題提出一個初步的改善建議，也就是說，即使你『這麼說了』，也『這麼做了』，但是否合理？什麼意思呢？你這麼說了，也這麼做了，但是否達到了最終目的呢？或者說，我們是否還有持續改善的空間？這個你是需要結合著被審核對象的KPI來看，當然了，因為咱們是內審，你們的經驗也不全面，能提出多少建議算多少，不要怕說錯，沒有對和錯！有則改之，無則加勉嘛。」

最後，成銘問大家：「還有沒有其他問題？」

看到大家都搖頭，成銘就說：

「我最後強調幾點。

第一，大家都是初次做這種事，可能經驗不足，這個不要緊，你們就當這次是練兵，以後我們要每年至少安排一次這樣的全面審核，每月做一次部門審核，慢慢地，你們的經驗和興趣也就上來了；另外呢，你們如果感興趣，也可以到網上去下載我的一本電子書，書名就是《TIM全面庫存

管理諮詢審核方法》，這本書我一直沒有正式出版，但這都是我多年供應鏈管理經驗的一個總結，而且一直在不斷地更新，我也幫很多企業做過所謂的外審，效果還是不錯的，這是我過去和將來的飯碗。

　　第二，大家一定要擺正心態，正確地對待這次審核。我們要堅持的原則就是對事不對人，一定要有理有據，盡可能地保持客觀、公正，根本的方法就是『以數據驗證流程及做法，處處從庫存的角度透視供應鏈管理問題』，但是，不要怕！即使有些主觀猜測的東西，也可以提出來，記下來，我們大家一起看嘛，我唯一的要求就是，你們別打起來就行！散會吧！」

68
評審審核結果

　　第二週的正式審核還算順利，成銘到各個審核組去巡視了幾圈，大家普遍反映良好，也確實記下了很多問題，幾個組長都說最晚週四上午就可以結束，甚至還可以提前，成銘說，那就預定週五一天的時間做匯報吧，早晨9點準時開始！

　　週三、週四兩天，成銘接了很多電話，有CFO Johnson打來的，銷售總監陳強的，甚至CEO吳總也打電話來詢問這次供應鏈審核的事情。

　　他們共同的意思都是說，這種方式很好，是提升團隊流程管理意識，加強成員之間相互理解、相互學習的好機會，並同時建議成銘，下次再安排審核，是否可以邀請一些其他部門的業務骨幹做觀察員？

　　成銘說：「感謝老大們的理解和支持，邀請觀察員的建議很好，下次一定這麼做。」

　　後來，因為這個事，吳總還專門在公司管理會議上表揚了成銘，號召大家向成銘學習，說這是打造企業管理體系的有力工具。

　　週五上午9:00審核匯報準時在三樓會議室開始，成銘笑嘻嘻地問大家：「誰先講？」

　　大家你看看我，我看看你，都在偷笑，就是沒人先開頭一炮。

　　成銘說：「這樣啊？那老李你先開始吧。」

　　老李說：「行！我跟Simon搞的是Lily……」

　　Lily就打斷老李說：「老李你文明點行不行！」

老李嘿嘿一笑說：「不好意思，我不是那個意思，你知道我的漢語水準一般，呵呵。」

說著，老李把電腦接到投影機上，指著螢幕說：「供應基管理這塊，我們審核出的主要問題是：

第一，RFQ（Request For Quotation, 詢價單）使用不夠規範，我們查了幾個供應商的原始報價，有些供應商沒有使用我們的RFQ標準範本，隨手一個郵件就報價了，RFQ上的很多要素沒有填寫，如COO（Certificate of Origin, 原產地）、MOQ（Minimum Order Quantity, 最小訂單批量）、Liability Windows（呆滯責任窗口）等不少都沒有原始數據，但打開我們的ERP，我們又發現在系統裡面是有維護的，那問題就來了！這些數據是怎麼來的？為什麼查不到原始的數據？」

成銘點點頭說：「很好，老李！接著說。」

「又遭到老闆的一次表揚，呵呵，」老李說，「第二方面的問題就是，很多原材料的採購提前期不準確，一看就是沒有按照流程要求做定期清理、評審。」

「關於這個問題，流程是怎麼規定的？」成銘問。

「要求每月清理評審一次，以確保ERP主數據的準確性、合理性，」老李順手打開那個PDF檔，指著螢幕說，這裡有規定。

「那你憑什麼說人家沒有這麼做？」NPI物料經理Lillian問道。

「第一，我們查不到去年12月及今年3月的清理評審報告，」Simon補充說，「第二，還有那種以前出現的採購提前期是181天，除以5（一週5個工作天）、除以7（一週7天），都除不盡的情況！」

成銘對著Simon一蹺大拇指，然後對Lily說：「Lily啊，主數據可是我們供應鏈管理的主神經啊，你可得給我管好了！」

Lily說：「老闆，我工作不夠認真，我晚上安排人加班查！」

成銘說：「我沒有讓你加班，這也不是加班不加班的事情，我從來不要求任何人加班，我只要求你們按照流程，把事情做好了就行。」

「還有哪些重要問題，老李？」成銘說，「揀重要的講，其他的問題交給Lily他們自己去處理改正。」

老李說：「Lily的問題看來是比較多的，呵呵，還有一個比較關鍵的問題就是對供應商的獎懲機制問題，我們發現ERP系統有記錄的幾次配額調整都沒有原始審批手續。」

「哦？」成銘故作驚訝地看著Lily，「沒有我的批准，你私自就把配額給調整了？」

Lily說：「不可能啊，老闆，肯定是老李沒有找到嘛！」

老李說：「Lily，你的人一直在查，查了兩三天也沒有給我們提供證據，你說是怎麼回事啊？」

成銘說：「查了兩三天查不到，那就是沒有嘛！即使是最後查到了，也至少說明你們對原始審批報告沒有管理！」

然後成銘又問小佟：「集團有沒有計畫上OA（Office Automation, 辦公自動化）啊？」

小佟說：「本來是準備今年10月底上的，後來聽說吳總給否決了，說是要延到明年上。」

成銘說：「明年？明年我們還不知道在不在這裡呢！你接著說，老李。」

老李說：「我跟Simon認為，Lily這裡比較重大的不符合項目就是這些。」

成銘說：「很好！老李跟Simon的審核工作做得不錯，值得表揚，下一個誰講？」

Bruce說：「老闆，我跟劉平談談計畫部的審核情況吧！」

成銘說：「好的。」

Bruce一邊連投影機，一邊說：「計畫部看起來問題更多些，呵呵，老闆，」Bruce對王小兵說，「您可別怪我啊！」

王小兵說：「你小子也真是的，到現在還分不清誰是你老闆？我已經

不是你老闆了，你儘管講！」

成銘笑笑沒吭聲，Bruce說：「那我就不客氣了，老闆們，我們發現計畫部有幾個關鍵的問題：

一是寄售客戶的庫存管理問題，譬如廣州WM這個客戶，我們一直在跟他們做所謂的寄售模式，按照流程及合約，我們需要每個月跟客戶清理一次帳齡大於90天的寄售庫存，但自去年9月到現在，我們從來沒有跟客戶清算過。」

「在WM這個客戶那裡目前大概一共有多少帳齡大於90天的庫存？」成銘扭頭問王小兵。

「在180萬元人民幣左右，」王小兵說，「我調到計畫部後不久也發現了這個問題，找過銷售的芳芳經理，她就一直拖著沒辦，說是這樣做有可能影響客戶關係。」

「她那是放狗屁！」成銘說，「這個事情不能拖，小兵，你儘快去找陳強，如果他搞不定你再找我，兩週之內必須解決這些歷史垃圾問題！」

王小兵說：「好的，老闆，我記下了。」

「第二方面的問題就是，我們發現有幾版存檔的MPS跟我們ERP系統跑的不一致，」Bruce對成銘說，「老闆，我認為這很嚴重。」

「咦?!還有這事？小兵？」成銘很疑惑地看著王小兵。

「是的，老闆，這都是Lawrence之前幹的，」王小兵說，「您批准的MPS，只要他認為是不合理的，他就告訴計畫員直接修改，然後就跑MRP了。」

「這個XXX！」成銘狠狠地罵道，「我當初本來還想給他留個機會，讓他暫時到老李倉庫去幹個主管啥的，過一段時間再重新起用他，沒想到這小子竟然如此膽大包天！實在可惡！」

Simon說：「老闆，在整合計畫部之前，可都是Lawrence在負責MPS/MRP運行啊，他幹那些事可是與我無關啊，呵呵。」

成銘罵道：「你不說我還真把你給忘了呢！那你當時就不知道這些

事？」

「說實話，我知道，老闆，」Simon狠下心說，「但我不敢講啊！」

「為什麼不敢？」成銘問。

「那小子有點『陰』，老闆，我是怕被他給『陰』了啊，老闆。」Simon有些無奈地說。

「好了，不說這事了，」成銘說，「小兵你跟Simon以後注意點，這種事情絕對不允許再發生了！」

王小兵說：「您放心吧，老闆，Simon在負責整個需求計畫之後也跟我講過這事，我們增加了一個MRP交叉驗證報告，每週我都親自審核，我敢保證Bruce他們查到的都是過去的例子，對不對，Bruce？」

Bruce說：「是的，老闆。」

成銘笑著問Bruce：「你在跟你哪個老闆說呢？哈哈！好！繼續吧！」

「第三個問題與生產計畫有關，」Bruce說，「審核的時候我們發現幾張W/O（Work Order, 生產工單）在系統裡是手工開的，而且都已經過期了，但一直沒有清理；與這個問題連在一起的是有些排產計畫沒有對應的W/O#（工單號）……」

接下來是Gavin、Lily匯報了採購部的問題，王小兵匯報了倉庫的一些問題，小佟把進出口部的問題做了總結……

成銘對整體審核結果感到很滿意，表揚大家說：「大家第一次做審核，幹得不錯！至少沒聽說有打架的，這很好！我晚上請大家出去喝大酒！」

69
您的評價是對我最高的獎賞

時間過得很快，一晃兩年過去了，成銘用了將近一年的時間打基礎，梳理流程，重組組織架構，培養人才；第二年基本上都是收穫了，整個供應鏈玩得順風順水，由於第一年打下的良好基礎，第二年庫存的起點就比較低，只有兩億多元人民幣，第二年全年銷售增加了將近30%，銷售額達到55億元人民幣，庫存絕對值並沒有增加，一直保持在3億左右，年庫存周轉率達到13.5次，CFO Johnson高興得整天合不攏嘴，逢人就講，成銘這小子，嘿嘿！我當年沒有看錯他！

春節期間，成銘帶著老婆孩子去泰國玩了一圈，一邊喝著泰國的當地啤酒，一邊抽著菸，望著遠處的大海，成銘在捉摸著怎麼跟CEO吳總談辭職的事……本來想寫個郵件給吳總，又怕寫不清楚，打電話吧，大過年的，怕搞得吳總不高興，成銘想，還是好好在泰國陪老婆孩子玩玩，回去再說吧！

節後上班第一天，吳總帶著幾個總監、部長到處拜年、發紅包，忙得不亦樂乎，後來吳總跟成銘說一起到Johnson的辦公室去坐坐，隨便聊聊，晚上要一起喝酒。

一進Johnson辦公室，吳總就拿出個信封給成銘，說是給成銘一個紅包。成銘就開玩笑說：「老闆，這哪是紅包啊，這不是公司信封嘛。」

Johnson笑著說：「你打開看看。」

成銘打開一看就明白了，是張漲工資的通知單，吳總又給漲了15%的

工資！去年一年吳總已經給成銘漲了兩次工資了，加上這次漲的，成銘的工資已經是剛入職偉康公司時候的兩倍了。

成銘點上一根菸，看著吳總、Johnson，心裡既感動，又有些難受，到底要不要跟老闆說辭職的事呢？

Johnson就嚷嚷道：「成銘你這個沒良心的！怎麼也不謝謝老闆跟我啊？」

成銘握著吳總的手說：「非常感謝老闆的栽培和賞識，老闆對我一直是有知遇之恩呢！」

吳總笑笑說：「那是我們偉康公司的幸運，能聘請到你成銘來做供應鏈管理總監的確是我們的運氣，對不對Johnson，跟兩年前比，我們的生意比原先大多了，而你的資金壓力卻是小得多了吧？」

Johnson說：「那是，那是！成銘這小子還是有兩把刷子的。」

成銘說：「Johnson啊，對你我也是非常感謝啊，儘管經常跟你吵架，但從第一次吵架開始，我就覺得你是專業的，這兩年咱們配合得不錯，謝謝啦，老哥！」

Johnson說：「你是不是有什麼事啊？怎麼感覺你今天這麼文明禮貌？」

吳總也說：「是啊，成銘你小子說話一客氣，我們反而不習慣了。」

成銘說：「對不起啊，吳總，我準備辭職了。」

吳總只是點點頭，Johnson就有些坐不住了：「你說啥？辭職！你是不是覺得工資低了，要脅我們啊？」

成銘點上一根兒菸說：「你看我是那樣的人嗎？」

吳總很平靜地問成銘：「決定了？」

成銘說：「是的，老闆，您知道的，我一心想做個成功的獨立顧問，經過在您這裡兩年的鍛鍊，我覺得我的供應鏈管理經驗上又成長了一大截，我也40多歲了，所以我想到麥肯錫或者波士頓、埃森哲這些正牌的諮詢公司去幹一陣子，看看他們這些所謂的『諮詢正規軍』到底是怎麼個

打法，也跟人家學學，您知道，來您這之前，我從IBM下來後，自己做了3年的諮詢游擊隊⋯⋯」

「你那叫當土匪！」Johnson哈哈笑著說。

吳總說：「你走後，推薦誰來接替你的位置？」

「王小兵！」成銘毫不猶豫地說，「小兵在採購及供應商管理方面經驗非常豐富，我來之後又帶著他做了將近兩年的計畫管理工作，小伙子學東西很快，做事比較扎實，人品看起來也不錯，我每次出差都是他做我的Back Up（後備）。」

「嗯，」吳總點點頭問Johnson，「你看呢？」

Johnson說：「王小兵我還算熟，那小子應該可以，就是有點膽小，做事情沒有成銘這個流氓有魄力。」

吳總笑笑沒有說話，看著成銘說：「我尊重你個人的選擇，也接受你對王小兵的推薦，但願小兵也能像你一樣啊！」

「像我啥一樣啊？」成銘不解地問。

「這兩年啊，不管你哪天喝醉了酒，第二天來得早晚，你只要往辦公室一坐，我心裡就放心啊！」吳總歎了口氣說。

成銘說：「謝謝老闆，您的評價是對我最高的獎賞。」

吳總又問：「找好了嗎？」

成銘說：「還沒有，有一家正在談呢，估計差不多。」

吳總說：「好，你先在這裡幹著，同時可以私下裡開始跟王小兵挑明這個事，讓他放心，只是先不要聲張，剛過完年，你馬上從公司離職也不好，什麼時候確定了，你隨時可以走，我們到時候再好好安排個歡送會，好好送送你。」

成銘說：「老闆，真的是非常感謝！古人云，士為知己者死，打工的路上，您就是我的知己，但我卻不能再幫您了，下半輩子，我是決定走獨立顧問這條路的。」

「不要客氣，成銘，我們還是好兄弟！」吳總說，「這兩年你為偉康公

司的供應鏈管理打下了堅實的基礎，建立了一整套比較完善的供需鏈管理體系，我代表公司董事會感謝你！到時候，我再請你以獨立顧問的形式幫我做供應鏈管理諮詢，不也是一樣嗎？」

成銘握著吳總的手說：「您放心，老闆，那是必需的！」

70
管理諮詢那點事

Johnson 就問成銘：「你怎麼看目前大陸管理諮詢界的事情？」

成銘說：「因為我一心想回到諮詢界，所以我沒事就特別留意各種各樣的諮詢公司、顧問公司，包括他們做的一些案子，我大概總結了一下，我把目前中國內地的諮詢界的人大概分為以下幾大類。」

「第一類呢，就是所謂的 Famous Babies，就是業界常說的那些著名的嬰兒，他們基本上都是洋品牌，在諮詢界耕耘多年，很有名聲，但基本上都是『吃過豬肉，但沒見過豬走路』，在他們看來，豬是飛禽，而非走獸。但這並不重要，重要的是他們的牌子很大，尤其到了中國，因為多屬洋品牌，加上國人自古以來大多崇洋媚外，因此，花錢雇之，以為自此以後，沾上了洋氣，必將飛黃騰達，殊不知，自己往往是死無葬身之地，死都不知道自己是怎麼死的，如某某電腦公司，很早一個吃洋螃蟹的企業，如今早已銷聲匿跡。這些 Famous Babies 的主要特點是『小資』，從來不會 Dirty Hands（弄髒自己的手），因為在他們看來，那是農民工的活兒，自己高高在上，怎麼可能去幹那種累活髒活（具體的營運問題）呢？他們做的專案動輒幾千萬乃至幾億人民幣，小客戶、小專案從來都是不看的。」

吳總說：「我也有同感，其實在你來我們公司之前我也跟他們接觸過，見到幾個總監級別的，他們對我好像不感興趣？」

成銘說：「他們不是對您不感興趣，而是對咱們偉康公司不感興趣，我不是說了嗎？他們的案子動不動就是幾千萬，而我們偉康公司一年產值

413

也就是三四十個億，就我們那點利潤，怎麼可能付得起他們的諮詢費？」

吳總說：「也是，還有北京一家某大學的諮詢公司找過我，他們倒是對我們很感興趣。」

成銘說：「那就是所謂的 Pure Professors，也就是純粹的學院派，跟 Famous Babies 類似，從來不接地氣的，基本上不食人間煙火，大多錦衣玉食，裝模作樣，因為有教授的頭銜，因此動輒大道理，大概念，如同空氣、鬼魂一般，在人間遊走不定，令人費解。但之所以能大行其道，一是因為國人還是骨子裡一直在崇尚讀書人，二是因為他們往往有驚天動地之言論，危言聳聽之本領，所以找他們的企業也很多。」

「哈哈！你小子嘴有點損！」吳總笑著說，「他們諮詢費好像不是很高？」

「嗯，」成銘說，「他們因為沒什麼經驗，也不像前面我們講的那些洋品牌，人家畢竟累積了幾十年的諮詢經驗了，至少有個龐大的案例庫，而國內的學院派諮詢也就是近十幾年、二十幾年的事情，做的案子也比較虛，所以，他們搞出來的很多東西大都不接地氣，特別是關於供應鏈管理方面的諮詢，因為實務方面的要求比較高，他們往往是做不好的。」

Johnson說：「我認識國內某上市公司的董事長，他們是一家大型造紙集團，他們請過北京那個學院派諮詢公司，要價還不低，到後來聽說搞出來的東西都是東抄西抄的，連顧問自己也說不清楚是啥意思，給董事長匯報的時候，董事長說，我聽不懂你們在說啥，然後就直接把他們趕走了。」

成銘說：「這種情況很多，我有一個老哥是成都一家做電動工具的上市公司董事長，他也給我講過一個類似的故事，他同樣請了這家諮詢公司，而且還是這家公司的董事長親自帶隊去幫他做策略諮詢，一共六個人，案子要搞一年，總共要價800多萬元人民幣，結果最後給了他們50萬元就打發走了。」

「與以上兩派截然相反的是純粹的經驗派，」成銘接著說，「所謂的

Pure Practitioners。這些人屬於諮詢界的農民，他們可以挽起褲腳幫你下河捉魚的那種人。最著名的如日本某汽車公司的工人出身的精實生產顧問，到了國內也可以是一天兩萬美元的諮詢費……」

「一天兩萬美元的諮詢費？」Johnson 有點吃驚地問道。

「是的，」成銘說，「一天兩萬美元，不是兩萬元人民幣，而且大行其道，究其原因，國人儘管天天罵鬼子，但其實骨子裡是既怕又恨的，既崇拜又無奈的，所以，一個老日本鬼子，到了中國也可以被尊為師，上上下下都得小心翼翼地伺候，實屬大陸一景，絕無僅有。他們的口頭禪就是，Don't ask questions！Just Do It！不要問為什麼！照著我說的做！」

「我們的競爭對手威利公司好像是請了這麼個人？」吳總說，「你知道嗎，成銘？」

「知道，」成銘說，「我過去 IBM 的一個手下在威利公司做物料經理，聽他講了，那老頭脾氣很大，董事長都敢罵！用他們的話來說，就是花了錢，請了一尊神，還是特別難伺候的神。」

「呵呵，有點意思，」吳總說，「還有哪些人在做諮詢？」

成銘說：「現在國內的諮詢界啊，魚目混珠，什麼人都有，其中比較典型的一類就是 Half Bottles，也就是我們常說的半瓶水，我們山東人經常講的，一瓶子不滿，半瓶子晃蕩的那種人。」

成銘點上一根菸說：「這些人的顯著特點是自己確實做過幾年的實際工作，好一點的甚至也掛了個名企的背景，但由於自己不能安於現狀，在企業升職無望，自己又比較踐，性格也可能比較孤僻，沒有多少人氣，老闆肯定也不喜歡他，故憤而離職，然後在社會上遊蕩。這些人儘管沒有打家劫舍的勇氣，但狐朋狗友、志同道合者也還是有幾個的，所以也可以自己或者幾個人一起成立個諮詢公司，騙些傻子的錢花花，買點肉，打點酒，日子過得倒也快活。這些人基本屬於盲流性質，只要有人給錢，讓他幹啥都可以，你說怎麼辦，我就怎麼辦，反正我遊走江湖！這些人無論是講課還是做案子，每天收費大概在千把塊到幾千元不等。」

「嗯，」吳總說，「我們有幾個供應商那裡好像也請了些這樣的人。」

成銘說：「這很正常，因為在我們的供應基裡面，小的供應商年產值也就是幾千萬，大的也就是十幾億，請這種半瓶子水的顧問的可能性很大，因為這些小老闆大多都是銷售出身或者技術出身，他們往往把供應鏈管理想得太簡單，但是可能是因為經濟形勢不好或是因為葉公好龍趕時髦，聽說供應鏈管理可能幫助提升績效，但自己又不想花大錢雇那些洋品牌諮詢或者是那些學院派，有半瓶子水找上門來，反正花錢也不多，弄不好還可以得到一些實惠，因為自己不懂嘛，所以他們就半推半就地把這事給幹了。」

哈哈哈！Johnson 大笑：「你小子把人家說得就像跟女人上床似的，還半推半就呢！」

成銘說：「還真有點那個意思，因為雙方都不是真心真意，企業抱著一種摟草打兔子的心態，能摟著個兔子就是賺的，摟不著也沒有關係，而那些半瓶子水顧問呢，也覺得反正你也不是太重視，我也就是混一天是一天，賺你點錢也就可以了。」

「好像諮詢界還有一種所謂的全球通？」吳總冷不防地問道。

成銘說：「是的老闆，他們英文叫 Gotones，俗稱全球通，什麼都懂，什麼都不精，講課可以從採購講到銷售，從銷售講到財務，從財務講到 Leadership（領導力）、執行力等；做諮詢項目，則是什麼活兒都敢接，沒有搞不定的。總之是到了哪裡都好使，到了哪裡都打得通，無所不通，無所不能，非凡人也。這種人目前國內也比較多，所謂的『大忽悠』，除了趙、范二位先生，就是他們了。如果說半瓶水還有點水、懂點專業的話，那麼，這種全球通則是什麼水平都沒有，典型的市場混混，他們每天儘管收費很低，但絕對是諮詢市場的攪局者。」

「他們能掀起多大的波浪？」Johnson 問。

「您可不能小看這幫人，」成銘說，「我問你，現在有多少所謂的企業家真正地了解供應鏈管理是怎麼回事？或者說，你認識幾個製造業的 CEO

或董事長是搞供應鏈管理出身的？」

「的確不多，」Johnson說，「我來大陸這麼多年，也認識很多老總，懂供應鏈管理的人確實很少。」

成銘說：「這就是問題所在！因為那些半瓶子水、全球通也算是見多識廣的，他們既吃過豬肉，也見過豬走路，尤其是供應鏈管理本身的問題就是，它看起來是很簡單的，好像誰都可以做得好，誰不懂個計畫啥的？誰不明白採購是怎麼回事？誰沒進過倉庫？誰沒見過車子跑？很多企業老闆以為自己是懂供應鏈的，但心裡又不踏實，並不確定自己是否真懂，也不知道自己的手下是否懂，被那些半瓶子水、全球通一忽悠，也就上鉤了——說白了，還是錢的問題，前面說了，這些人收費看起來不是很高，幾乎是到了給錢就做的程度。」

「那麼，成銘，你最終想做哪一類顧問呢？」吳總有些好奇地問道。

71
我想做獨立顧問

「Experienced Experts，」成銘說，「所謂有經驗的專家。」

「怎麼理解？」吳總問。

成銘說：「這類人一般一輩子就是實踐、研究那麼點東西，大多混跡業界多年，出身於基層，出身於名企，做過高管者居多，然後上了點年紀，開始著書立說，或者是一邊做，一邊總結，既有比較多的實踐經驗，又有一定水平的理論高度，這類人目前國內還不是很多。」

「嗯，這跟你一貫的做法比較一致，」吳總說，「我當時看你的簡歷發現你其實是管過Sourcing（尋源採購）的，但你來了偉康公司之後，我幾次想把這塊都轉給你負責，你就是不接！現在看來你是早有打算的。」

成銘說：「是的，老闆，您跟Johnson是了解我的工作背景的，我在機械行業做過計畫員、採購員、國產化之類的工作，到了IBM之後，我一直只是負責供應鏈時間和數量的問題，對與供應鏈有關的商務問題，如採購談判、採購降成本等問題就基本上不碰了，因為在我看來，商務問題一般比較直接明瞭，大多都是些一次性的問題，而供應鏈的時間與數量問題才是真正的大問題。」

吳總點點頭說：「時間與數量不就是構成了庫存與交付問題嗎？」

「是的，老闆，」成銘說，「我個人認為，供應鏈管理，一個是管所謂的C，成本，Cost，另一個就是管所謂的I，庫存，Inventory。這是供應鏈管理的兩個基本出發點，或者說是，供應鏈管理的根本目的所在。」

「所謂C，成本，比較容易理解，如尋源採購（Sourcing），他們的一個非常重要的KPI就是CR（Cost Reduction, 降成本%），儘管有所謂的QCDS（Quality品質，Cost成本，Delivery交付，Service服務）一說，但實際工作中，C一直是尋源採購的重點，因為C比較容易做出成績，看得見，摸得著，以老闆們的智商都可以看得懂，所以大家都喜歡朝著C下手，所以就會大量出現『買的便宜，用的貴』的情況。」

「哈哈哈！這小子！」吳總指著成銘對Johnson說，「這小子從來都瞧不起我們這些當老闆的。」

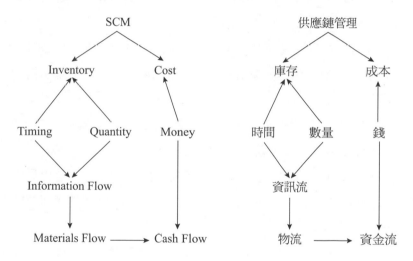

供應鏈管理，一個是庫存問題，一個是成本問題　＠版權所有：程曉華

Johnson說：「吳總，他說得很有道理，買的便宜，用的貴！在大多數企業，甚至是那些所謂的世界500大裡面，這種情況比比皆是，因為大多數的企業老闆是不懂供應鏈管理的，所謂的TCO（Total Cost Ownership, 全面成本管理）被喊了很多年，但在實際工作中，很少有企業做到。」

成銘說：「其實要做到TCO也不是很難，之所以做不下去就是因為要麼你把TCO搞得太複雜了，要麼就是太簡單化了，其實從供應鏈管理角

度，你只要對比採購成本與庫存持有成本就能平衡得差不多，沒那麼複雜。」

「能否舉個例子看看。」Johnson問。

成銘說：「你懂的，Lily的供應基管理部不是一直跟你們成本會計有接口嗎？他們經常面臨的問題就是，A、B兩家供應商提供同一種原材料，A的價格是¥5.0／件，B的是¥4.95/件，但A報的採購提前期是20天，B可能是50天，你說你買誰的？或者應該多買誰的？」

「嗯嗯，這裡面的確有個總成本問題，」Johnson又點上一根菸說。

成銘接著說：「與尋源採購類似的是物流（Logistics），主要也是與成本有關，運輸成本、倉儲成本、清關成本等。

物流管理作為供應鏈管理的典型執行部門，同樣存在一個QCDS的問題，但實際工作中，跟尋源採購一樣，C是個重中之重，同樣會導致Q、D、S不好的情況產生。

與成本有關的還有生產管理，因為從SCOR（供應鏈運作參考模型）角度，生產製造也是大供應鏈管理的一部分。

為了控制C（成本），生產製造可能會犧牲I（庫存），這也是供應鏈管理比較難做的原因之一。現實中，C vs I，一直是供應鏈管理部門與生產營運部門鬥爭的焦點所在。

所謂的I（庫存），包括兩個方面的意思，一個意思是指庫存本身，如原材料庫存，成品、半成品庫存，還有在供應商、客戶那裡的庫存；另一個意思是交付（D, Delivery），也就是指庫存的轉移，如供應商交付產品給你，實際是把供應商的庫存轉移給你，你交付產品給你的客戶，那無非就是把你的庫存轉移到客戶那裡。

所以，所謂的庫存控制，不僅僅是指控制庫存本身的數量、價值多少，它還有個及時交付問題，仔細想想，其實是同一回事，在合適的時間，持有合適的數量，交付就不應該是個問題，庫存也就可以控制住了，所以，我認為庫存問題就是交付問題，交付問題就是個庫存問題。」

「過去我們總認為庫存與交付是兩個問題，」吳總說，「你的前任當時還建議我設立專門的交付主管。」

「那是他不懂供應鏈，」成銘說，「理想狀態是，所謂的5R，合適的產品，以合適的價格，在合適的時間，以合適的數量，到達合適的地點。但這都是『理想』，因為隨著客戶需求波動、變化的挑戰越來越大，這種所謂的『不合適』的矛盾就會越來越突出，庫存問題也就會越來越大，庫存控制在整個供需鏈中的地位也就越來越重要了。」

「庫存往往是個計畫的產物，從全面庫存管理角度看SCOR，我們就會發現，我們計畫的是庫存（需要採購、生產多少），按照計畫採購進來的是（原材料）庫存，按照計畫生產出來的是（成品、半成品）庫存，按照計畫交付出去的是（成品）庫存的轉移。」

「但是，實際上，從執行角度，庫存其實是時間（T, Timing）與數量（Q, Quantity）的一個錯位問題。計畫得再好，執行不到位，那庫存還是一大堆，所以，I的形成與C又是不可分割的。」

「天底下沒有免費的午餐，把成本C摳得太緊，就必然導致庫存I的控制不力，儘管I的產生與客戶需求變化有很大的關係，但這是沒有辦法的事情，否則，供應鏈管理就不需要存在了。」

「這就是為什麼很多客戶問我，說我的『全面庫存管理審核』裡面為什麼還要包括尋源採購及商務的東西，如T&C（Terms & Conditions, 合約條款）中跟供應商的呆滯責任、付款條件等，因為C跟I有很大的關係，儘管我們說，一個好的計畫，包括需求計畫、生產計畫、採購計畫、庫存計畫等，是整個供應鏈管理的靈魂所在，這是庫存控制、及時交付的關鍵，但是，成本影響（服務）執行，而執行的結果，最終形成庫存的持有成本。」

「所以，C裡面包括I，I裡面包括C，C與I交織混雜在一起，就是供應鏈管理要做的事情。

最後簡單總結一句，I是個T（Timing, 時間）＋Q（Quantity, 數量）

的問題，C是個M（Money, 錢）的問題，T、Q、M形成I、C，最終是資訊流（Information flow）、物流（Materials flow）、資金流（Cash flow），也就是通常所說的供應鏈管理的三流合一。」

「所以，你關注的只是企業的庫存問題，其實也是企業的最大的成本問題？」吳總說。

「是的，」成銘說，「一個人的經驗、能力和精力都是有限的，我不想成為全球通、半瓶子水之類的人，當然我也不是洋品牌、學院派，我也不想做一個純粹的經驗派，我想成為一個真正的獨立顧問，有經驗，有理論，不但自己能幹活兒，還能指導別人幹活兒。」

「那你為什麼不直接自己做獨立顧問卻還要去麥肯錫之類的管理諮詢公司去做一陣子？」Johnson問。

成銘說：「我其實說過了，我想看看這些所謂的洋品牌諮詢到底是怎麼玩的？畢竟人家是諮詢的正規軍嘛！」

吳總點點頭說：「我支持你，成銘！應該去看看，為了將來更好地把自己的經驗傳授給別人，這麼做是值得的，畢竟，這些大品牌的諮詢公司還是有一些方法論在那裡。」

「我們光聊成銘的事了，」Johnson看看錶說，「晚上的酒還喝不喝了，老闆？」

吳總起身說：「喝！多叫幾個人！」

……

兩個月後，成銘正式離開偉康公司，加入美國某著名諮詢公司並擔任該公司大中華區電子製造業供應鏈管理諮詢總監，大概一年半之後，成銘離開該諮詢公司，正式開始了自己的「諮詢個體戶」（獨立顧問，國外叫Freelance Consultant）生涯……

附錄 **1**
全面庫存管理（TIM）諮詢實施
——A.P.S（3步走）

1. 培訓（第0階段）

「製造業庫存控制技術與策略」是我唯一的課程。本課程自2004年開發推出以來，已連續升級100多次，與之配套的我的書《製造業庫存控制技巧》也已升級到第4版。標準培訓是2天（12小時），但也可以是1.5天或3天，取決於客戶業務模式複雜度及學員問題多寡。

培訓目的是為了讓客戶之關鍵人員在全面了解供需鏈管理流程、體系的基礎上，基本掌握庫存控制的方法與技巧，同時我也可以了解客戶的問題及態度。

這個步驟是可以選擇的，做或不做，由客戶決定。

2007年——偉創力供應鏈總監　2011年——埃森哲SCM諮詢總監　2013年——全面庫存管理獨立顧問　2016年——全面庫存管理獨立顧問

2. Audit ——是流程審核、數據交叉驗證與改善機會分析（第1階段）

發現問題——3～5天

① Audit & Data Mining
流程審核、數據分析
交叉驗證、初步建議

　　在正式審核之前，客戶需要按照要求，指定專案經理，成立專案組，填寫數據模版並準備相關流程，然後我去客戶現場，與專案組一起，深入挖掘分析、交叉驗證企業供需鏈管理、ERP 等日常營運過程中的關鍵問題（清單），並提出初步改善建議。客戶情況不同，但一般控制在3～5天之內。

　　由於此審核是一邊發現問題，一邊講解問題，所以被很多客戶稱為「體驗式培訓」，客戶專案組成員感同身受，體會很深。

3. Process, People, Performance Designing ——流程、組織與績效考核優化設計（第2階段）

解決問題——5～15天（可選）

② Process/People/Performance Design
關鍵流程、KPI績效指標體系設計
組織架構、關鍵角色與職責設計

　　在審核診斷與數據交叉驗證的基礎上，針對審核問題點，與客戶的專

案組成員及相關高管們，一起研究改進措施，梳理流程與組織、IT，優化、設計客戶需求與供應鏈管理營運模式、流程、方法及關鍵績效考核指標（KPI）。

這個過程也是與客戶的具體情況有關，一般控制在5～15天。

這個步驟也是客戶可以選擇的，做或不做，由客戶決定。

4. Sustaining & CI ——重複檢討、持續穩固提升（第3階段）

鞏固、改善——2~3天/月（可選）

③ Sustaining & Continuous Improvement
重複檢討、持續提升、穩固……技能提升

此階段的操作方式是，根據客戶實施情況，每一兩個月去客戶現場3～5天，目的是幫助客戶不斷地鞏固流程、職責，進一步落地實施新的流程及方法，同時持續培養客戶的供需鏈管理關鍵人員，提高整個組織技能。

這個過程，長則一兩年，短則幾個月。

這個步驟也是客戶可以選擇的，做或不做，由客戶決定。

附錄2
《製造業庫存控制技巧》第4版 內容簡介

　　本書是作者程曉華先生在大宇重工業、IBM、偉創力、埃森哲等世界500大企業多年的供應鏈管理實踐經驗的總結與提煉，透過大量作者親身處理並總結的案例、實戰模型，非常系統化地告訴讀者，如何透過優化供應鏈的整體庫存結構，全面控制呆滯庫存（E&O），提高及時交付率（OTD），進而提高庫存周轉率（ITO），最終實現提高公司的現金流周轉速度（C2C），提高股東投資報酬率（ROI）。

　　本書關鍵內容涉及銷售、生產、採購、計畫、ERP、倉儲與物流等各個領域的關鍵角色職責與流程控制點，從最基本的倉儲管理入手，分解到採購計畫及採購計畫的執行與供應商管理，從生產計畫到生產的執行與控制，再到市場預測、產品生命周期管理、需求判斷與主生產計畫的產生。最後談到庫存控制與ERP主數據的設置，庫存的預測與KPI控制體系，同時對於VMI（供應商管理庫存）及CPFR（協同計畫、預測與補貨）部分，書中也透過一些案例做了簡單介紹，其中重點提到，VMI的風險及適應性問題。

　　本書緊緊圍繞作者提出的3P（Process流程、People組織、Performance績效）管理進行分解，集中突顯了「集成供應鏈管理」的根本思想。

　　《製造業庫存控制技巧》是整本《決戰庫存》的技術基礎。

附錄3

專有名詞英中對照

1 3C（Customer, ERP Consultant, Management Consultant）
   C1 ——客戶，C2 —— ERP顧問，C3 ——管理諮詢顧問

2 5 why 五個為什麼

3 7 ways 七種方法

A

4 Actions message 行動資訊

5 Additional Requirement 額外的需求

6 Agile Supply Chain 敏捷供應鏈

7 Aging inventory 帳齡庫存

8 Agreement 協議

9 APD, Account Payable Days 應付款天數

10 APS, Advanced Planning System 高級計畫系統

11 ARD, Account Receivable Days 應收款天數

12 ARS, Automatic Replenishment System 自動補貨系統

13 ASAP, As Soon As Possible 儘快

14 ASCK, Attitude, skill, Charactor, Knowledge 態度，技能，性格，知識

15 ASN, Advanced Shipping Notice 預先發貨通知

16 ATP, Available to Promise 承諾可得性

17 Auto-confirm 自動確認

B

C

67　Delivery terms 交付條款

68　Dell 戴爾電腦公司

69　Demand chain 需求鏈

70　Demand change 需求改變

71　Demand fluctuation 需求波動

72　Demand management 需求管理

73　Demand planning 需求計畫

74　Director 總監

75　Dirty Hands 弄髒你的手

76　DOS, Days of Supply 供應天數（庫存持有天數）

77　DP, Demand Planner 需求計畫員

78　D-SCM, Demand-Supply Chain Management 需求與供應鏈管理

79　DV, Design Validation 設計驗證

E

80　E&O, Excess & Obsolete 呆滯庫存

81　ECO, Engineering Change Order 設計變更指令

82　EDI, Electronic Data Interchange 電子資料交換

83　EMS, Electronic Manufacturing Service 電子製造服務（代工）

84　EOL, End of Life 產品生命周期結束

85　EOQ, Economic Order Quantity 經濟採購批量

86　ERP, Enterprise Resource Planning 企業資源規劃系統

87　Escalation 逐級上報

88　ETD, Estimated departure 預計出貨時間

89　EV, Engineering Verification 工程驗證

90　Experienced Experts 有經驗的專家

91　EXW, Ex-work 國際貿易術語

F

G

H

I

V

W

附錄**4**

偉康公司及供應鏈管理組織架構

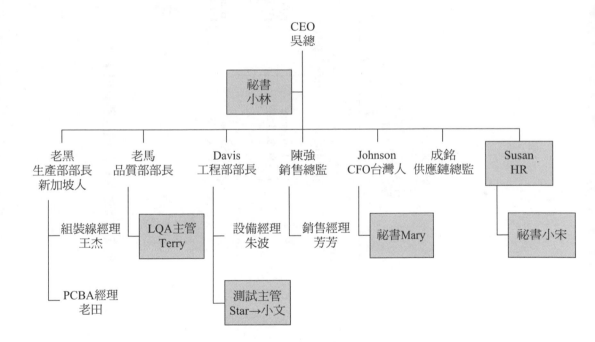

偉康公司管理架構

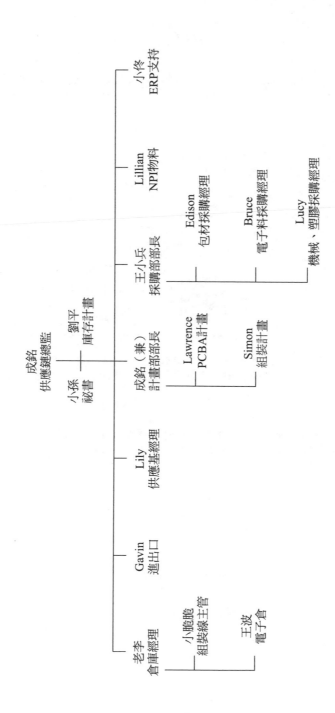

組織結構改革前的供應鏈管理架構

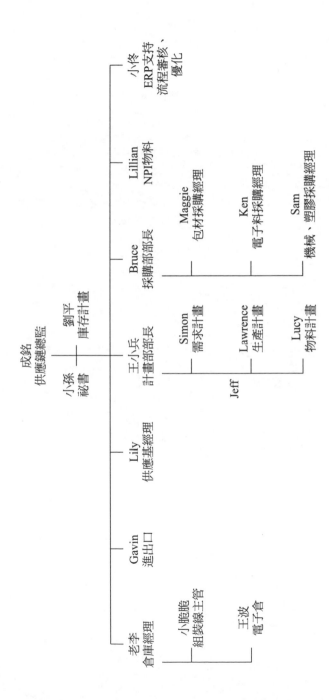

組織結構改革後的供應鏈管理架構

後記　我非我

從2016年3月，我開始著手構思這本不是小說的小說，前言說了，這本書的目的就是給廣大製造業的同行們一本比較全面了解供應鏈管理的讀本，如同小孩子喝的糖水，有甜味，能喝下去，但也能治病。畢竟，我的專著《製造業庫存控制技巧》（中國財富出版社）對於很多高層管理者來講，讀起來還是有些困難，因為那是從所謂技術的角度談供需鏈的庫存與交付問題，而《決戰庫存》則主要是從管理的角度談這個問題，所謂「一半是技術，一半是藝術」，算是互補吧。

書中的主角「成銘」是虛構的，這是毫無疑問的，但同樣毫無疑問的是，他身上體現了很多我的影子，我的故事，我的經驗，我的教訓，否則，這本小說就缺乏了基礎。

當然了，既然是「小說」，虛構的成分難免，書中的大部分事件、案例都是我本人的真實經歷，要麼是在外企製造業打工做物料經理、供應鏈總監的時候發生的事情，要麼就是我這幾年諮詢過的案例，或是發生在客戶那裡的人和事，其他的就是虛構了。更嚴格一點講，這本書帶有一些理想主義的色彩，畢竟，生活是美好的，現實是殘酷的，在殘酷的現實中追求美好的生活，這就是我們的理想。

當然，如果有跟我認識的同事、客戶或是從未見過面的朋友，讀過之後發現有「似曾相識」的地方，我只能說，這是巧合，切勿對號入座，畢竟，我經歷過的人和事，可能跟讀者諸君經歷過的一些人和事有相似之處，這是在所難免的，供應鏈管理嘛，接觸過的人和事太多，不同行業、不同企業的供應鏈管理也都大同小異，所以，也就沒什麼奇怪的了。

1993年大學畢業後，我在重工機械行業做到2000年，其中有近5年的

時間是在做供應鏈管理相關的工作，生產計畫員、採購員、國產化主管、物流經理都做過。大約2000年七八月時我在深圳加入IBM微電子事業部，到其北京工廠做物料經理，一年後升為9級高級經理（IBM Band 9），主管計畫、採購、進出口、倉庫等工作，後來這家北京工廠被IBM賣給一家芬蘭公司。併購與整合期間，我負責北京的兩家工廠的供需鏈運作。再後來，2004年年初，因為跟收購方的老闆不和，我堅決辭職並開始設計、講授「製造業庫存控制技術與策略」這門課，而且自始至終只講這一門課，應該說是這門課養活了我們全家。

講了正好3年，在接觸了越來越多的不同行業的客戶之後，我越來越感到自己的供應鏈管理經驗與水準還是不足，再加上當時也沒有什麼名氣，僅僅靠發表了一些文章還是遠遠不夠，2006年我就下決心再回製造業深造，2007年年初，我最終接受了偉創力（Flextronics）的Offer（工作邀請），離開北京南下珠海工作，一做就是4年多，期間也是歷經反覆，老老實實地在偉創力手機事業部幹了兩年的供應鏈管理總監，然後遇上經濟不景氣，偉創力開始全球動盪重組，我被任命為一個新合併的事業部的全球物料總監，隨後便是跟狗皮膏藥似地被我老闆（美國人）貼過來貼過去的，一會兒墨西哥、馬來西亞，一會兒珠海，又是手機、又是印表機，還有遊戲機的，折騰了半年，沒啥意思，後來我又去東莞偉創力電源事業部擔任園區物料總監，半年後又被我原先的老闆調回珠海，專門負責微軟遊戲機項目的物料管理工作，當時我已經安家在深圳，於是我又在珠海、深圳來回地跑了一年，轉眼到了2011年春節，眼看著40多歲了，升職無望，也就是加幾個銀子，再看周圍，都是一幫小年輕在當總監，遂感慚愧不已，我心萌動，決定重回諮詢業。

如同小說裡面所講，由於我從來沒有正經地幹過管理諮詢，一心想看看那些正規軍是怎麼個玩法，於是開始應聘諮詢公司，最後有幸去了埃森哲（Accenture）做了一年多。坦白地講，這段時間，我是深深地體會到了大牌諮詢公司與製造業不同的環境與文化，都是世界500大，玩的東西不

一樣，都是玩供應鏈，玩法差別太大。

　　大品牌諮詢公司是真正的知識分子群聚的地方，而且顧問往往都是名校出身，他們一般都是大熱天的穿西裝打領帶，談吐優雅，舉止文明。而我從小在農村長大，國內二三流的大學本科畢業，在北京大學讀的所謂MBA也是那種不需要考試就入學的，然後畢業考試我還沒有通過，最後拿了個結業證書。而且我一直在製造業打滾，天天跟一幫不是農民的農民打交道，加上年齡偏大，本性難移，生性粗魯的毛病一直改不過來，每當跟諮詢公司的同事站在一起，總覺得自己格格不入，深感慚愧，總是擔心自己的形象玷汙了人家的品牌，於是，2012年八九月，我離開埃森哲，決定自己幹諮詢個體戶，也就是我現在的工作，全面庫存管理（TIM）諮詢獨立顧問。

　　所謂獨立顧問，英語叫Freelance Consultant，也有叫Independent Consultant的，翻譯過來就是自由顧問：不受雇於任何單一雇主；可以同時為多個雇主完成長期或短期的諮詢任務……獨立顧問類似進城的農民工，誰家有活兒就去做，做一天拿一天的工錢。

　　我個人對獨立顧問的理解是：

　　(1) 獨立的精神。獨立顧問必須有「獨行俠」的精神，能夠獨立闖天下，而不依賴於任何組織、團體。

　　(2) 獨立的思想與人格。正因為獨立顧問有獨立的精神，所以，獨立顧問的人格也是獨立的，自己的諮詢方案、觀點，必須是保持中立的，不受任何組織或其他個人影響；獨立顧問的一個重要特徵就是，我所思，我所想，我所做，我所依靠，皆是獨立的。

　　(3) 獨立的知識和經驗。獨立顧問之所以獨立，一個重要的特徵就是敢於單打獨鬥，而單打獨鬥的前提，就是自己有「自圓其說」的經驗、知識和能力。

　　(4) 獨特的視角。獨立顧問往往是那些有著多年豐富實戰經驗的人，但他們在諮詢服務方面，往往僅提供某一特定領域的服務，或者獨關蹊

徑，同樣的事情，他們從不同的視角來研究並提供解決方案。如供應鏈管理方面，有人從成本角度看待供應鏈管理，我則是從純粹的庫存角度發現、解決供應鏈管理問題。

幹個體戶的最大好處是沒人管，時間比較自由，思想也很自由，所以，我的課還是只講「製造業庫存控制技術與策略」，目前已經升級100多次；諮詢也只做與「時間、數量」有關的庫存、交付工作，到目前為止，前前後後審核了將近20家企業，有長期諮詢合作關係的也有那麼幾家，自己感覺做得還可以，也比較放心，因為這幾年接觸的行業客戶比較雜，不同的客戶在供應鏈管理方面的挑戰也不盡相同，在幫助他們解決問題的過程中，跟不同的客戶也學到了不少東西，幾年下來，竟然感覺自己的水準進步蠻大，於是就在中國財富出版社寇老師的幫助下，把我的個人專著《製造業庫存控制技巧》在第3版連續加印兩次的基礎上，又翻新出了第4版。

我在機械行業的時候，一般年產值都在幾千萬到幾億人民幣，進入電子行業，在IBM的時候，我們北京工廠的年產值也就是兩三億美元，後來跟芬蘭公司合併，北京兩家廠加起來也就是五六億美元，再後來在偉創力手機事業部，最高的時候年產值應該不到30億美元，但這是我打工生涯負責過的最大的供應鏈。

但無論他們是大是小，公司的管理都比較有規範，從1996年開始我也是一直在管人，從最初的手下只有幾個計畫員管到幾百個人，包括計畫員、採購員、成本或物流工程師等。

目前我自己輔導的客戶（不包括公開課及內訓客戶），大的年產值有上千億人民幣，小的也有幾億人民幣，一般都在十幾億到上百億，遇到的供應鏈管理問題儘管有很多共性，但其實也是五花八門，因為他們來自不同的行業，具有不同的企業性質和不同的企業文化。

目前最大的成就感就是，看著自己的客戶在我的輔導下，在庫存與交付方面有所改善，在供應鏈管理方面逐漸成長、成熟；最開始，有點失落

的是自己不再管人了（其實在埃森哲的時候就有這種強烈的感覺），到現在逐漸適應，而且成就感越來越強，為什麼呢？

在企業打工管人的時候，手下的工資、獎金、升職等都是我說了算，他們不得不好好做，現在呢？我說什麼也不算，但竟然也能跟客戶，尤其是客戶項目組的成員一起取得一些成績。仔細想想，不知道對不對，專業的個體戶也能受到尊重，不是嗎？

囉囉唆唆地說了這麼多，不是為了炫耀我自己的經歷，儘管看起來的確有這種成分，其實我更多的是想分享我的成長經歷，儘管是個不算非常成功的經歷，但是還好，還能養家糊口，四五十歲了，還能有點事情做，比起很多從外企出來的「40、50」來，我算是幸運的了，我的經歷或許對那些還在外企打拼的年輕人有一定的借鑒意義：從 2003 年還在 IBM 做高級物料經理的時候，我就喜歡總結自己的工作經驗，弄幾頁 PPT「唬弄」手下，寫幾篇文章賺點菸錢，再到後來寫了一本書，並連續出了幾個版次，也算是為現在的獨立顧問工作打下了基礎。

我曾經寫過一篇文章，題目就是〈話說經驗〉，我在文章裡面提到，很多人幹了一輩子供應鏈管理，但最終可能是「十年如一日」，他不是十年的經驗，而是十年只有一個經驗，究其原因，很多人就是只知道低頭幹活，不知道抬頭看路，不總結經驗教訓並上升到一定的理論高度，人是很難成長的。

最後，感謝我的父母、家人，感謝那些曾經幫助過我的朋友們，感謝那些我曾經工作過的所有的「老東家」，更感謝那些接受我諮詢、培訓服務的客戶們，是你們所有人給了我成就理想的機會——為中國製造業之崛起而奮鬥！

向你們致敬！

程曉華

2016 年 10 月 27 日完稿，並做三次修改

2016 年 11 月 18 日定稿

國家圖書館出版品預行編目資料

決戰庫存：連結客戶與供應商，一本談供應鏈管
理的小說／程曉華著. -- 初版. -- 臺北市：經
濟新潮社出版：英屬蓋曼群島商家庭傳媒股份
有限公司城邦分公司發行, 2022.06
　　面；　公分. --（經營管理；176）
ISBN　978-626-96153-1-5（平裝）

1. CST: 供應鏈管理　2. CST: 庫存管理

494.5　　　　　　　　　　　　　　111007875